华 章 图 书

一本打开的书，一扇开启的门，
通向科学殿堂的阶梯，托起一流人才的基石。

数据科学与工程技术丛书

SOCIAL MEDIA DATA MINING AND ANALYTICS

社交媒体
数据挖掘与分析

加博尔·萨博（Gabor Szabo）

［美］格尔·波拉特坎（Gungor Polatkan）

P. 奥斯卡·柏金（P. Oscar Boykin）　　　　　　著

［英］安东尼奥斯·查基奥普洛斯（Antonios Chalkiopoulos）

李凯 吕天阳 译

机械工业出版社
China Machine Press

图书在版编目（CIP）数据

社交媒体数据挖掘与分析 /（美）加博尔·萨博（Gabor Szabo）等著；李凯，吕天阳译 .
—北京：机械工业出版社，2020.1（2021.1 重印）
（数据科学与工程技术丛书）
书名原文：Social Media Data Mining and Analytics

ISBN 978-7-111-64368-5

I. 社… II. ①加… ②李… ③吕… III. 互联网络 - 传播媒介 - 数据处理 - 研究 IV. TP274

中国版本图书馆 CIP 数据核字（2019）第 292205 号

本书版权登记号：图字 01-2019-1407

Copyright © 2019 by John Wiley & Sons, Inc., Indianapolis, Indiana Published simultaneously in Canada.

All rights reserved. This translation published under license. Authorized translation from the English language edition, entitled Social Media Data Mining and Analytics, ISBN 978 1118824856, by Gabor Szabo, Gungor Polatkan, Oscar Boykin, Antonios Chalkiopoulos, Published by John Wiley & Sons. No part of this book may be reproduced in any form without the written permission of the original copyrights holder.

本书中文简体字版由约翰·威利父子公司授权机械工业出版社独家出版。未经出版者书面许可，不得以任何方式复制或抄袭本书内容。

本书封底贴有 Wiley 防伪标签，无标签者不得销售。

社交媒体数据挖掘与分析

出版发行：机械工业出版社（北京市西城区百万庄大街 22 号 邮政编码：100037）
责任编辑：梁华杰   责任校对：殷 虹
印　　刷：中国电影出版社印刷厂   版　　次：2021 年 1 月第 1 版第 2 次印刷
开　　本：185mm×260mm　1/16   印　　张：15.25
书　　号：ISBN 978-7-111-64368-5   定　　价：79.00 元

客服电话：（010）88361066　88379833　68326294   投稿热线：（010）88379604
华章网站：www.hzbook.com   读者信箱：hzit@hzbook.com

版权所有 · 侵权必究
封底无防伪标均为盗版
本书法律顾问：北京大成律师事务所　韩光 / 邹晓东

译 者 序

在线社交媒体作为一股重要的力量推动了大数据时代的降临，并扩大了自身的影响，它对人类社会的重要性不言而喻。虽然我们目前仍置身于它不断扩大的影响之中，但"身在此山中"使得我们难于准确评价其地位。但是，在线社交媒体的一些主要特征已经得到充分展现，并决定了它的现在和未来。

一是消弭了空间的阻隔，让地理位置不再是交流的障碍。在这一点上，社交媒体比电话、电子邮件以及即时通信软件走得更远。二是"共建共享"，每个用户都可以成为内容的生产者，为平台贡献内容。在这一点上，社交媒体打破了以往传媒，无论报纸、广播、电视还是门户网站，由少数人提供内容的情形。这使得信息的数量和时效都达到了前所未有的高度。三是信息的传播更为便捷，社交媒体上用户可以进行转发、评论等操作，这使得信息传播的效率极高、成本极低，非常有利于信息的大规模传播。

社交媒体的这些特点吸引了用户的广泛参与，产生了数量极为庞大的数据和信息。信息的高度富集又进一步吸引了更多的用户。从这点来看，社交媒体在信息上的"共建共享"、打破壁垒和垄断的本性，正是人类一直以来努力的延续。这一趋势，自文艺复兴以来不断加速，并最终在信息时代以更夺目的光彩璀璨于世。

社交媒体的诞生也使记录人类行为的数据得以以前所未有的深度和广度不断聚集，对这些数据进行挖掘分析就为回答"我是谁""我从哪里来"等一些根本问题带来了新的可能，对于理解人类的社会活动、政治活动、商业活动等方面也有着显著的意义。这个一般被称为"社交网络"的领域一直是学界和业界关注的重点，已经积累了相当数量的文献著述。

本书力图以更为友好、基础、实用的方式帮助读者理解在线社交媒体，以及社交媒体中的人。本书的作者都是工作在大规模社交媒体数据处理一线的研发人员，在材料取舍和切入问题的角度与已有著作有所不同，具有如下特点：

1. 本书中的方法最终是为了反映社交媒体中的人。长期以来，计算机领域的社会网络分析工作较少涉及人类行为动力学，而相关方法对理解社交媒体中的用户行为十分必要。本书在分析用户行为和网络结构特性时大量采用了人类行为动力学领域的方法，这非常有助于读者理解社交网络的特性。

2．本书的内容很实在，也很接地气。建立在真实数据集上的代码及分析案例很好地体现了社交媒体服务分析和挖掘的内容及方法，读者可以由此开始自己工作中的分析任务，不会存在读懂了原理，面对实际问题却无从入手的情况。

3. 本书的目标是"授人以渔"。在涵盖了社交媒体分析的主要方面之后，本书还以大量篇幅介绍了大数据环境下处理社交媒体数据所需的工具、算法的原理和实际案例，读者可以以此为基础，快速介入生产环境下的社交媒体数据处理任务。

基于此，我们认为本书可以作为学生学习相关课程的有益补充，也可作为相关从业人员的重要参考。

最后，感谢机械工业出版社华章公司对本书出版的高度重视，编辑们的辛勤工作提高了本书的质量。

译者

2019 年 6 月

前　　言

本书旨在通过数据来理解社交媒体服务是如何被使用的。自从 Web 2.0 问世以来，赋予用户主动变更和贡献内容的权力的站点及服务受到了广泛欢迎。社交媒体起源于早期的社交网络和社区通信服务，包括 20 世纪 80 年代的公告牌系统（Bulletin Board System，BBS）⊖以及其后出现的 Usenet 新闻组⊜和 20 世纪 90 年代的地理城市（geocity），它们中的社区围绕着受关注的热门话题进行组织，并为用户提供电子邮件或聊天室作为交流平台。被称为 Internet 的全球信息通信网络则带来了一个更高层次的网络系统：在志同道合的个人和群体之间建立的全球性的关联网络。从那时开始，尽管跨越全球建立人与人之间联系的基本理念变化不大，但是社交媒体服务的范围和影响却达到了前所未有的程度。虽然大部分的交流仍然很自然地发生在"现实世界"，但是转向电子信息交换进行人际交互的趋势已经愈加强烈。移动设备的快速发展和联网程度的快速提升使得"口袋里的 Internet"成为现实。在此基础上，在任何时间、任何地点与朋友、家人保持联系以及持续关注喜欢的事情都已经成为可能。

无怪乎用于满足人们交流和分享需要的服务大量涌现，并引领了公共和私人生活方式的改变。借助这些服务，我们可以即时了解其他人对品牌、产品以及彼此的看法。通过私下或匿名分享自己的想法，人们有了一个新的渠道，可以通过比传统媒体更自由的方式表达自己的想法。如果人们愿意的话，每个人的声音都可以被他人听到，所以从人们贡献的大量内容中大海捞针似地寻找相关信息也就成为这些服务的责任。也就是说，这些服务要为我们推送相关并且有趣的内容。

这些服务有什么共同点呢？那就是它们依赖于我们，因为它们只是人与人之间的媒介。这也意味着在某种程度上，通过分析这些服务的使用数据而发现的数学规律其实反映的是我们自身的行为。所以可以预期，在分析这些数据集时将遇到相似的发现和挑战。借助一些技术手段可以通过这些服务所收集的数据来理解用户如何参与其中，本书的目的就是指出这些规律和技术手段。

⊖　根据 Wikipedia，BBS 的起源可追溯到 1973 年，第一个真正意义的 BBS 于 1978 年建立。——译者注

⊜　根据 Wikipedia，Usenet 的想法于 1979 年提出，1980 年实现。——译者注

人际交互行为挖掘

顾名思义，社交媒体是由在线服务所提供的内容所引发的社会互动来驱动的。例如，社交网络使每个个体能够很容易地相互连接，共享图片、多媒体、新闻文章、Web 内容以及各种其他信息。在这些服务最常见的使用场景中，人们会去 Facebook 获取朋友、亲戚和熟人的最新信息，并与他们分享一些自己生活的信息。而在 Twitter，因为无须相互关注，所以用户可以了解任何其他用户的想法、所分享的内容，或者与其他人进行交流。LinkedIn 则是一个专业的社交网络，它的目标是通过网络和团体将志同道合的专业人士彼此联系起来，并充当求职者和用人单位之间的桥梁。

也有其他类型的社交媒体服务，其社交互动的网络特性更多只是起到辅助作用，而不是以共同创建或欣赏被分享的内容为目的（例如，Wikipedia、YouTube 或 Instagram）。对这些社交媒体而言，尽管用户之间的连接是存在的，但连接的目的是让用户更易于管理内容的发现，并使内容的创建更有效率（例如，Wikipedia 的文章）。

当然，还有许多针对特定的兴趣或领域的社交媒体站点和服务，如艺术、音乐、摄影、学术机构、地理位置、爱好等。这些都表明在线用户有着最深切的愿望同那些志同道合者建立联系。

尽管这些服务所关注的范围大不相同，但是它们有一个共同点：它们完全是因为拥有了用户和受众才能存在的。这也就是这些服务不同于那些"预先创建"的或静态的站点之处，此类站点包括传统媒体新闻网站、公司主页、目录以及任何以授权的内容生产者的特定小群体为中心所创建的网络资源。（这里的"小"是相对于使用社交媒体服务的数以百万计的用户群体而言的。）深入挖掘这些服务的使用模式能够观察到数以百万计的社交媒体用户的群体动力学的结果，这也正是本书的兴趣所在。

通过收集数据理解在线行为

当我们从社交媒体服务收集使用日志数据时，会一睹人类群体的统计行为，这些群体的聚集或是因为具有相似的动机或期望，或是因为朝着同一个目标而努力。给定服务的组织方式以及其展示内容的方式自然会对我们在用户活动日志中所看到的内容有很大的影响。这些访问和使用日志存储在服务的数据库中，因此，我们与他人交互的统计模式以及服务主机所包含的内容必然会通过这些痕迹展现出来。（只要这样的模式存在，并且我们不是以一种完全反复无常、随机的方式进行日常活动，我们就将看到统计规律无处不在，这也是直觉可能预期的。）

幸运的是，这些服务（多数情况下）在设计上并不会有非常极端的差异，从而导致完全不同的用户行为特征。这是什么意思呢？举个例子，我们想要度量一件简单的事情：一周之内用户返回我们的服务并参与某些活动的频繁程度。对每个用户来说，这只不过是一个从 0

到理论上为无穷大的数字。当然，在有限时间内，我们不会看到任何人在服务上进行无穷次的操作，不过可能会出现一个很大的数字。所以，当决定要统计活动的次数时，我们能否期望对于两个不同的系统有不同的统计结果呢，比如用户将视频发布到 YouTube 频道和将照片上传到 Flickr 账号？

答案显然是一个响亮的"是"。如果分别观察 YouTube 和 Flickr 使用频次的分布，我们自然会发现，每周上传一个视频的 YouTube 用户比例与每周上传一个图像的 Flickr 用户比例并不相同。这是很自然的，因为这两个服务以不同的使用场景吸引具有不同特征的用户群体，所以具体的分布当然不同。然而，在研究者分析过的大多数在线系统当中，我们发现了一个可能不那么直观的结果：这些分布具有一种相似的定性统计行为。

所谓"定性"是指，尽管两个服务所对应的使用模型的具体参数取值可能不同，但是用以描述这两个系统中用户行为的模型本身却是相同或者非常相似的（可能存在微小差异）。

关于这一点的好消息是，我们有理由相信，从活动日志中挖掘出的确实是在这些站点上驱动内容创建、传播、分享等操作的潜在的人类行为。另一个好消息是，如果遇到新的运行机制为由用户产生内容的服务，我们可以有根据地推测能够从中挖掘些什么。如果在数据分析结果中发现与以前看到的一般模式有所区别的新情况，那么我们应该为其寻找特定服务的原因，以便进一步研究。

因此，在某种程度上，只要一个全新的服务也由同样的潜在人类行为支配，本书所给出的方法和结果也可以很好地应用于这个新服务。对于目前我们所知被研究过的社交媒体服务而言，这一结论基本正确，几乎没有例外。因此，我们倾向于认为这些系统提供了洞察人类行为的机会，由于人们在服务的日志中留下了数字足迹，这种观察和描述由许多人的松散聚集所产生的群体行为的机会是前所未有的。（当然，在实践中必须考虑隐私问题，但此处我们感兴趣的只是大图景下的统计结果，而不是某个个体的具体行为。）后续小节将介绍在各种社交媒体服务中可能引人关注的数据，以及我们将在本书中使用哪些公共数据集作为示例。

需要收集何种数据

我们最终希望通过数据回答的问题决定了需要收集哪些数据。一般而言，拥有的数据越多，也就越能更好地回答当前以及未来的问题。由于我们永远不会知道何时需要完善或扩展对数据的分析，所以如果设计一个服务，最好提前考虑在日志中记录全部或者近乎全部的用户与服务及用户之间的交互行为。当前存储设备并不昂贵，所以明智的做法是尽可能满足未来的数据需求，而非过早地尝试优化存储空间。当然，随着服务的发展和其关注领域的日渐清晰，可以根据需要减少收集数据的总量并重构现有的数据源。

为了更好地理解一般需要的用户活动数据，下面列出一些大家可能感兴趣的关于社交媒体使用的典型问题：

- 谁是最活跃或最不活跃的用户？有多少这样的用户？

- 用户的使用习惯如何随着时间演化？能够提前预测每类用户（基于地理属性、用户特征、使用方式进行分类）的使用行为吗？

- 如何将用户与内容进行匹配？如何关联用户与用户？如何及时向用户推送感兴趣的内容？

- 用户的关系网络是什么样子的？吸引更多的用户会构成不同种类的网络吗？

- 如果用户确实会流失的话，他们为什么离开服务？用户流失是否有预兆，能否预测？

- 是什么使新用户加入服务？他们喜欢新的服务吗？如果不喜欢，乐在其中的用户与不满意的用户差异何在？

- 有没有用户在以某种方式利用我们的服务？用户中是否存在滥发信息、不道德的使用以及欺骗行为？

- 在任意给定时刻，最"有趣"的内容或者最有"风向标"意义的内容是什么？用户中有哪些参与其中？怎样才能找到这些内容，它是关于什么方面的？

- 能在用户产生的海量的新数据或历史数据中找到感兴趣的特定内容吗？例如，能找到最近提到某个词或某个主题的用户吗？

- 用户中的"流行"内容有哪些？它们的流行程度有很大差别吗？如果有，有多大？

本书讨论了上述问题中的一部分，并对一些具体服务给出了答案。显而易见，有些问题可以通过与用户进行主动实验（active experiment）得到很好的答案，特别是 A/B 测试实验。（在 A/B 测试实验中，对用户集 A 展示一个特征或使用一个算法，而对用户集 B 使用另一个。通过测量 A 和 B 之间用户活动的差异，可以判定特征的改变对用户有什么影响。）然而，由于我们更多地关注于分析已经收集的数据并尽可能地了解它们，我们不会涵盖这种通常用于优化用户服务体验的强大技术。

那么，应该从自己运营的服务或者从其他能够访问的社交媒体服务中采集哪些数据呢？为了回答前述问题，需要分析日志数据的以下几个方面：

1. 用户使用服务时，他们会执行特定的动作，如阅读文章、查看图片、标记照片，以及分享状态的更新。当我们问自己用户在做什么以及对这些动作的描述时，用户（经过匿名化处理）的身份是我们希望知道的。

2. 我们还需要知道用户执行这些动作的时间。对数据收集来说，亚秒级的时间（毫秒或微秒）通常就足够了。

3. 显然，每个动作都可能产生多种元数据片段。例如，如果一个用户赞成或喜欢一个帖子，我们显然希望把那个帖子的唯一标识符和用户动作一起记录下来。

由于每个用户在一段时间内都可能有许多动作，以这种方式记录下来的原始数据最终会占用大量的后台存储空间。在这种情况下，即使是回答一些简单的问题，也需要很长的时间进行处理，而且对于最常见的问题，我们也并不总是需要所有的信息。因此，通常在生产环境中通过自动的 ETL 过程（提取、转换、加载）创建聚合数据的快照，例如记录用户之间所有关系的社交网络的当前状态、用户创建或共享的 Tweet、帖子和照片的数量等，这些聚合数据通常是回答问题的首要信息来源。

尽管需要考虑如何将所有这些数据最好地存储在适当的数据库中，但是这些数据库模式的设计和实现所涉及的科学知识已经超出了本书的范围。我们更愿意聚焦于能够从数据中有所发现的方法，因此我们将使用可以公开获得的来自社交媒体服务的数据来展示如何进行不同类型的分析。

用数据提出和回答问题

我们的目标是在理解社交媒体服务所生成的数据的同时，让读者接触几种未来可能遇到的情况。经验现象研究（不仅仅与社交媒体有关）的常规方法一直遵循着数百年来科学研究的传统：

1. 首先是用一般术语提出问题。这尚未涉及对数据的进一步假设，只是形式化地描述了我们想要了解特定行为的哪些方面。例如，"让我们能够预测用户在服务上的会话持续时间的用户重返服务的时序动态是什么？"

2. 视情况提出一项关于输出的预期结果的假设。这有助于验证我们的预判是否有意义。此外，如果读者认为自己有一个能够很好地定量描述输出结果的模型，可以加以检验。在提出假设之后，预测一下若假设成立，则结果应该是什么样的。这个步骤是可选的，因为如果我们并不想围绕问题构建模型，并且目标只是通过结果来有所发现，那么可以跳过这个步骤。例如，对步骤 1 中问题的一个可能的假设是"用户将以随机的方式重返服务，这独立于他们近期是否使用过该服务"。（读者将在第 3 章中看到这个假设在实际服务中是否成立。）

3. 为了回答步骤 1 所提出的问题，要确定所采用的分析过程以及需要收集哪些输入数据。虽然在给定计算工具和已有技术时，分析过程通常是显而易见的，但是我们通常有很高的自由度从社交媒体中选择测试数据集。想从用户中抽样还是分析所有用户？准备使用哪个日期范围的数据？要过滤掉某些被认为不需要的动作吗？显然，我们希望尽可能深入地研究数据以保证结果的可信性，如采用不同时间段的数据或不同用户组的数据。例如，对于想要回答的问题（参见步骤 1），读者可能希望获取用户在给定月份进行的所有操作的时间戳，然后分析不同时间戳子集的时间差异，从而分析它们的时间相关性。

4. 进行数据分析！理想情况下，无论是自己动手，还是别人为你准备好了，数据收集工作都已经完成，所以无须等待数据。如果我们的目的是检验假设，那么还需要进行统计检验。如果只是想了解情况，那么我们获得的分析结果就是所提出的问题的答案。

本书使用的数据集

为了阐明人们的交互行为在社交媒体中产生的可被观察的过程和规律，当然应该使用一些来自这些社交媒体的、可以从 Internet 不同网站下载的现成数据。尽管大多数社交媒体服务都保持其数据的私有性（隐私问题是首要原因，但数据集可能因此变得十分巨大），一些服务仍将其所有的数据都向公众开放，最著名的是 Wikipedia。另外，学术研究人员也通过爬取或数据共享从这些服务收集数据。下面列出了书中使用的数据源。由于可用的数据集是分析的先决条件，我们鼓励读者尝试并丰富这些实例。

我们选择了一些服务，这些服务提供了关于其用户和内容的开放、广泛可用、容易获取的数据集，来展示对于会被问及的问题在实际的社交媒体服务中能够期待何种结果。这些服务应该是大家耳熟能详的，而且我们还希望数据集的大小和时间跨度对用户来说是中等的，从而便于得到有意义的分析结论。为了便于理解全书采用的分析实例，下面将描述我们所采用的数据集。表 1 给出了我们所使用的实例数据集的简短描述。

表 1　本书中使用的数据集的描述和位置

服务	主页	数据集
Wikipedia	wikipedia.org	修订和页面元信息，无实际文本
Twitter	twitter.com	平台的 Tweet
Stack Exchange	scifi.stackexchange.com	来自 Stack Exchange 科幻小说类的问题和问答
LiveJournal	livejournal.com	有向社交网络连接
Cora 数据集		来自一个学术搜索引擎的科学文档
MovieLens	movielens.org	电影评分示例
亚马逊美食评论		亚马逊"美食"的历史评论

注释：Wikipedia 和 Stack Exchange 的内容依据 Creative Commons Attribution-ShareAlike 3.0License 获得使用许可（https://creativecommons.org/licenses/by-sa/3.0/）；Livejournal 数据由 Mislove 等人收集，见文献"Measurement and Analysis of Online Social Networks"，IMC 2007（http://socialnetworks.mpi-sws.org/data-imc2007.html）；MovieLens 数据集源自 GroupLens Research（http://grouplens.org/datasets/movielens/）；Cora 数据集由 McCallum 等人收集，见文献"Automating the Construction of Internet Portals with Machine Learning"，Information Retrieval vol 3，issue 2，2000。

读者可以很方便地获得这些数据集，运行 data/download_all.sh 就可以从本书下载站点得到所有数据文件和基于这些数据的示例。（请注意，由于数据集很大，约为 50GB ~ 60GB，下载需要较长时间，特别是 Wikipedia 数据集。）

Wikipedia

我们使用的最大数据集是英文 Wikipedia 上数百万篇文章的修订历史。Wikipedia 是一部合作编辑的百科全书，其英文版在 2018 年约有 570 万篇文章，每月约有 30 万的活跃编辑者（http://en.wikipedia.org/wiki/Wikipedia:Statistics）。其中文章

"Wikipedia" 的屏幕截图如图 1 所示。

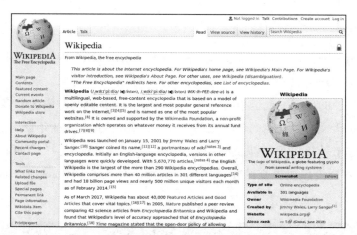

图 1　在线百科全书 Wikipedia 中关于 Wikipedia 自身的条目

Twitter

　　Twitter（见图 2）用户可以发送最多 140 个字符的状态更新（到 2017 年为止，当时这个服务增加了状态更新的最大字符长度）。其他"关注"（follow）了发送者的用户，将会在他们的事件列表（timeline）收到这些短消息。图片和短视频也可以附加到状态更新中。许多用户关注新闻来源、名人及他们的朋友和家人。Twitter 通常被认为是一个"信息网络"，用户可以关注任何他们想获知其状态更新的用户，而那些用户不必反过来关注他们。

图 2　一个典型的 Twitter 搜索事件列表的截图。Tweet 显示在中间，而趋势主题和推荐的关注
　　　对象显示在屏幕左侧

我们将通过 Twitter 的 API 收集样本用户的数据，并在第 1 章分析其活动。

Stack Exchange

Stack Exchange（见图 3）是遵循提问－回答模式的站点联合网络，其用户可以就不同主题进行提问，其他用户可以回答这些问题并对问题和答案进行投票。这样，用户眼中高质量的内容会升到排行榜的顶部。截至 2018 年，Stack Exchange 网络共由 350 多个站点组成，涵盖了从软件开发、天文学到扑克的各种主题。其中最著名的是 2008 年创建的初始站点 Stack Overflow，它专注于计算机程序涉及的各个方面。第 4 章将选取科幻类（Science Fiction & Fantasy）站点，并分析用户提交的帖子的各种属性。该站点是 Stack Exchange 的热门站点之一。

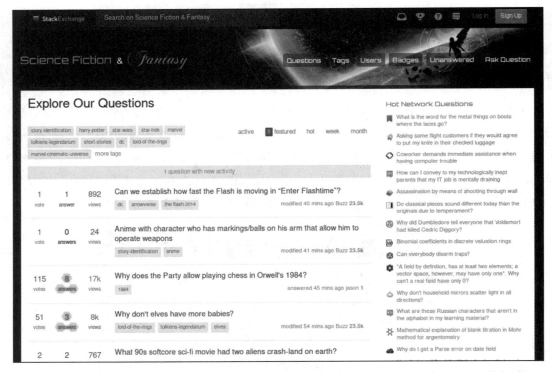

图 3　Stack Exchange 提供包括许多话题子站点的提问－回答服务。我们选择了科幻类
　　　（Science Fiction & Fantasy）站点，因为（与那些和计算机相关的或专注于数学的类别相
　　　比）它在本质上不是纯技术性的，而且用户的数量和内容都相当可观

LiveJournal

LiveJournal（见图 4）提供在线日记保管和博客服务，其用户可以与其他用户建立双向或单向的连接。用户的好友可以阅读他们的受保护条目，反之好友的博客帖子也出现在他们的"好友页面"（friends page）上。第 2 章将使用这个数据集研究社交网络有向连接的结构。

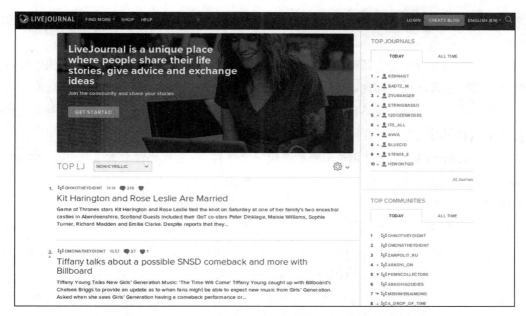

图 4　LiveJournal 主页，一个鼓励创建社区的博客平台

Cora 的科学文献

这是一个较小的数据集，包含了来自 Cora 搜索引擎的 2 410 篇科学文献。（这个搜索引擎已被放弃，它是一个专注于计算机科学领域学术出版物的用于概念验证的搜索引擎。）第 4 章将使用这个数据集来说明用于自然语言文本处理的主题建模方法。这个数据集与 R 语言的 lda 包相捆绑，不需要另行下载。

Amazon 美食评论

这是一个来自 Amazon 的包含"美食"评论的数据集，其中包括食品评论摘要、评分和一些用户详细信息。数据集包括到 2012 年 10 月为止共 10 年的数据。详细信息参见 https://snap.stanford.edu/data/web-FineFoods.html。

MovieLens 电影评分

这个数据集包含了来自 MovieLens 服务（https://movielens.org/）的电影评分数据，分值范围从 1 到 5，包括 938 位用户对 1682 部电影的评价。在第 6 章的示例中将使用这个数据集预测用户在知晓其他相似用户的评价后，如何为一部他们尚未看过的电影打分。

本书使用的语言和框架

本书中的示例主要采用三种程序设计语言和框架编写：R、Python 和 Scalding。使用 R 语言是因为它在统计、机器学习和图形图像方面的出色性能；使用 Python 是因为它在预处理大型数据集和调用服务的 API 接口两个方面的简便、快速；而使用 Scalding 是因为它对在 MapReduce 上执行分布式运算任务而言是一个灵活稳定的框架。

总之，我们认为这些工具对数据挖掘任务而言也是非常有用的。因此，我们假定读者已经熟悉它们，或者至少能够理解用这些语言所编写的代码。它们为面向数据的算法原型化和快速测试提供了便捷的开发路径，并且借助广泛的社区支持，关于它们的几乎所有常见的技术挑战都能够在在线论坛上获得答案。

本书中示例代码的标题使用了示例的源代码文件名（除非代码段非常短）。相应源文件在本书代码库的 `src/chapterX` 子目录下，其中 X 表示代码示例出现的章节。

注释：有关下载文件的信息，请参阅本节结尾处的"源代码"部分。

这些脚本默认为在代码库所提取的目录下执行，无须将默认目录更改为它们所在的位置：例如，若只下载 Wikipedia 数据集，读者可以运行：`src/chapter1/wikipedia/get_data.sh`；为预处理 Stack Exchange 数据集，读者可以运行：`python src/chapter4/process_stackexchange_xml.py`（我们将在后面的相应章节中解释这些特定脚本的功能）。

R 语言

R 是一种面向统计的程序设计语言，它不仅在统计学家中流行，在其他学科希望进行数据分析的专业人士中同样很受欢迎。这主要是因为 R 编程社区开发了大量的程序库：在 CRAN 任务视图页面（`http://cran.r-project.org/web/views/`）按照学科分类浏览可用的程序库时，我们会在包含众多类别的列表中发现计量经济学、金融学、遗传学、社会科学和 Web 技术。由于 R 是开源免费的，代码共享文化吸引了来自世界各地的开发者贡献社区开发的代码库，推动了 R 语言生态系统的繁荣发展。关于 R 的社区同样活跃，至少对于常见问题很容易找到答案。（然而，有时候网络搜索会成为一个挑战，因为字母"R"有时在其他文档中同样常见，所以最好试试 `rseek.org`！）

对于那些还不熟悉这种语言的人来说，R 的语法可能看起来有点吓人：R 横跨函数式编程风格和命令式编程风格，同时借鉴了这两种范式。要掌握 R 语言很困难，但值得去学习它。官方的 R 语言教程可从 `http://cran.rproject.org/doc/manuals/R-intro.pdf` 下载，这个教程是熟悉该语言的良好途径，掌握该教程足以理解本书使用的示例。R 提供的强大资产之一是它的数据存储机制，称为数据帧（data frame），其中与数据有关的记录可以存储在矩阵的命名列中（列可以保存任意类型的向量，而不仅仅是数值类型）。

下载和安装基本的 R 系统是一个简单的过程。Linux、Mac OS X 和 Windows 版本的 R 均可在 `http://cran.r-project.org/` 下载。安装页面上的说明文档很好理解，所以我们觉得没有必要在这里重复这些步骤，如果按照"运行示例的系统需求"一节中的步骤操作，读者甚至不需要手动安装。我们需要提醒的是，使用 R 的集成开发环境（IDE）是比较好的选择：虽然 R 有命令行，但是图形界面更容易使用。两个主要的可选项分别是 RStudio (http://www.rstudio.com/) 和 Eclipse 的 StatET 插件 (http://www.walware.de/goto/statet)。前者提供了一键安装方式以及简单的界面，后者为 Eclipse 用户提供了更好的灵活性，并方便与其他程序设计语言进行集成。

为了运行示例代码，读者还需要在基本的 R 之上安装一组软件包。表 2 列出了这些 R 软件包。下文的"运行示例的系统需求"一节给出了如何轻松安装这些软件包的信息。

表 2　本书示例代码中使用的 R 软件包

R 软件包	我们使用的功能
ggplot2 scales	使用直观的语法从图层构建图形，创建漂亮的绘图
reshape2	重构数据帧，在长表和宽表的数据表示形式之间切换
plyr	基于列的值对数据分组，在数据块上执行一些聚合操作，并将结果组合成所需形式返回
forecast	时间序列预测
Matrix	稀疏矩阵包
NMF	实现矩阵补全的非负矩阵分解函数
glmnet	有效解决逻辑回归问题
ROCR	可视化预测任务的性能指标
tm	由自然语言文本生成词条－文档矩阵
ggdendro	绘制树状图
Wordcloud dendextend	生成词云来可视化文档中的词条
entropy	计算分布的熵
lda	使用潜在迪利克雷分配（LDA）模型发现文本中的主题
rPython	从 R 调用 Python 函数——两全其美

Python

尽管 R 是一个功能强大、通用性强的工具，具有大量的可扩展库，但是分析社交媒体的某些常见任务时，它却不是最佳的选择。我们经常需要清洗、过滤或转换从所关注的服务中收集的数据集。在这种情况下，R 被证明并非是最优的，因为 R 关注的是在内存中进行计算，所以当我们想利用 R 语言处理有时间戳的用户一年所产生的数据中一个星期的部分时，就需要首先读取整个数据集，然后使用一些过滤器来限制数据范围。很多时候，考虑到所遇到的数据的量级，这个任务在个人计算机的 RAM 中是不可能完成的。

为了进一步分析中型至大型数据集，还有更好的选择进行预处理或者聚合。我们在示例代码中使用的另一种程序设计语言是 Python，就开发脚本所需要的时间而言，它是一种高效的编程语言。它也是世界上使用最广泛的编程语言之一，其周围同样有一个极其活跃的开发社区。与 R 语言类似，Python 也有大量的开源模块可用，于是也可以很容易地检查代码的使用情况。本书使用的模块如表 3 所示。

表 3 本书示例代码中使用的 Python 软件包

Python 模块	我们使用的功能
matplotlib	绘图
networkx python-igraph	存储、遍历和绘制图
nltk	将文档 token 化并将单词词干化
beautifulsoup4	预处理包含 HTML 标签的文本
tweepy	从 Twitter API 获取 tweet
scipy numpy	通用科学及数值计算库

在 SciPy、NumPy、matplotlib 和 pandas 等库的支持下,Python 是一个功能强大的机器学习和分析平台。然而,由于采用 R 语言完成了大部分任务,我们将主要使用 Python 语言的核心功能和少量的附加模块。如前所述,当对数据集进行简单的转换时,Python 非常适合流式处理(stream-processing)中等大小的数据集。当任务更"底层"(low level)、更接近传统的面向过程程序设计时,Python 通常是比 R 更好的工具。Python 的语法类似于伪代码,因此我们相信,即使没有深入的 Python 经验,只要了解 Python 的列表(list)和字典(dictionary)两个基本概念,也是可读懂示例代码的。(另外,官方的 Python 教程也是很好的开始,可以在 https://docs.python.org/2/tutorial/ 获得。)运行示例代码需要 Python 2.7 版,在下文的"运行示例的系统要求"一节中同样描述了如何安装 Python。

数据分析过程通常会分为若干步骤,后续步骤建立在之前结果的基础之上。让我们看一个小例子:假定我们希望确定一个小型社交网络中所有度(邻居数)大于 1 的节点之间的最短路径长度的分布。这个问题的处理步骤应该是:加载网络、过滤度大于 1 的节点、计算所有节点间的最短路径、由计算结果生成分布图。如果要处理一个相当大的网络,计算最短路径会需要很长时间,可能还需要从源数据文件中读取和建立网络。最简单的方式是写一个包含所有步骤的 Python 脚本,然后一并执行。然而,在分析过程中,我们经常会犯错或者忘记一些想要包含的内容。例如,在绘制了分布图之后,我们觉得不仅要把结果绘制在屏幕上,而且要有一个输出文件。在这种情况下,必须修改脚本并再次执行所有代价高昂的计算。

因此,使用交互式 Python 控制台几乎在所有情况下都是更好的选择,我们可以在发出 Python 命令的同时将所有变量保存在内存中。内置的 Python 控制台可以很方便地支持这种工作方式(通过运行 Python 启动)。然而,它还有更强大的版本 ipython(https://ipython.org/)和 Jupyter Notebook(http://jupyter.org/),它们提供了许多附加的辅助功能,如变量名补全(variable name completion)、命令历史搜索、嵌入式和交互式绘图以及并行计算(http://ipython.org/ipython-doc/dev/parallel/)。虽然我们在本书中没有使用,但是后者对于在 CPU 内核上花费很长时间的计算是有益的。

对于 Python,还有很多 IDE 可供选择——有关列表,请参阅 https://wiki.

python.org/moin/IntegratedDevelopmentEnvironments。图 5 显示了一个简单的基于控制台的 IPython 会话。

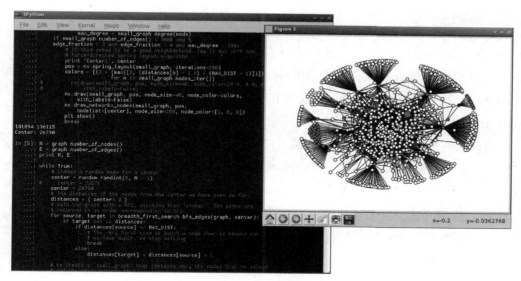

图 5　一个带绘图的交互式 IPython 会话

Scalding

　　本书第 5 章将侧重于处理大型数据集的算法，这种大型数据集是分析社交媒体服务日志时经常面对的。本书中大多数示例问题，在单机的单个处理器上运行就足够了，但某些时候处理过程可能需要几个小时。而实际上，当处理由几百万个用户生成的活动数据时，我们几乎总是采用分布式计算来解决问题。

　　当前，我们见证了在面向大规模数据处理的开发工具和框架方面所取得的前所未有的进展，新的框架、工具和数据库常常在几年内就会使前代产品过时。然而，MapReduce 模型已经成为在成百上千台计算机上批量处理大型数据集的主导模型，因为它具有扩展到大型数据中心的能力，并且具有兼容单个服务器故障的弹性，这是大量计算机被昼夜不停地同时使用时必然会出现的情况（开源世界已经拥抱了它基于 Java 的实现——Hadoop）。这项技术长期以来一直是分布式数据处理的可靠平台，而今已有各种基于它的成熟的解决方案。了解这些解决方案的思想有助于处理日常所面对的大量用户生成的数据。

　　尽管 MapReduce 是位于计算机集群之上的"引擎"，但其最基本的形式并不便于编写分析性任务。尽管许多对社交媒体数据的操作可以直接在最基本的 MapReduce 框架下编写，但转换为更高层次的任务形式是更好的选择，这样使得这些操作的表达更为自然，也更接近我们的日常思维。Scalding（可在 https://github.com/twitter/scalding 获得）是这些框架中的一个，它使你能够使用 Scala 程序设计语言来构建用于分析社交媒体日志数据的数据处理流水线（pipeline）。我们希望通过 Scaling 展示一些基本的想法和设计模式，使我们能够对来自社交媒体服务的大型数据集进行精确的近似计算。

运行示例的系统需求

我们在 Ubuntu Linux 操作系统（18.04 LTS 发行版）上开发和运行本书中的示例。如果读者使用其他的操作系统，特别是 Windows，我们建议建立单独的开发环境，或者使用 Ubuntu 18.04 LTS 系统的虚拟机，或者采用流行的在线云主机服务，来准备一个安装了 Ubuntu 18.04 LTS 系统的实例。

在得到我们为本书提供的源码库之后，读者可以把它解压到指定目录下，并在该目录下运行 setup/setup.sh 来安装所需要的系统、R 和 Python 程序包，以便能够运行书中给出的源代码。

此外，如前所述，还需要执行 data/download_all.sh 脚本以获取示例所需的数据文件。请在执行任何示例之前运行此脚本一次。如前所述，这些数据文件需要占用大约 60 GB 的磁盘空间。

章节概览

本书围绕着如何探索和理解社交媒体系统的基本组成部分进行组织，简单地说来就是谁（who）、如何（how）、何时（when）和什么（what）构成了社交媒体过程。因为社交媒体本质上是人们聚集在不同网站上的讨论、娱乐和分享，所以我们将从用户的角度来看待这些主题。他们是谁？他们是如何连接的？他们是什么时候产生关联的？最后，他们作为一个集体所创造和消费的内容是什么样子的？

第 1 章讨论了通常问到的关于服务的用户的一个最重要的问题：它的用户有多活跃？我们将探索这些服务中所特有的人类活动的普遍方面，以及为什么一些用户之间会存在如此巨大的差异，本章采用来自 Wikipedia 和 Twitter 的度量结果分析这些差异。

第 2 章描述了社交媒体服务提供的另一个重要设施——社交网络。这个术语有时被用来表示整个服务。但是，该章主要关注有向连接的图（如在 Wikipedia、Twitter 和 LiveJournal 所看到的）以及我们可以从中发现的规律。

第 3 章是关于事件在何时发生的章节。我们在 Twitter 和 Wikipedia 收集时间数据，并查看这些站点中用户行为的时间戳告诉了我们什么。我们还将结果与通常在动态系统中成立的基本假设预期进行比较，并介绍进行时间序列预测的基本技术。

第 4 章回顾了自然语言处理技术的低级和高级方法，帮助读者理解人们在文本形式的帖子中谈论什么。除准备了基本的文本数据之外，我们还描述了文本的统计特性，并使用多种算法在帖子中寻找主题，使用的数据包括从 Stack Exchange 问答站点收集的帖子和在 Cora 上发表的文章。

第 5 章介绍分析大型数据集的挑战，大型数据集在社交媒体研究中普遍存在。在介绍 MapReduce 技术之后，读者会看到使用 Scalding 框架处理大型人类行为数据时通用程序设计模式的示例代码。作为扩展知识，该章还将介绍如何使用近似算法以快速获得在精确结果的已知误差范围内的近似解，并简要介绍了在云服务上设置计算机集群以执行并行框架的过程。

第 6 章的主题是用户推荐，将展示如何用机器学习技术预测人们是否喜欢电影，并对预测结果进行评估。读者还可以检验分析模型，看看它是否有助于对文本条目（电影标题）进行分类。

第 7 章由浅入深地分析了全书中用于分析不同问题的通用统计模式，以及如何使用类似的分析技术去理解它们。

本书的在线代码库

本书的完整示例源代码可以登录 Wiley.com 下载，也可以登录华章网站（www.hzbook.com）下载。

致　　谢

我们要感谢 Twitter 的朋友和同事。同他们宝贵的讨论与合作为我们打开了新的视角，使我们能够以新的方式观察社交媒体数据，并让我们能够致力于那些扩展对社交媒体用户理解的工具和方法。感谢他们自始至终毫无保留的支持。

特别感谢 David Blei 教授，他通过在普林斯顿大学开设的"与数据交互"（Interacting with Data）课程，提供了关于主题建模的创新研究和合适的机器学习教学方法。在本书中，我们采用他的案例来介绍表示学习的主题及其在推荐问题中的应用。

我们要感谢 R 语言 LDA 软件包的作者 Jonathan Chang，他为主题建模技术提供了高效、易用的机器学习工具。

我们还要感谢本书编辑，Wiley 出版社的 Tom Dinse、Robert Elliott 和 Jim Minatel，他们从开始就指导了本书的出版，进行了出色的项目管理和内容编辑与评审。同时感谢我们的技术编辑团队，他们在整个过程中审阅了本书并提出了见解深刻的建议。此外，我们要感谢所有幕后工作者，他们为把本书整合在一起提供了帮助。

作 者 简 介

Gabor Szabo 致力于社交网络、自组织在线生态系统、交通运输系统和自动驾驶领域的大规模数据分析和建模问题。此前任职于哈佛医学院、圣母大学和惠普实验室，期间的研究重点是描述在线社区和生物系统中的随机组织网络。在此之后，他建立了分布式算法来理解和预测 Twitter 中的用户行为。他创建了 Lyft 拼车网络的资源分配模型，最近领导着特斯拉自动辅助驾驶（Tesla's Autopilot）项目的一个团队。

Gungor Polatkan 是机器学习专家和工程领导者，参与构建了 LinkedIn 和 Twitter 的服务于个性化内容的大规模分布式数据管道。最近，他领导着 LinkedIn 的 AI 后端的设计与实现，并将其推荐引擎从无到有地提升为能够从 5 亿多用户中学习数十亿个系数的超个性化模型。他在 LinkedIn 部署了最早一批深度排名模型，用于 LinkedIn 的垂直搜索，改进了其人才搜索功能。他乐于领导团队、指导工程师，并在产品的快速迭代过程中培育技术严谨和工匠精神的文化。在加入 LinkedIn 之前，他曾在 Twitter、普林斯顿大学、谷歌、MERL 和加州大学伯克利分校的几个著名的应用研究小组工作。他在顶级的 ML&AI 期刊和会议发表并评审过论文，如 UAI、ICML 和 PAMI。

Oscar Boykin 在 Stripe 致力于机器学习基础设施的建设，建立了预测大规模欺诈行为的系统。在加入 Stripe 之前，Oscar 在 Twitter 工作了 4 年多的时间，先是致力于广告的建模和预测，而后投身于数据基础设施系统的建设。在 Twitter，Oscar 与他人合作开发了许多开源 scala 库，包括 Scalding、Algebird、Summingbird 和 Chill。在加入 Twitter 之前，Oscar 是佛罗里达大学电子与计算机工程系的助理教授。Oscar 在加州大学洛杉矶分校获得物理学博士学位，作为合著者在顶级学术期刊和会议上发表了数十篇论文。

Antonios Chalkiopoulos 是一位快速和大型数据分布式系统专家，具有在媒体、物联网、零售和金融行业交付生产级数据管道的经验。Antonios 是大数据领域的专著作者、开源社区的贡献者、Landoop LTD 的联合创始人和 CEO。Landoop LTD 为动态数据创建了创新性的、曾获奖励的 Lenses 平台。该平台保证了流数据的可见、可控，它通过直观的 Web 接口支持数据发现，并为数据的移动、监控、预警、管理、多重租赁、安全提供了全面的 SQL 支持，为构建和管理实时数据管道和微服务提供了完整的用户体验。

技术编辑简介

Sriram Krishnan 是 Salesforce 爱因斯坦平台团队的高级主管，负责为 Salesforce 提供机器学习的基础服务。在加入 Salesforce 之前，Sriram 是 Twitter 数据平台团队的负责人，也是 Twitter 大数据平台团队的技术负责人。他拥有印第安纳大学的计算机科学博士学位，曾在圣地亚哥超级计算机中心担任了数年的研究员和团队领导，致力于在科学应用中使用网格和云技术。Sriram 已在数据、网格和云计算领域合作撰写了 50 余篇 / 部文章或著作，他的著作被引用超过 1700 次。Sriram 已为数个有影响力的开源项目做出贡献，这些项目在工业界和学术界被广泛采用。

Ben Peirce 是三星 XR Analytics 的主管，他因对虚拟现实分析初创公司 Vrtigo 的并购而加盟三星（他是 Vrtigo 公司的共同创立者之一）。此前十多年，Ben 在医疗保健和广告技术的早期初创公司建立分析系统。他拥有哈佛大学的博士学位，在那里他学习的是控制系统和机器人学。

Dashun Wang 是凯洛格（Kellogg）管理学院的管理和组织学副教授，麦考密克（McCormick）工程学院的工业工程和管理科学副教授，以及西北复杂系统研究所 NICO 的核心教员。Dashun 于 2013 年在东北大学获得物理学博士学位，是复杂网络研究中心的成员。从 2009 年到 2013 年，他担任哈佛大学达纳 - 法伯（Dana-Farber）癌症研究所的研究助理。他是 AFOSR 青年研究者奖的获得者（2016）。

Dr. Jian Wu 是奥多明尼昂（Old Dominion）大学计算机科学系的副教授。Dr. Wu 于 2011 年从宾夕法尼亚州立大学获得博士学位，然后与 Dr. C. Lee Giles 一起在 CiteSeerX 项目中工作并担任技术领导。Dr. Wu 的研究兴趣是对学术大数据采用机器学习、深度学习和自然语言处理技术进行文本挖掘和知识抽取。他已经在 ACM、IEEE 和 AAAI 会议和杂志上发表了近 30 篇经过同行评议的论文，并多次获得最佳论文和提名奖。他是 2018 年 ACM/IEEE 数字图书馆联合会议（JCDL）的最佳审稿人。作为技术领导者，Dr. Wu 对 CiteSeerX 的体系结构、网络爬虫和提取模块进行了重大改进，至 2017 年，CiteSeerX 采集数量增加到 1000 万。

目　　录

## 第 1 章

用户：谁参与社交媒体

社交媒体围绕着用户、用户活动和用户间的交互而存在。用户创建内容，相互沟通，最终使服务保持活力并增长。本章介绍典型用户在社交媒体服务上的行为及其在不同服务中的普遍相似性。

首先，我们专注于一些关于服务中用户整体活动的基本问题：他们的汇总统计数据是否有一些规律性？如果在一个服务中存在规律性，这些规律是否可以推广到其他服务？一些非常基本的条件会影响测量得到的活动分布，我们会根据观察到的规律，参照整体活动来量化分析用户之间的差异。因为活动分布具有特定的分析形式，我们将讨论为什么在实际社交媒体系统中出现这种分布时很难使用和解释分布的均值。

在整个过程中，使用从 Wikipedia 和 Twitter 收集的数据来支持我们的结论。

1.1　测量 Wikipedia 中用户行为的变化

就用户活动而言，最重要的问题之一是：用户对服务的贡献有多大或用户使用服务的程度如何？我们可以从许多不同的角度来看待这个问题，但是确定用户活动特性最直接的方法之一是描述他们返回并出现在服务中的频繁程度。我们当然可以期望一些用户比其他用户更"活跃"，但是如何准确地量化与服务相关的用户活动呢？

用户活动最明显的特征是用户执行了多少次特定操作，比如留下评论、共享图片、创建或删除社交网络连接等，换句话说，就是用户使用了服务提供的某项功能。为确定操作次数，首先要明确需要收集的数据的时间范围，以便进行分析。

图 1-1 显示了选择收集用户活动数据的时间段的两种可能场景。场景 a 中为了收集数据或多或少选择了随机、非连续的时间段。虽然这种选择在特定要求下可能是有效的，但是我们通常更喜欢在连续的闭合时间范围内进行数据收集，就像在场景 b 中看到的那样。一般而言，用户行为可能会随着时间而变化（例如，新

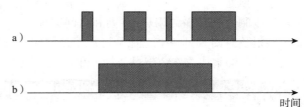

图 1-1　分析聚合用户活动的样本时间窗口的可能选择。在场景 a 中，随机选择非连续的时间窗口；在场景 b 中，在两个给定的时间点之间选择一个连续的时间窗口

用户可能具有与旧用户不同的特征），因此我们倾向于在尽可能短的时间范围内对用户活动进行采样。因此，场景 b 是一个较自然的选择，我们据此选择一个连续的时间区间，并统计用户在此时段内活动的次数。这也就是给定时间窗口内的使用频数。

1.1.1　用户活动的多样性

我们可以合理地假设用户使用服务的潜在可能性并不相同：有些用户会非常活跃，而有些只会偶尔使用一次。用户使用服务的可能性差异有多大，我们如何描述它们？这些是读者将在本节中看到的问题。

本节使用 Wikipedia 的历史编辑日志。首先，分析 Wikipedia 的编辑对文章的贡献有多频繁：问题描述为一个给定的用户在每个时间段内对任何 Wikipedia 的文章一共做了多少次修改。任何拥有注册用户名的使用者都是 Wikipedia 的"编辑"，从广义上讲，是任何对 Wikipedia 文章进行或小或大修改的使用者。幸运的是，Wikipedia 基金会在其网站上提供了所有文章和用户的编辑历史（http://en.wikipedia.org/wiki/Wikipedia : Database_download#Englishlanguage_Wikipedia）。本章使用的数据集记录了 Wikipedia 英文版的所有修订（编辑）。我们选择了英语版的 Wikipedia，因为它是各种语言版本的 Wikipedia 中历时最长，也是最全面的。（有关 Wikipedia 不同版本的统计信息，请参见 http://en.wikipedia.org/wiki/Wikipedia : Size_of_Wikipedia#Comparisons_with_other_Wikipedias。）

读者可以在名为 enwiki-*-stub-meta-history.xml.gz 的文件中找到最新转储日期的所有修订元数据（没有实际的页面内容）。在 2018 年年初，这个压缩文件的大小大约为 54GB。数据采用 XML 格式记录，对于每个页面，该文件包含完整的编辑历史记录，其中包含用户名和用户 ID 以及每次编辑的时间戳。为了在一个时间窗口内测量用户的使用频数，只需要关注这些信息即可。读者可以通过运行 Shell 脚本从本书的在线资料库 src/chapter1/wikipedia/get_data.sh 下载最新的 Wikipedia 数据转储。

通常，在数据分析中需要花费大量精力来预处理和清理数据库或平面文件中的数据。为了说明这个典型的工作流程，我们将使用下载的 Wikipedia 文件引导读者完成这一步骤。由于 XML 是描述结构化数据的一种相当冗长的方式，而在使用数据进行实验时需要多次读取这一文件，所以我们的第一项任务是将 XML 格式文件转换为稍后可以轻松使用的格式。将数据文件转换为方便处理的格式可以减少开发和运行时间。为此，在这个示例中，将首先使用 Python 脚本 src/chapter1/wikipedia/process_revisions_xml.py 对下载的文件进行预处理，该脚本将生成一个平面文本文件，其中每行为一条编辑记录，每条编辑记录包括以制表符分隔的用户 ID 列和时间戳列。考虑到输入文件的大小，这个预处理过程可能需要很长时间。另一个选择是将数据存储在关系型（SQL）数据库中，这在许多情况下是一个更可取的解决方案。但是，为简单起见，我们在此例中使用纯文本文件。

处理大型 XML 文件：DOM 与 SAX 方式的比较

为了处理大型 XML 文件，读者可以在文档对象模型（Document Object Model，DOM）和简单 XML API（Simple API for XML，SAX）这两种方法中进行选择。无论采用哪种方法，每种主流程序设计语言（当然也包括 Python 语言）都提供了可以任意使用的多样而高质量的程序库。实际上每种方法可用的工具集大致相当。其中，DOM

模型是在完整读取 XML 文件后将其表示为内存中的树结构，XML 节点被映射为树节点。而 SAX 方法则采用一种事件驱动的方法，在 SAX 解析器读取 XML 输入文件时，以主程序回调的方式触发事件，使用者可以决定对读入的节点和数据做什么，以及如何做。很明显，对于本例而言，仅 SAX 解析方法有效，因为不能太理想化地假定可以在 RAM 中保存如此大量的数据。同样，我们也不能期待只扫描文件一次就可以提取与编辑有关的大量信息，并在读取每条记录后就写出每次编辑对应的各个字段。Python 中的 SAX 库在 xml.sax 包中。读者可以通过 process_revisions_xml.py 中的 startElement 和 endElement 两个方法了解 XML 节点是如何被处理的。这两个方法分别在一个 XML 节点被打开和关闭时调用。

使用我们的脚本解析 Wikipedia 修订记录数据库后，就可以得到如上所述的以制表符分隔的平面文本文件，其中包含以下列：

- 被编辑页面的名称
- 页面的"命名空间"（即页面的"类型"，详见 https://en.wikipedia.org/wiki/Wikipedia: Namespace）
- 页面 ID
- 修订 ID
- 修订的时间戳
- 编辑用户的 ID
- 编辑用户的账号名称
- 用户的 IP 地址（仅限匿名编辑者）

尽管 Wikipedia 的页面被分为不同的命名空间，例如普通文章、用户页面和帮助页面等，但我们并不局限于任何特定的命名空间，而是考虑对所有类型页面的编辑。有了这个抽取出的文件，就可以简单地通过遍历该文件并记录在特定时间范围内进行修订的用户 ID，来轻松地统计任何用户在给定时间范围内进行了多少次编辑。在程序清单 1-1 中，为计算用户在每个日期范围内进行编辑的次数而指定了三个日期范围，分别是 2013 年的前一个、前两个和前三个月。然后，用户编辑文章的次数将被写入一个输出文件，其中一行表示一个用户，每行中的三列分别表示该用户在三个给定日期范围内的编辑次数。

程序清单 1-1　脚本读取 Wikipedia 的全部编辑数据并输出任意用户在 DATE_RANGES 中定义的时间范围内的编辑次数（user_edits_in_timeframes.py）

```
'''
Count the number of times particular users made edit in the given time
frames.
'''

import gzip
from collections import defaultdict


INPUT_FILE = 'data/wikipedia/revisions.tsv.gz'
OUTPUT_FILE = 'data/wikipedia/user_edits_in_timeframes.tsv.gz'

DATE_RANGES = [('2013-01-01T00:00:00', '2013-02-01T00:00:00'),
```

```
                    ('2013-01-01T00:00:00', '2013-03-01T00:00:00'),
                    ('2013-01-01T00:00:00', '2013-04-01T00:00:00')]

# The number of times a user made a revision in a given date range.
user_frequencies = defaultdict(lambda: defaultdict(int))

user_names = dict()
with gzip.open(INPUT_FILE, 'r') as input_file:
    for line in input_file:
        title, namespace, page_id, rev_id, timestamp, user_id, \
        user_name, ip = line[:-1].split('\t')
        # We only keep registered users, and need to strip user ID 0
        # due to a logging bug (http://en.wikipedia.org/wiki/User:0).
        if user_id != '' and user_id != '0':
            for range_id in xrange(0, len(DATE_RANGES)):
                if timestamp >= DATE_RANGES[range_id][0] and \
                timestamp < DATE_RANGES[range_id][1]:
                    user_frequencies[user_id][range_id] += 1
                    user_names[user_id] = user_name

with gzip.open(OUTPUT_FILE, 'w') as output_file:
    for user_id in user_frequencies.iterkeys():
        output_file.write('\t'.join(
            [user_names[user_id]] + \
            [str(user_frequencies[user_id].get(range_id, 0)) \
             for range_id in xrange(0, len(DATE_RANGES))
            ]))
        output_file.write('\n')
```

　　描述用户聚合行为的第一步是计算用户在一个日期范围内进行编辑的次数的分布。计算分布并可视化为直方图是一种理解用户之间差异的常见方法,我们将在本书中经常这样做。程序清单 1-2 中的 R 代码片段读取程序清单 1-1 中 Python 脚本生成的输出结果,并绘制出第一个时间段(2013 年 1 月)进行了给定编辑次数的用户数量。

程序清单 1-2　读取并绘制 Wikipedia 编辑者在 2013 年 1 月编辑页面次数的频数直方图(`user_edits_in_timeframes.R`)

```
library(plyr)
library(ggplot2)

revs.in.periods = read.table(
        gzfile('data/wikipedia/user_edits_in_timeframes.tsv.gz'),
        sep='\t', col.names=c('account', 'range1', 'range2', 'range3'),
        comment.char='', quote='')

# Only users with > 0 edits in Jan 2013 are considered.
ggplot(subset(revs.in.periods, range1 > 0, select='range1'),
aes(range1)) +
        geom_histogram(binwidth=1, origin=-0.5) + xlim(0, 20) +
        xlab('Number of revisions made') + ylab('Number of users in
        period')
```

　　程序清单 1-2 的结果如图 1-2 所示,由图可见,当考虑越来越多的修订次数时,进行相应次数编辑的用户数量会迅速减少。实际上,当更详细地查看这个分布图时,会发现有少数注册用户在一个月内进行了数万次编辑！这其中可能包括了所谓的"机器人"（bot/robot），它们是 Wikipedia 的自动代理程序，用于执行一些簿记任务。

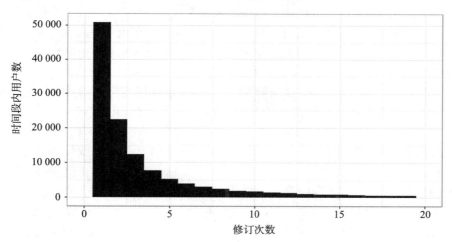

图 1-2　在 2013 年 1 月对任意 Wikipedia 文章进行特定次数编辑的用户数。横轴被裁减为展示
　　　　一个月内不多于 20 次编辑的情况。但是，数据表明，确实有些用户进行了几万次的
　　　　编辑

无论如何，这样的用户非常少。据统计，2013 年 1 月每个用户的平均编辑次数约为 30 次，而人均编辑次数的中位数却仅为 2 次。我们可以立刻发现平均值和中位数之间的巨大差异：这是数据分布高度倾斜的标志，其中少数高编辑次数的用户可以改变平均值，而中位数却不会受到很大影响。本章后面会更详细地讨论这个问题。

我们可将用户所做的修订行为视为随机过程，因为有太多的未知因素共同决定了用户行为，不可能面面俱到地予以考虑。对服务而言，用户时来时往，他们找到一些有趣的东西后，就对一篇文章进行修改，或者在发现他们感兴趣的主题尚不存在时便开始编写一篇新文章。事实上，用户何时、以何种频度返回服务也是不断变化的，但是正如图 1-2 所示，如果对大量用户的行为进行统计比较，是可以从中发现一些规律的：图中直方图看起来是一个相当平滑的函数，所以找到一个对此的解释并不会让人感到惊讶。

将用户的行为视为一个随机过程，就可以将该随机过程的概率密度函数（PDF）近似为图 1-2 所示直方图的归一化结果。这意味着读者需要将每个编辑数量所对应的用户频数除以用户总数，处理后的结果仍然是直方图中被视为函数的区域。用户进行 n 次编辑的概率的公式如下：

$$P\left(edits=n\right)=\frac{U\left(edits=n\right)}{\sum_{i=1}^{\infty}U\left(edits=i\right)} \tag{1-1}$$

在这个公式中，概率 P 表示一个随机选择的用户在所考察的时间范围内进行 n 次编辑的可能性。$U(edits=n)$ 表示进行了 n 次编辑的用户数量，因此分母恰好是用户总数。（因为一个用户不可能同时属于两个编辑数不同的活动群体，每个用户都应属于一个活动群体。）$P(edits=n)$ 是一个概率分布函数，它表示在所有可能的范围内一个事件发生的可能性。（有时也称为离散分布的概率质量函数，例如我们统计的每个时间段内的编辑数量。）如果我们要绘制概率分布函数，它看起来就如图 1-2 那样，只是纵轴的数值范围会被重新调整，因为我们将所有纵坐标的值都统一除以了一个相同的常数，即用户总数。

对于将来，或者任何时间段内用户会进行多少次修订，我们还能发现些什么呢？从这个有限的例子中所观察到的频数的平稳衰减来看，我们也可能在更普遍的意义上发现用户行为的一些规律。毕竟，这个练习的目的是通过学习过去来预测用户未来的活动分布，同时检测与预期的任何偏差。

如果不断延长观察时间，我们将看到用户活动分布如何变化。到目前为止讨论的例子中，我们分析了在 1 个月内所有活跃用户的编辑数。现在，我们试着将 1 个月的分析时间段延长到 2 个月，然后是 3 个月。程序清单 1-1 中为这些测量做了些准备，其中为了只扫描一次处理后的 Wikipedia 文件，除了到目前为止一直关注的 1 个月之外我们还定义了其他两个时间段。如示例代码所示，这两个额外的日期范围分别是从 2013 年 1 月初到 2 月底以及从 1 月初到 3 月底。为了了解不同时期内用户活动的分布如何相互关联，我们把它们的曲线绘制在同一张图上。容易预见，2 或 3 个月的观察期会涉及更多用户的参与，正如图 1-3 所示。但是，虽然是在三个不同的时间范围内，但是进行一定次数修订的用户数量的函数形状却是相似的，只不过更长的时间范围允许更多的用户进行更多的编辑。

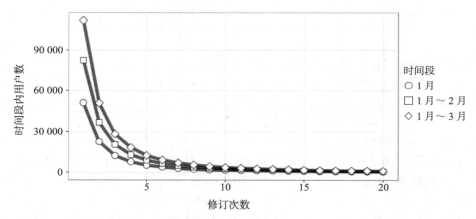

图 1-3   三个不同时间段内的修订次数：2013 年的前一个月、前两个月和前三个月，如图例所示。计算方法与图 1-2 完全相同

现在将目光从绝对用户数量上移开，我们来考虑所有时间段内修订次数的概率分布函数，也就是特定用户在给定时间段内进行一定次数修改的可能性是多少。为此，我们将计算一个随机选择的用户在 p 时间段内恰好进行 r 次编辑的概率，其公式与公式（1-1）相同：

$$P_p(r) = \frac{U_p(r)}{\sum_{i=0}^{\infty} U_p(i)} \qquad (1\text{-}2)$$

此处及本节稍后的部分中，$U_p(r)$ 表示在选择的 p 时间段中进行 r 次 Wikipedia 编辑的用户数量（例如，在我们当前的设定中，p 可能是 1、2 或 3，分别表示图 1-3 中的三个日期范围）。$p=1$ 表示 2013 年 1 月，$p=2$ 表示 2013 年 1 月到 2 月，$p=3$ 表示 2013 年 1 月到 3 月。因此，$p_p(r)$ 表示一个随机选择的用户在 p 时间段内有 r 次修订的可能性。

计算 $P_p(r)$ 的 R 语言代码如程序清单 1-3 所示。

程序清单 1-3 这段 R 代码对 `revs.in.periods.long` 进行了两次划分，第一次按时间段，之后按修订次数，并计算一个时间段内进行既定次数编辑的用户占该时间段内所有用户的比例（`user_edits_in_timeframes.R`）

```
# Calculate the fraction of users separately for each date range who
# make a certain number of revisions, excluding all users who make zero
# edits in any of the time windows.

revs.in.periods.long = melt(revs.in.periods, 'account',
        variable.name='range', value.name='revisions')

normalized.revisions = ddply(subset(revs.in.periods.long,
                        revisions > 0),
            .(range), function(one.range) {
                user.count = nrow(one.range)
                ddply(one.range, .(revisions),
                        function(one.revision)
                                data.frame(user.fraction=
                                nrow(one.revision) / user.count)
                )
            })
```

图 1-4 中绘制了归一化的用户数量统计结果。读者会立刻注意到这三个概率分布函数是类似的。（实际上，要证明这种视觉上的数量相似性，可参见源文件 `user_edits_in_timeframes.R` 中 Calculation1.1 下的代码段。这段代码根据每个编辑次数值在三个时间段内所对应的概率，并依各自均值计算相对均方误差，当编辑次数在 1 到 10 之间时，均方误差都在 6% ～ 8% 的范围内。）现在，我们可以大胆地假设：三个时间段内每个可能的编辑次数 r 所对应的用户数占总数的比例相同：

$$\frac{U_1(r)}{\sum_{i=1}^{\infty} U_1(i)} = \frac{U_2(r)}{\sum_{i=1}^{\infty} U_2(i)} = \frac{U_3(r)}{\sum_{i=1}^{\infty} U_3(i)} \tag{1-3}$$

这个假设将极大地帮助我们开展进一步的分析，我们也将解释为什么会出现这种规律。

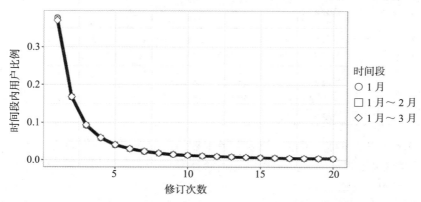

图 1-4　用户进行既定次数编辑的概率。请注意，这三个时间段所对应的概率函数在很大程度上相互重合，除了第一个编辑数所对应的概率值之外，很难看到其他的不同之处

因为公式（1-3）中的分母都是常数（指在每个时间段内至少编辑一次的用户总数），我

们应该用一种更简单的方式来表示详细的用户数量 $U_p(r)$，为此引入以下比率公式：

$$C_{21} = \frac{\sum_{i=1}^{\infty} U_2(i)}{\sum_{i=1}^{\infty} U_1(i)}$$

$$C_{31} = \frac{\sum_{i=1}^{\infty} U_3(i)}{\sum_{i=1}^{\infty} U_1(i)}$$

（1-4）

C_{21} 表示第 2 个时间段内的活跃用户总数与第 1 个时间段内活跃用户总数的比值（同理，C_{31} 与此类似）。据此，我们就可以使用 $U_1(r)$ 来表示 $U_2(r)$ 和 $U_3(r)$，如下所示：

$$U_2(r) = C_{21} U_1(r)$$
$$U_3(r) = C_{31} U_1(r)$$

（1-5）

请注意，公式（1-3）所表明的，归一化的用户数量在每个修订次数 r 上都应该相等仅仅是我们的直觉。为了更直接地检验这个结论，我们可以先暂时放松所做的假设，即 C_{p1} 与变量 r 无关，因为可以计算出每个 r 值所对应的 $U_p(r)/U_1(r)$，我们可以很自然地将它记作 $C_{p1}(r)$。我们还可以检验 C_{21} 和 C_{31} 的实际值，从而通过直接度量验证我们是否可继续将它们看作常量。程序清单 1-4 的 R 示例代码计算了时间段 2 和 3 中的这些比率。

程序清单 1-4　对于相同的编辑次数，计算时间段 2 和 3 内的用户数量与时间段 1 内用户数量的比率。
结果如图 1-5 所示（user_edits_in_timeframes.R）

```
# Count the number of users in each period with a given number of > 0
# revisions.
user.counts.long = ddply(subset(revs.in.periods.long, revisions > 0),
                    .(range, revisions), nrow)

# Reformat the results into a wide table where the number of revisions
# are the rows and in three columns we have the user counts for each of
# the ranges.
user.counts.wide = dcast(user.counts, revisions ~ range)

# Calculate the pairwise ratios between the user frequencies in each
# revision bucket, with respect to those in range 1.
ratios = within(user.counts.wide, {
                ratio21 = range2 / range1
                ratio31 = range3 / range1
            })
```

图 1-5 显示了将 $C_{21}(r)$ 和 $C_{31}(r)$ 作为编辑次数函数的效果。我们会立刻注意到，在很大程度上，（与编辑次数相关的）$C_{21}(r)$ 和 $C_{31}(r)$ 似乎是常数，与编辑次数 r 无关。现在可以思考：假设在建模中将这些比率设为常量会怎么样？这会对理解用户活动产生什么影响？

首先，估计一下这些常数的值。从图 1-5 可以看出，时间段 2 和时间段 1 用户数的比值约为 1.6，时间段 3 和时间段 1 用户数的比值约为 2.2 ~ 2.3。如果我们认为这些比值和不同时间段时间长度之间的比值相等，且活跃用户数量会随着时间段长度而线性增加，那么这个想法是错误的：如果将每个时间段的天数相除，会分别得到 $(31+28)/31 \approx 1.9$ 和

(31+28+31)/31 ≈ 2.9。不同时间段内用户数之比与对应的时间段长度之比之间的差异很大，所以我们不能想当然地认为，所取的时间段越长，在每个修订次数上的用户数就随之线性增加。

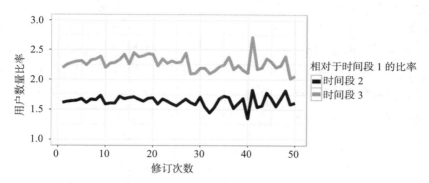

图 1-5　对于之前使用的三个时间段（2013 年 1 月为第 1 时间段，2013 年 1 月～2 月为第 2 个时间段，2013 年 1 月～3 月为第 3 个时间段）中，任何给定的编辑次数对应的活跃用户的数量。图中我们计算出第 2 个时间段中给定编辑次数的用户数量与第 1 个时间段中相同编辑次数的用户数量的比值，并用黑线绘制。类似地，我们还计算出第 3 个时间段用户数量与第 1 个时间段用户数量的比值，并用颜色较浅的线绘制出来

不管怎样，我们到目前为止从 Wikipedia 的例子中学到了哪些关于用户活动分布的知识呢？以下是主要发现：

- 用户在既定时间段内采取操作的数量存在很大的差异性。许多用户只执行了少量操作，并且随着所考察的操作数量的增加，活跃用户的数量急剧减少。
- 如果所考虑的时间跨度越来越长，很自然地会发现更多的用户进行了更多的操作。但是，不同时间段用户活动数量的直方图似乎源自同一个函数族，因为它们的函数形态可以通过缩放而重合。
- 考虑归一化的概率分布函数，无论在哪个时段对用户进行抽样，这些函数都将是相同的。我们还观察到，这是因为执行了一定数量操作的用户数是一个一般函数的常数倍，这个一般函数与具体时间无关，也就是我们之前用 C_{p1} 表示的常数。

1. 用户活动分布的起源

让我们进一步研究最后一点：基于上一节所发现的规律，能否进一步解释用户活动的分布？本节重点介绍一些结论中所用到的度量方法，以及一些常用于对在线用户的随机特性建立模型的分析方法。为此，我们还可以再做出这样一个新的假设并进行验证：如果观察特定用户群的时间更长，用户们的活跃次数也会更多。这是一个微不足道的假设，因为我们可以轻易地预测到，用户可用的时间范围越大，他们使用服务的机会就越多。此外，我们还可以合理地认为，在一个较大的尺度下，每个个体的活动次数与观测时间窗口的长度成正比。我们相信，可以用与其群体相对应的平均活跃率来描述个体用户在单位时间内使用一个服务的次数，并且我们假定该平均活跃率随着时间的推移或多或少地保持不变。至少当我们取足够长的时间窗口时这个假定是成立的。但是我们也可以预期，用户的行为有时是具有"爆发性"的，即他们在某个较短时间段内比其他时候更活跃。更多信息见第 4 章。请注意，这个活跃率假设并不必然意味着，当一个时间窗口的长度是另一个窗口的两倍时，给定用户的活动次数就一定是另一个窗口的两倍。总体上的用户活动可能随着时间变化而发生季节性波动（例

如，以年为周期），也可能会有宏观尺度下用户活动减少的时间段，以及用户的整体活动增加的时间段。

为了了解在改变观察时间窗口长度时用户的编辑次数如何变化，可以给定用户在时间段 1 中进行的编辑次数，观察这些用户在时间段 2 或时间段 3 中进行了多少次更多的或更少的编辑。显然，很多用户在时间段 1 中进行了一定次数的编辑后，他们每个人在其他时间段中都可能有不同次数的编辑。因此，可以计算所有在时间段 1 内具有相同编辑次数的用户在其他时间段的编辑次数的平均值。换句话说，如果 $\overline{r_2}(r_1)$ 表示所有在时间段 1 中进行了 r_1 次编辑的用户在时间段 2 中的编辑次数的平均值，那么这可以被正式地表达为：

$$\overline{r_2}(r_1) = \frac{\sum_{i=1}^{N} I(r_{i,1} = r_1) r_{i,2}}{\sum_{i=1}^{N} I(r_{i,1} = r_1)} \tag{1-6}$$

对所有用户执行上述累加过程，其中：N 表示用户总数；$r_{i,1}$ 和 $r_{i,2}$ 分别表示第 i 个用户在时间段 1 和时间段 2 中所做的编辑次数；$I(r_{i,1} = r_1)$ 是一个指标函数，当等式成立时值为 1，否则值为 0。因此，这个等式的分子是在时间段 1 中有 r_1 次编辑的用户在时间段 2 的编辑次数之和，分母是在时间段 1 中有 r_1 次编辑的用户总数。

在分析用前述方法计算的用户平均编辑次数时，如图 1-6 所示，可以看到，在较长时间内进行的编辑次数与短期内的编辑次数大致上线性相关。另外需要注意的是，时间段 2 和时间段 3 分别是从 1 月到 2 月底和到 3 月底，它们与时间段 1 在 1 月份相重叠，因此这两个时间段的编辑次数永远不会少于时间段 1 的编辑次数。

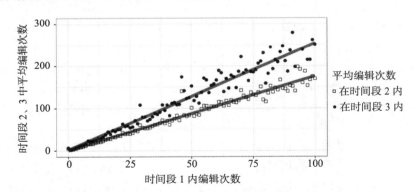

图 1-6 用户在时间段 2 和时间段 3 中的平均编辑次数，这些用户在时间段 1 中已经进行了特定次数的编辑。这些平均值似乎与时间段 1 的编辑次数呈线性关系，图中用直线表示拟合得最好的线性函数

根据上述观察，可以假设一个很好的模型来计算两个不同时间段内的编辑次数，至少平均情况下可以表示为：

$$r_2 = R_{21} r_1 \tag{1-7}$$

上式表示，如果用户在时间段 1 中进行了 r_1 的编辑，他将在时间段 2 中平均进行 r_2 次编辑，r_2 与 r_1 的比值为常数 R_{21}。

综上所述，我们得出以下两个事实，并会在后文中进一步研究：

（1）一个用户在两个不同长度的时间段内的编辑次数相互之间呈线性比例关系，参见图 1-6。

（2）用户行为的概率分布函数与所分析的时间长短无关，正如读者在前一节图 1-4 中所看到的。

在接下来的几个段落中，我们将详细阐述这两个事实。请记住，我们讨论的最终目标是解释描述用户活动的分布函数的起源。

将用户在一定时间内的编辑次数作为一个随机变量，记作 R。用 $f_r(R)$ 表示概率分布函数，通过对进行了一定次数编辑的用户数量进行归一化处理，而后拟合可以得到这一函数，如图 1-4 所示。这里 R 表示随机变量，r 是它的具体取值。这也是一个随机用户进行 r 次编辑的概率。虽然知道 r 是一个离散的随机变量，我们仍然可以继续假设它是连续的。原因是我们目前并非想得到精确的结果，而是要在一般意义上理解所看到的分布，这种理解可能也适用于其他系统。

如果我们把这个连续的随机变量乘以一个常数 $1/c$，它的概率分布函数（Probability Distribution Function，PDF）$f_{cR}(r)$ 就在初始的 PDF $f_R(r)$ 基础上表示为：

$$f_{cR}(r) = \frac{1}{|c|} f_R\left(\frac{r}{c}\right) \qquad (1\text{-}8)$$

这只是依据概率论得出的一个事实，即用一个常数乘以随机变量时所得到的分布函数。现在，我们应该考虑在从第 1 个时间段变到第 2 个时间段时，编辑次数的 PDF 会如何变化。我们先写出随机变量 r（即用户的编辑次数）的 PDF，这是我们要用到的 PDF。如果 U_1 表示时间段 1 的用户总数，那么 $U_1 = \sum_{i=1}^{\infty} U_1(i)$，则时间段 1 的 PDF 可近似表示为：

$$f_R(r) = \frac{U_1(r)}{U_1} \qquad (1\text{-}9)$$

我们知道，根据公式（1-5）的假设，需要将每个用户的修订次数乘以 R_{21}，以得到他们在时间段 2 中所做的修订次数 r_2；我们的最终目标是将计算得到的分布与真实数据的实际分布进行比较，观察两者是否匹配。至此，把 f_R 中的随机变量参数 r 乘以 R_{21}，我们就可以推导出新的 PDF。依据公式（1-8）可得：

$$f_{R_{21}R}(r) = \frac{1}{R_{21}} \frac{U_1\left(\dfrac{r}{R_{21}}\right)}{U_1'} \qquad (1\text{-}10)$$

注意，更重要的是，我们没有简单地把 U_1 写在公式的分母上，而是引入了 U_1'。这样做的原因是，当如公式（1-9）所示对随机变量进行乘法操作时，归一化因子也会发生变化：用于归一化的相应总数在从 1 到 ∞ 的所有整数上进行累加：

$$U_1' = \sum_{r=1}^{\infty} U_1\left(\frac{r}{R_{21}}\right) \qquad (1\text{-}11)$$

我们现在面临一个挑战：加和过程中 U_1 的参数不一定是整数，并且当 $r < R_{21}$ 时，U_1 的参数值小于 1，而这是不可能的。不过，我们可以将其解释为是在指那些在第一阶段中"没

有出现"的用户，因为他们的活跃度非常低，以至于无法观察到他们的哪怕一次编辑活动。然而，我们仍然可以认为他们的活跃率是严格大于 0 但小于 1 的，在乘以 R_{21} 之后，在时间跨度较长的时间段 2 中变得可测量。但是因为他们在时间段 1 中没有出现，我们就不能计算他们的数量，那么我们如何确定 U'_1 是多少呢？

我们也可以用不同的方法计算 U'_1，它必然是时间段 2 中所有可能的活动次数所对应的用户数之和，这也正是我们用 R_{21} 乘以编辑次数 r_1 的目标，也就是时间段 2 的编辑次数 r_2。我们知道这个和正好是 U_2，即时间段 2 中有任何活动的用户总数，因此 $U'_1=U_2$。至此，我们就可以完成公式（1-10）中参数经过缩放的概率密度函数的表达式，如公式（1-12）所示。

$$f_{R_{21}R}(r) = \frac{1}{R_{21}} \frac{U_1\left(\dfrac{r}{R_{21}}\right)}{U_2} \tag{1-12}$$

那么，了解这些有什么益处呢？我们现在就可以使用此前的一项经验性观察的结论了，即概率密度函数对于不同的观察期是不变的（如公式（1-3））。那么，当将时间段 1 内所有用户的编辑数乘以 R_{21}（如公式（1-7）），我们将得到时间段 2 的编辑次数的概率分布。将此与公式（1-12）合并即可得：

$$\frac{U_1(r)}{U_1} = \frac{U_2(r)}{U_2} = \frac{1}{R_{21}} \frac{U_1\left(\dfrac{r}{R_{21}}\right)}{U_2} \tag{1-13}$$

由于我们将进一步讨论 $U_1(r)$，让我们先集中讨论该式中的第一项和第三项。略微重组一下公式（1-14）中的常数，得到：

$$U_1\left(\frac{r}{R_{21}}\right) = \frac{U_2}{U_1} R_{21} U_1(r) \tag{1-14}$$

请记住，我们的最终目标是指出为何 $U_1(r)$（以及 $U_2(r)$ 和 $U_3(r)$）呈现它们当前的特定形状，这有助于深入理解用户行为进一步的特征。对此，让我们暂时简化公式（1-12）中的符号，以更好地理解该问题。通过将常数放在一起，并使用更简单的函数符号 g，而不是使用 $U_1(r)$ 表示未知函数，可以认为我们正在寻找的是满足公式（1-15）的函数 g：

$$Ag(x) = g(Bx) \tag{1-15}$$

式中 A、B 为常数。换句话说，如果将函数的自变量乘以一个给定的常数，我们得到的几乎就是原来自变量的函数值乘以另一个常数。这看起来非常简单，但是，什么样的函数满足这一条件呢？我们使用欧拉齐次函数定理来求解 g。欧拉定理指出，如果对于一个指定的常数 γ 和任意的其他常数 C 满足下式：

$$g(Cx) = C^\gamma g(x) \tag{1-16}$$

则 g 应同样满足：

$$xg'(x) = \gamma g(x) \tag{1-17}$$

g' 如其字面意义，是 g 对 x 求导的结果。因此，公式（1-18）也一定成立。

$$\frac{g'(x)}{g(x)} = \frac{\gamma}{x} \tag{1-18}$$

因为公式左侧等于 [ln $g(x)$ + a]′、公式右侧等于 [ln(kx^γ) + b]′，所以对于任意随机的新常数 k、a、b（根据求导的基本规则可以很容易地了解）有：

$$\left[\ln g(x)+a\right]'=\left[\ln\left(kx^\gamma\right)+b\right]'$$
$$\ln g(x)+a=\ln\left(kx^\gamma\right)+b+c$$
$$g(x)=Kx^\gamma$$

（1-19）

我们引入另一个常数 K，它可以用 k、a、b 和 c 表示。这一结果非常简单和精致，我们只依据两个事实：（1）用户活动的概率分布函数并不随着时间长短而变化（见图 1-4）；（2）在两个时间段内的用户活动次数等比例变化，无论用户最初多么活跃（见图 1-6）。基于这两点，我们可以回头重新命名这些变量了。我们的最终结果是，执行了编辑次数 r 的用户的数量 U 应遵从所谓的幂律分布（因为公式中变量的幂指数为一个常数）

$$U(r)=Kr^\gamma$$

（1-20）

式中有一个常数 γ 和一个比例因子 K。看到能够将用户活动分布表达得如此简洁实在是令人惊讶。本章开头对分布应该是某种平滑函数的预感是正确的。现在我们找到了它的一个封闭形式，可以分析这个分布的一些属性了。

我们可以直接检查是否可以观察到用户活动的幂律特征。就以 Wikipedia 编辑为例检验这是否属实吧！如果我们一直以来的假定是正确的，就应该发现进行了一定次数修改的编辑者的数量应该在很大程度上遵从公式（1-20）。验证这一点的最简单方式是对该式两边取对数，得到下式：

$$\ln U(r)=\ln\left(Kr^\gamma\right)=\gamma\ln r+\ln K$$

（1-21）

换句话说，进行了 r 次修订的用户数 $U(r)$ 的对数值与修改次数 r 的对数值呈线性关系。$\ln K$ 是一个常数，γ 也是，于是，我们可以看到 $\ln U$ 和 $\ln r$ 之间呈现什么样的线性关系。我们可以使用与图 1-3 相同的数据，改变横轴和纵轴的变量，并绘制两者之间的关系图。结果如图 1-7。

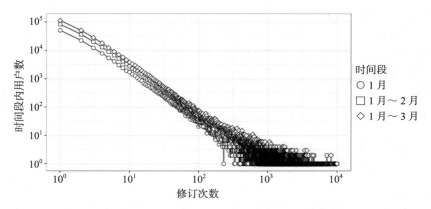

图 1-7　与图 1-3 类似，我们展示了三个时间段内执行了特定编辑次数的用户数。但是，在本图中，我们将两个坐标轴进行了对数化处理，从而可以更清楚地观察到幂律关系

我们注意到以下几点：

- 虽然图 1-3 的横轴只展示了有限的范围（它只展示到 20，否则由于幂律函数的快速衰

减，我们将无法观察任何有趣的东西），但是对数坐标为我们展示了超出这一取值范围的更清晰和完整的关系图谱。虽然相邻的数据点在图中的距离随着 x 值的增加变得越来越短，但是正是这种密度上的逐渐增加使得我们看出这些函数在它们范围的远端是如何变化的。

- 对数坐标也使得对三个不同时间段的比较更加方便。在图中，我们可以很容易地区分不同时间段的结果在整个横轴范围内的差异，也可以区分同一图中的巨大差异（近似于坐标轴右端的成千上万次修改）和微小差异（近似于左端的 $1 \sim 10$ 次修改）。这是由于 y 轴也采用了对数坐标。

- 我们可以发现，这些函数似乎彼此保持"平行"。这意味着，在同一个 x 值下不同 y 值之间的比例是一个常数：$A \ln y_1 - \ln y_2 = C$，这一差异可以表示为 $y_1/y_2 = e^C$ 为一个常数；在对数坐标下的平行移动意味着在原始坐标下增加常数倍。另一方面，如果我们对函数乘以一个常数，在对数坐标轴 y 轴下函数将表现为相应的向上或向下移动，取决于所乘的常数大于或小于 1。

- 现在，可以从三条曲线在对数 – 对数尺寸下（近似）呈现为直线的事实，立刻看到经过对数转换后的编辑次数与用户数量在对数尺度下的线性关系。公式（1-21）已经展示了这种关系，现在我们可以直观地看到这的确是事实。事实上，如果一个函数图形在双对数坐标系下为直线，我们就可以确认它是公式（1-19）所示的幂律形态。

- 我们还可以观察到 y 值在横轴远端的"展开"形态。这是在小样本情况下方差较大的结果。可以看到，在每个用户大致进行了 1000 次修订的位置，在一个统计区间中只能找到几个用户满足条件（少于 10 个）。虽然我们仍然期望一个能够合理拟合用户数量的幂律模型，但我们的观察（可以视为从一个随机过程中抽取的少量样本）会在期望均值（依据幂律确定）周围出现巨大波动。解决这一问题的一个方法是扩大区间范围，将若干小区间合并后取用户数的平均值，我们将在本章 1.3.2 节中讨论这一问题。

- 与线性空间下的通常经验不同，在对数 – 对数图中向右侧或向上移动一个单位，意味着变化了十个单位（当采用以 10 为底的对数时），或者说将相应值扩大了 10 倍。所以，当从初始点移动到右侧时，在 x 轴上实际上从 1 变到 10、100、1000 等。因此在图中的线性位移将导致坐标轴上对应值的指数级变化。

更进一步，由于 u_1 的公式（1-14）与公式（1-16）有相同的形态，我们可以对幂律指数再做一个预测以检验我们的假设。对比这两个方程，可以得出 $C = 1/R_{21}$，所以需要确定的是 γ，即公式（1-16）右边的 C 的指数。这很容易计算：

$$C^\gamma \frac{U_2}{U_1} R_{21}$$

$$\gamma = \log C \left(\frac{U_2}{U_1} R_{21} \right) = \frac{\log \left(\frac{U_2}{U_1} R_{21} \right)}{\log \frac{1}{R_{21}}} = -\frac{\log \frac{U_2}{U_1}}{\log R_{21}} - 1 \qquad (1\text{-}22)$$

我们已知这个表达式在时间段 1 和 2 的所有实际值：统计得到的活跃用户总数恰好是 $U_1 = 134\ 804$，$U_2 = 219\ 604$。R_{21} 是图 1-6 中"正方形"符号所对应的数据点进行线性拟合后的斜率，$R_{21} = 1.75$。将这些代入公式（1-22），得到 $\gamma = -1.87$。因此，预期进行特定次数修订的用户数量为：

$$\frac{U_1(r)}{U_1} = \frac{U_2(r)}{U_2} = \frac{U_3(r)}{U_3} \propto r^{-1.87} \tag{1-23}$$

（这一过程忽略了归一化常数，这一比例关系由常用的"∝"符号表示。）显然，可以用实际数据来检验这个指数的表达式；我们将在检查了从用户活动中所发现的幂律关系的更多属性之后，再进行这项工作。

2. 幂律的影响

我们刚刚从用户活动中发现的这个定律有什么进一步影响呢？首先分析概率分布函数（如图 1-4 所示）的累积分布函数。累积分布函数给出了随机变量的值不大于给定阈值的概率。在特定情况下，这意味着要寻找一段时间内执行了少于或等于一定修订次数的用户所占的比例。我们称这个上限为 ρ。

$$CDF(\rho) = P(r \le \rho) = \frac{1}{U} \sum_{i=1}^{\rho} U(i) \tag{1-24}$$

与前文一致，此处的 $U(i)$ 是进行 i 次编辑的用户数，其中 U 是用户总数。要计算这个值，可以使用程序清单 1-5。（其中 subset 语句表明程序是对时间段 1 进行计算，但是所有时间段计算 CDF 的方法都是相同的，所以这应该无关紧要。）

程序清单 1-5　用户活动的拟合累积分布函数。在给定时间段内编辑次数不超过一定数量的用户所占的比例（`user_edits_in_timeframes.R`）

```
rev.buckets = ddply(subset(revs.in.periods, range1 > 0,
                    select='range1'), .(range1), summarise,
          count=length(range1))
names(rev.buckets)[1] = 'revisions'

# Make sure we have an increasing ordering of the revision buckets.
rev.buckets = rev.buckets[order(rev.buckets$revisions),]
total.users = sum(rev.buckets$count)
rev.buckets = within(rev.buckets, {
            cdf = cumsum(count) / total.users
          })
```

这个简单计算的结果如图 1-8 所示。我们同样采用对数坐标调整了横轴表示的编辑次数。我们完全有理由这样做，因为现在知道这个值的范围很广（从 1 到 10 000）；如果使用线性标度，我们不可能看到该函数在开始处的急剧上升。这让我们可以观察到关于用户活动分布的惊人事实：40% 的活跃用户在一个月内只有一次编辑，大约 85% 甚至更多的用户最多只有 10 次编辑！显然，与活动最频繁的编辑者相比，我们的大多数用户并不那么活跃，只有一小部分用户进行了大量编辑。

现在我们能够看到究竟有多少比例的用户进行了不超过特定次数的编辑，或者换句话说，有多少用户进行了最少次数的修订。还可以反向思考这个问题，即编辑次数最多的用户所占的比例是多少？这当然不比刚才做的难多少，这叫作用户活动的互补累积分布函数或者尾分布：

$$CCDF(\rho) = P(r > \rho) = \frac{1}{U} \sum_{i=\rho+1}^{\infty} U(i) = 1 - CDF(\rho) \tag{1-25}$$

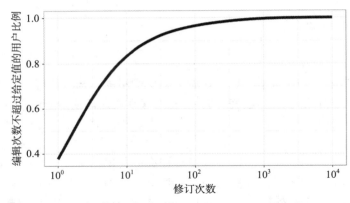

图 1-8   进行给定编辑次数的用户数量的累积分布函数。CDF 是不超过特定编辑次数的用户所
　　　　　占的比例。为了更好地可视化效果，我们调整了横轴的标度

与程序清单 1-5 类似，我们可以计算用户活动的尾分布，如程序清单 1-6 所示。注意，
我们使用了一个技巧来计算这个值，即利用内置的 cumsum 函数——将频率向量反转两次，
以此来模拟从向量的末尾到开头的累加和。

程序清单 1-6   计算执行超过给定编辑次数的用户比例的尾分布（user_edits_in_timeframes.R）

```
rev.buckets = within(rev.buckets, {
            # We reverse the vector twice since 'cumsum' adds up
            # from the beginning, and discard the very first bucket
            # since the CCDF is defined as a strict "greater". Finally,
            # we append a 0.0 value for the last element since there are
            # no users with more than the maximum number of edits.
            ccdf = c(rev(cumsum(rev(tail(count, -1)))) / total.users,
                    0.0)
        })
```

图 1-9 展示了在 Wikipedia 编辑数据上计算得到的尾分布。同样，我们注意到修订次数
的长尾分布的一些影响：只有 15% 的用户在一个月内有 10 次以上的修订，而只有低于 5%
的用户有超过 100 次的修订。要想知道有多少用户进行了大量编辑，还应该重新调整纵轴，
以便可以看到比例值较小的部分，如图 1-10 所示。

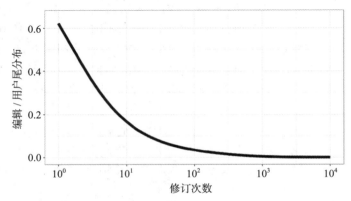

图 1-9   用户修订次数的尾分布，图中展示了有多少比例的用户执行的编辑次数超过阈值。与
　　　　　图 1-8 相比，可以明显看出两个函数值加和为 1

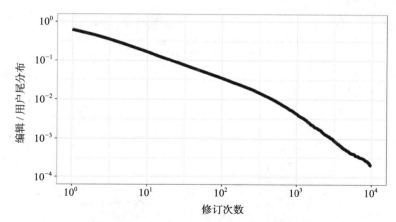

图1-10　用户修订次数的尾分布，与图1-9类似，但本次尾分布显示在双对数坐标轴上。可以看到，类似于PDF，尾分布也遵循着一种幂律分布（或者是两种幂律分布，因为在尾部衰减速度稍快，图中大约从$10^{2.5}$次修订开始变得更陡）

当重新调整坐标轴比例时，我们可以注意到一些有趣的事情：尾分布似乎也遵循幂律，就像原来的概率分布一样（图1-7）。能找到这种现象的原因吗？为此，先来回顾一下，对于修订数量r的幂律PDF可以用以下关系式来描述：

$$P(r) = Ar^\gamma \tag{1-26}$$

用适当的常数A将函数面积标准化为1，γ为幂律的指数。然后，尾分布可以表示为所有大于阈值的修订数出现的概率之和：$CCDF(\rho) = \sum_{r>\rho}^{\infty} P(r)$。让我们试着以一个封闭的形式来表示它，方法是采用相同函数的连续积分来近似这个离散和。假设函数变化不太快，我们便可以这样做，因为积分只是被积函数的一个无限接近的矩形覆盖，离散和可以被认为是连续函数的一个粗略覆盖。此技巧如图1-11所示。

$$CCDF(r) = \sum_{i>r}^{\infty} P(i) \approx \int_r^\infty Az^\gamma dz = \frac{A}{\gamma+1}\left[z^{\gamma+1}\right]_r^\infty = \frac{A}{\gamma+1}\left(0 - r^{\gamma+1}\right)$$
$$= -\frac{A}{\gamma+1}r^{\gamma+1} \tag{1-27}$$

读者可能已经注意到在之前的计算中有一个大胆的假设：那就是$\infty^{\gamma+1}=0$。然而，只要$\gamma<-1$，这就是正确的，因为在这种情况下，我们将∞（把它看作一个非常大的数）作为负值的幂，这与$1/\infty^{-(\gamma+1)}$是相同的。为了使之收敛到0，需要满足$-(\gamma+1)>0$，因此我们规定$\gamma<-1$。（否则，如果不满足这点的话，理论上幂律分布曲线之下就不是有限的区域，我们也就不能假设幂律分布延伸到无穷大。它必须被"截断"，这样我们就可以在概率密度函数下有一个有限的区域。）

简单地总结公式（1-27）：如果假设用户活动的概率分布函数遵循指数为γ的幂律分布，那么其尾分布也将遵循指数为$\gamma+1$的幂律分布。

我们还可以由图1-10中看出另外一点，即与分布的早期部分相比，CCDF大约超过300（$10^{2.5} \approx 316$）后的尾端以更陡的指数衰减。这意味着图1-7中的原始PDF在结尾处的下降速度也比之前更快，但我们无法从此图中看到这一事实。这也是将PDF转换为尾分布的一个直接好处：对于幂律，我们基本上"弄平滑"了分布函数，因为在这里，我们显然没有观察到由于尾部样本量小而导致的原始 PDF 的尾部扩张。

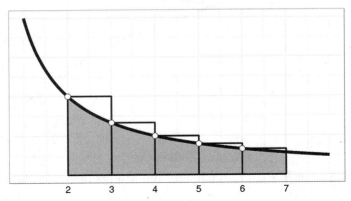

图 1-11   想象我们正在对五个白点所表示的函数值求和。这与白色（未填充）矩形的面积之和相同。当然，我们也可以用下面连续函数的积分来估算这个区域（灰色阴影区域），

公式为 $\sum_{i=2}^{6} f(i) \approx \int_{x=2}^{7} f(x)\mathrm{d}x$。从图中可以看出，虽然我们所覆盖的面积稍小，但与我们的模型和真正社交媒体系统之间的实际差异相比，这种误差可以忽略不计

然而，还可以发现 PDF 尾部的一个进一步的但不显眼的事实。如果分别绘制时间段 2 和时间段 3 的尾分布图，我们会发现，开始快速衰减的具体位置取决于观察的时间段：对于时间段 1 是 $10^{2.5}$，而如果采用时间段 3，我们会看到衰减开始得更晚，它的长度大约是时间段 1 的三倍，在 10^3 处（我们把这一点留给读者进行检验）。这种更快的衰减的起始点有时被称为截止点，特别是如果衰减比我们在这个例子中所看到的更为明显的话，这种现象被称为有限范围效应。存在这种效应是因为我们只能观察到一个有限的片段快照，而不能像"理想"系统那样具有无限长的时间区间。然而，正如我们所指出的，当我们增加观察期的长度时，有限范围效应开始出现的阈值（临界值）会不断地转移到更高的活动值。

1.1.2   人类活动中的长尾效应

在前几页中，我们看到描述用户活动的幂律分布揭示了用户之间的巨大差异，表明大多数用户相当不活跃，但有一些用户比其他用户活跃的多。另一个经常提及的用来描述用户贡献特征的问题是：如果我们通过活跃程度来对用户进行排名，那么来自最活跃用户的操作能占多大比重？或者反之，多少贡献可以归因于最不活跃的用户？

为了回答这些问题，我们将按用户的修订次数对其进行排序，并查看 10% 的最活跃用户的编辑次数所占的比重。显然，可以查看任何百分比的用户，但在本例中，我们选择了 10%。因此，我们需要做的是将用户的修订次数从高到低进行排序，这样将在队列开头得到最活跃的用户，在末尾得到最不活跃的用户。我们称用户在这个队列中的位置为用户的排名（rank），所以排名为 1 的用户是修订次数最多的用户，排名为 2 的用户是第二活跃的用户，依此类推。然后，我们可以计算这个队列上的累积和，得出达到某个排名的用户所做的编辑总数（程序清单 1-7）。

图 1-12 显示了最活跃用户的编辑数量所占的比例：令人惊讶的是，似乎少量用户进行

了绝大多数的编辑。事实上，看起来最活跃的 10 个用户进行了大约 12% 的编辑，前 100 名用户进行了大约 29% 的编辑。这一比例是十分惊人的，在这段时间活跃的 134 800 用户中，只占 0.07% 的用户就进行了近三分之一的修订！

程序清单 1-7 为了计算最活跃用户进行编辑操作的总次数，先根据活动次数对用户进行降序排列，而后累加计算他们的修订总次数（`user_edits_in_timeframes.R`）

```
range.considered = subset(revs.in.periods, range1 > 0, select='range1')
names(range.considered)[1] = 'revisions'
ordered.activities = range.considered[order(range.considered$revisions,
                decreasing=TRUE),]
total.revisions = sum(ordered.activities)
tail.fractions = data.frame(user.rank=(1 : length(ordered.activities)),
        fraction=cumsum(ordered.activities) / total.revisions)
```

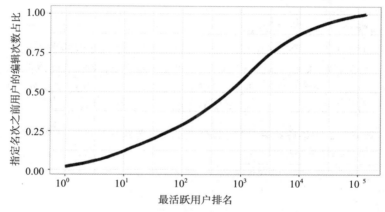

图 1-12   排序较高的用户进行的编辑操作所占的比例。我们采用对数坐标显示用户排名

对于这一点，我们应该认识到，人不可能在一个月内进行像顶级用户那样多的编辑。例如，表 1-1 列出了最重量级的"用户"及其修订次数。从这个表中可以明显看出，编辑次数最多的用户是"bot"（robot 的缩写），即 Wikipedia 的代理程序，它们对 Wikipedia 页面执行一些自动维护或修复工作。例如，最活跃的"ClueBot NG"是一个检测和防止页面被破坏的 bot，而"Addbot"是一个执行各种清理和维护的 bot。对于 Wikipedia 这个实例，我们可能知道哪些账户是机器人，但这在所有的社交媒体服务中并非总是可行。（注册的机器人列表可以在这里找到：`http://en.wikipedia.org/wiki/wikipedia:bots/Status。`）在许多情况下，自动账号可能以合法用户的身份出现；例如，在 Twitter 上，连接互联网的应用程序、新闻标题转播、回复或引用其他用户的算法账号通常也作为合法（和有用）账号出现在服务中。在其他时候，这些活动账户属于垃圾信息制造者，在这种情况下，我们很难说这些账户有用。

表 1-1   时间段 1（2013 年 1 月）中最活跃的 Wikipedia 账号

账户名	时间段 1 内的编辑数	两次编辑间的平均间隔
ClueBot NG	80003	33
EmausBot	79357	34
Addbot	63136	42

（续）

账户名	时间段 1 内的编辑数	两次编辑间的平均间隔
BG19bot	47897	56
WP 1.0 bot	46910	57
Cydebot	46067	58
Yobot	39489	68
Makecat-bot	31228	86
ZéroBot	30351	88
AnomieBOT	30122	89
Xqbot	30111	89
BD2412	25710	104

表 1-1 中的列表是由（UNIX）shell 命令生成的（`zcat data/wikipedia/user_edits_in_timeframes.tsv.gz | sort -n -r -k 2 -t "$(printf'\t')"| head -12`）。通常情况下，在终端窗口执行这种"单命令行程序"将节省时间。

通常没有明确的方法知道哪些账号是自动程序，除非我们分析的数据的服务提供了一种方法来识别它们。要观察从 Wikipedia 中删除这些 bot 账号的效果，可以简单地将所有列为 bot 的已知账户从活动数据中排除。即使在删除之后，我们还是发现了显然是机器人的账号，我们手动检查了最活跃的 100 个账号，并从中删除了这些账号（程序清单 1-8）。

程序清单 1-8　从现有数据中移除所有已知（或假定的）机器账号的简单程序片段（`user_edits_in_timeframes.R`）

```
bots = read.table(gzfile('wikipedia_robots.txt.gz'),
        col.names=c('account'))
revs.in.periods =
        revs.in.periods[!(revs.in.periods$account %in% bots$account), ]
```

我们还可以在删除 bot 账号后生成类似图 1-12 的图。但是，我们不会在本书中重复这一工作，因为它看起来与该图类似。删除机器人后，排名前 10 的用户占了 6% 的编辑量，排名前 100 的用户占 18% 的编辑量（分别与删除机器人前的 12% 和 29% 相对照）。这是百分比上的一个显著变化，但这一比例相对于如此少量的用户而言，仍然很大。只占很小一部分的用户进行了该服务上的大部分活动。我们也可以更普遍地描述这种令人惊讶的不平衡分割。对于其他用户活动分布类似于 Wikipedia，也符合幂律的社交媒体系统我们还能期待什么呢？

1.2　随处可见的长尾效应：80/20 定律

我们已经看到，在用户活动中存在着严重的不平衡：少数用户非常活跃，而大多数用户的活动次数相对较低。我们能找到一种方法来定量地描述这个观察结果吗？

1906 年，意大利经济学家维尔弗雷多·帕累托（Vilfredo Pareto）认识到（在他那个时代），意大利 80% 的土地只由 20% 的人口拥有：20% 似乎是一个相对较低的数字，而 80% 是高的。后来，这一观察被推广，并被称为帕累托原理。在帕累托原理的最初版本中，假设 80% 的结果是由 20% 的原因造成的。（注意，这一描述中的 80% 和 20% 并不一定要加起来等于 100%，因为它们指的是不同的实体，原理这样描述只是一个有点误导人的"巧合"。）

在更一般的情况下，我们可以说结果中占 p 比例的一部分来自起因中占 q 比例的一部分，其中 p 相对接近 1，q 相对接近 0。我们已经知道，如果将这一原理应用到我们考虑的社交媒体服务的度量标准上，情况肯定也是这样的。现在的问题是，对于我们的典型情况而言，p 有多大、q 有多小。

那么，我们想要做的是找出最活跃用户的比例与他们主导的活动的比例之间的关系。与每个用户有关的信息是他们在给定时间段内有多少活动（对我们来说应该足够了）。我们已经知道，进行了 r 次编辑的用户数量遵循幂律分布 $U(r) \propto r^{\gamma}$。和之前一样，我们要用到的技巧是通过对离散变量期望值的函数进行积分来近似它们的和。虽然严格地说离散和并不等于近似函数的积分（图 1-11 中可以看到图形化的说明），但是差别很小，特别是在函数变化缓慢的范围内（例如幂律函数的尾部）。此外，这些计算总是会产生一个漂亮的模拟现实情况的模型，所以只要我们能找到一个合理的在线用户行为描述，就能很好地进行这样的数值近似。

所以复述一遍：我们将把最活跃用户所进行的编辑总数表示出来。最活跃的用户是那些修订次数最多的用户，假设每个最活跃用户所进行的修订次数都大于 R。因为有 r 次修订的用户的数量是 $U(r)=U_0 r^{\gamma}$（像以前一样经过一个归一化常数 U_0 的处理），而且我们可以用连续分布近似离散分布，用连续分布函数的积分近似离散分布用户数的累加和，因此进行了超过 R 次修订的用户数量 $N_u(R)$ 如公式（1-28）所示

$$N_u\left(R\right) = \int_{r=R}^{\infty} U_0 r^{\gamma} \mathrm{d}r = \frac{U_0}{\gamma+1}\left[r^{\gamma+1}\right]_R^{\infty} = -\frac{U_0}{\gamma+1} R^{\gamma+1} \qquad (1\text{-}28)$$

我们必须再次假设在 ∞ 处求不定积分时，得到 0。这一假设成立的条件是 $\gamma<-1$，也适用于我们的情况，这也是我们在社交媒体服务实践中看到的一般情况。

现在，对于这些最活跃的用户所进行的编辑的总数，我们能说什么呢？对于一个给定的修订数量 r，将进行了这一数量编辑的用户总数记为 $rU(r)$。计算修订次数超过 R 次的用户所进行的编辑总数很简单，与刚刚执行的计算类似。然而，我们不会立即尝试去积分到无穷大，而是只积分到一个最大的修订次数 R_m。原因一会儿就会清楚了。$N_a(R)$ 表示这些用户的活动（修订）总数：

$$N_a\left(R\right) = \int_{r=R}^{R_m} r \cdot U_0 r^{\gamma} \mathrm{d}r = \frac{U_0}{\gamma+2}\left[r^{\gamma+1}\right]_R^{R_m} = \frac{U_0}{\gamma+2}\left(R_m^{\gamma+2} - R^{\gamma+2}\right) \qquad (1\text{-}29)$$

我们可以看到为什么不能自动假设可以累加到无穷：对 Wikipedia 有 $\gamma \approx -1.8$，$\gamma+2>0$，所以如果不停止在某一点，用 R_m 替代上限会使 $N_a(R)$ 的增长没有界限。然而，我们如何才能对 R_m 的合理取值有一个好的模型假设呢？请注意，在这一点上我们依赖假设的合理性，而不是依靠在实际系统（Wikipedia）中的测量结果，我们想做的是定性地解释为什么在最活跃的用户中看到如此巨大的倾斜。因此，让我们尽力做到最好，假设 R_m 是我们期望一个用户所能执行的最大修订次数，对于这一点，幂律模型会告诉我们，当超过最大编辑次数时，只能期望少于一个用户满足条件，因此我们可以方便地停止计数。因此，当我们将 R_m 代入 $N_u(r)$ 时，我们期望得到的结果为 1：

$$N_u\left(R_m\right) = -\frac{U_0}{\gamma+1} R_m^{\gamma+1} = 1 \qquad (1\text{-}30)$$

由此可以把 R_m 表示为

$$R_\mathrm{m} = \left(-\frac{\gamma+1}{U_0}\right)^{\frac{1}{\gamma+1}} \tag{1-31}$$

我们快要达到目标了：只需要把 R_m 代回公式（1-29）。在此之前，让我们修改一下最初的目标：表示出最活跃用户的编辑次数。这意味着我们需要去掉 R，因为这只是一个用来表示 N_u 和 N_a 的辅助参数。为此，对公式（1-28）求逆，得到 R：

$$R = \left(-\frac{\gamma+1}{U_0} N_u\right)^{\frac{1}{\gamma+1}} = \left(-\frac{\gamma+1}{U_0}\right)^{\frac{1}{\gamma+1}} N_u^{\frac{1}{\gamma+1}} \tag{1-32}$$

现在就有了完成公式（1-29）所需的 R_m 和 R，于是可以得到作为 N_u 函数的 N_a。最后，得到如下结果：

$$N_a(N_u) = \frac{U_0}{\gamma+2}\left(-\frac{\gamma+1}{U_0}\right)^{\frac{1}{\gamma+1}}\left(1 - N_u^{\frac{\gamma+2}{\gamma+1}}\right) \tag{1-33}$$

这就是我们要推导的关系。可以看到第一项只是一个常数。根据这个模型，这个常数应该是编辑操作的总数，这是因为设置 $N_u=\infty$ 可以保证我们获得所有的活动（设置 $N_u=\infty$ 直观上就意味着我们取所有用户）。$(\gamma+2)/(\gamma+1)< 0$，把一个大的数进行取负幂操作会使它变小。于是，为了便于讨论，可以简化这个表达式突出与变量 N_u 相关的项：

$$N_a(N_u) \propto 1 - N_u^{\frac{\gamma+2}{\gamma+1}} \tag{1-34}$$

N_u 表示用户排名，与在图 1-12 中使用的用户排名相同，因为我们刚刚计算的是最活跃的 N_u 个用户总共进行的编辑次数。

我们之所以进行这些烦琐的计算，是为了让读者了解经常被引用的人类行为的长尾分布现象，即参与者中的一小部分对绝大多数行为负责。回顾一下在本章前面看到的，我们意识到这种现象源于社交媒体中的两个简单因素：

- 用户活动的分布不会随时间变化。
- 用户在两个采样时间窗口之间按相同的常数比例进行更多的编辑，这与它们的活跃程度无关。

我们知道，在观察到类似规律的任何社交媒体系统中（或者就此而言，任何其他类型的自然系统，只要其统计特性与我们在 Wikipedia 中看到的类似），倾斜活动分布的规律都应该适用。

在公式（1-34）中所发现关系的结果是什么？为了更加清楚地了解这一点，可以像图 1-13 一样，对一些选定的 γ 值画出这一函数。我们可以立即看到的一件事是，函数对 γ 值相当敏感。即指数的微小变化会产生截然不同的结果，即使我们只考虑前 100 名左右的用户也是如此。事实上，γ 表示拟合用户活动分布尾端的指数；根据图 1-10，Wikipedia 在分布末尾的指数（按绝对值计算）要比分布主体部分的指数更大。请记住，图 1-10 的尾部分布与最初以 γ 为分布指数的 $U(r)$ 分布密切相关：图 1-10 中函数的局部拟合直线的斜率是 $\gamma+1$。所以，随着我们从最活跃的用户中引入越来越多的用户，γ 指数任何微小的局部变化都会产生相对于假定 γ 为常数的纯模型的很大的偏离。

　　图 1-13 表明，找不到可以更好地拟合实际测量结果的 γ 值固定的理论曲线（在 Wikipedia 中，这条线的颜色较浅）。但是，当我们只有很少的用户来拟合这个模型时（只考虑活跃度在前 100 或前 1000 的用户），可以预期指数 γ 局部取值的变化（在给定用户排名的情况下）会被函数 $N_a(N_u)$ 放大，因此十分敏感。实际上，考虑只是移除最活跃的 10 个用户（大约占总数的 0.01%）的情形，相当于去掉了十分之一的编辑行为。很难夸大这个事实，并且可以理解，在这样一个极小的尺度下，任何预测都会有很大的不确定性。换句话说，我们试图预测仅仅 10 或 100 个用户会有多少次编辑；虽然这些用户是最活跃的用户，但是他们个体活跃程度的任何微小的相对变化都会显示在活动的总数中。

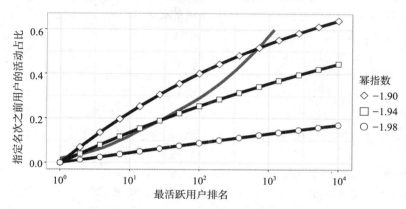

图 1-13　最活跃用户活动所占百分比的期望值，假设系统的用户活动分布完全符合 $U(r) \propto r^\gamma$ 定律。横轴表示我们考虑的最活跃用户的数量，纵轴是归属于他们的活动的比例。我们给出了不同 γ 指数的三个例子。较浅的未标记的线显示了 Wikipedia 的实际测量结果，这正是图 1-12 中曲线的初始部分

　　当我们为社交媒体服务进行设计或提供服务时，我们所学到的东西将会影响深远。因为在系统中所观察到的普遍特征是受人类的行为影响的，个体之间的活动水平也总是存在着巨大的差异。

1.3　Twitter 上的在线行为

　　我们的结论是否适用于其他类型的在线社交系统呢？到目前为止，我们所看到的严格来说只适用于 Wikipedia。不过，读者很快就会了解到，至少就大规模趋势而言，可以期望在大多数社交媒体系统中发现类似的行为。然而，由于在在线服务上产生活动的是用户，所以在不同的服务中可以用这些指标来衡量人类行为的统计特性。

　　因此，让我们转向另一种社交分享服务——Twitter。在 Twitter 上，用户可以发送长度不超过 280 个字符的状态更新，而关注发送者的其他用户将在他们的事件列表（timeline）中接收这些短消息。该服务为第三方应用提供了一个 API（https：//developer .twitter.com/en/docs.html），这些第三方应用可以像用户一样读取和操作事件列表与各种 Twitter 对象。由于这种简单的可扩展性和 API 访问方式，我们还可以下载示例数据集，以便分析用户活动。

　　类似于用编辑次数描述 Wikipedia 用户的活动，在本节的示例中，我们希望通过给定时

间段内 Twitter 用户发布的 Tweet 数量来度量 Twitter 用户的活动。该 API 允许我们下载给定用户最近发送的所有 Tweet；因此，如果我们有一个有效用户 ID 的列表，我们可以在一个循环中为每个用户查询 API，以返回他们的所有最新 Tweet。感谢 Twitter，我们有一个随机选择的普通用户 ID 列表可以在本章继续使用。（普通账号是指未被用户删除或未因违反任何服务条款（如发布垃圾信息）而被暂停的账号。）

1.3.1 检索用户的 Tweet

我们需要遍历用户 ID 列表，并通过 API 请求最近的 Tweet。我们希望使用 4 周的数据，但是由于 Twitter 为每个请求只返回有限数量的最新 Tweet，以控制响应大小（该数字为 200），我们可能需要发出多个请求以检索过去 28 天内用户的所有 Tweet。我们还必须注意速率限制，即特定服务的时间窗口中可发送请求的最大数量。几乎每个流行的 Web 服务的 API 都使用速率限制来为每个用户维护可以预见的服务质量水平。除此之外，我们可以合理地预期，会有一些 API 应用或用户消耗大部分带宽或服务器容量。事实上，到目前为止，我们从前面几节已经了解到活动分布是强倾斜的，于是可以预期这些应用的查询活动的分布很可能具有长尾。因此，在没有此类限制的情况下，一些最积极的客户端将主导资源的使用。

由于响应节流、重试回退和速率限制是第三方 API 访问模式中的常见概念，我们在程序清单 1-9 中列出了相应的 Python 代码，这些代码实现了这些概念以下载 Twitter 数据。这个脚本为预定义的用户列表获取并记录最近 4 周的 Tweet ID。脚本运行的时间越长，就会覆盖越多的用户，也会拥有越多的数据。这几乎是一个关于如何与提供了 API 访问和速率限制的服务建立连接并下载数据的最小示例。为了简化 OAuth 身份验证和响应处理，我们使用了 tweepy 外部库。

程序清单 1-9 调用 Twitter API 获取有效用户清单中用户的最新 Tweet 的 Python 代码（`get_users_tweets.py`）

```python
import sys, gzip, time, tweepyfrom datetime import datetime, timedelta

# The consumer and access keys & secrets for the Twitter application.
# See https://developer.twitter.com/en/docs/basics/authentication
# /overview/oauth
# on how to access these credentials.
CONSUMER_KEY = '<consumer key from the Twitter dev site>'
CONSUMER_SECRET = '<consumer secret from the Twitter dev site>'
ACCESS_KEY = '<access key from the Twitter dev site>'
ACCESS_SECRET = '<access secret from the Twitter dev site>'

# The maximum number of Tweets we can ask for in one request.
# See https://developer.twitter.com/en/docs/tweets/timelines
# /api-reference/get-statuses-user_timeline.html
MAX_ITEMS_PER_REQUEST = 200

# The file where we store a list of valid Twitter user IDs.
USER_LIST = 'data/twitter/user_handles_sample.gz'
# The result file
OUTPUT_FILE = 'data/twitter/tweets_per_user.tsv'

auth = tweepy.OAuthHandler(CONSUMER_KEY, CONSUMER_SECRET)
```

```
auth.set_access_token(ACCESS_KEY, ACCESS_SECRET)
api = tweepy.API(auth)

# The start date and time of our data collection; 28 days before now.
start_day = datetime.utcnow() - timedelta(days=28)

user_list_file = gzip.open(USER_LIST, 'r')
output_file = open(OUTPUT_FILE, 'w')
for user_id in user_list_file:
    user_id = user_id.rstrip()
    # The ID of the earliest Tweet in the result batch.
    earliest_tweet_id = None
    while True:
        try:
            if earliest_tweet_id is None:
                # The first request for the user
                timeline = api.user_timeline(
                    id=user_id, include_rts=True,
                    count=MAX_ITEMS_PER_REQUEST)
            else:
                # There are possibly more recent Tweets than
                # MAX_ITEMS_PER_REQUEST.
                timeline = api.user_timeline(
                    id=user_id, include_rts=True,
                    count=MAX_ITEMS_PER_REQUEST,
                    max_id=earliest_tweet_id)
        except Exception as e:
            if e.response.status == 429:
                # If we are rate limited, wait 60 seconds before
                # retrying. See https://developer.twitter.com/en/docs
                # /basics/response-codes.html
                time.sleep(60)
                continue
            else:
                # In any other case do not retry to load user data.
                # This may be changed to cover other error conditions.
                print 'Could not access', user_id
                break
        tweet_count = 0
        found_early_tweets = False
        for tweet in timeline:
            if tweet.created_at >= start_day:
                output_file.write('\t'.join( \
                    [str(f) for f in [user_id, tweet.id,
                                      tweet.created_at]]))
                output_file.write('\n')
                output_file.flush()
            else:
                found_early_tweets = True
            if earliest_tweet_id is None or \
            tweet.id < earliest_tweet_id:
                earliest_tweet_id = tweet.id
            tweet_count += 1
        if tweet_count < MAX_ITEMS_PER_REQUEST or found_early_tweets:
            # Finished with this user's Tweets if no more to download
```

```
            # or we got back before start_day.
            break
user_list_file.close()
output_file.close()
```

当我们收集到足够多的用户数据时，就可以查看他们的活动分布。我们已经为随机选择的用户检索了一周（时间段 1）、两周（时间段 2）和三周（时间段 3）的 Tweet 数量。就像我们在 Wikipedia 上做的那样，我们选择从同一天开始有重叠的时间段。图 1-14 显示了三个时间段内发布特定数量 Tweet 的用户数量的概率分布函数。

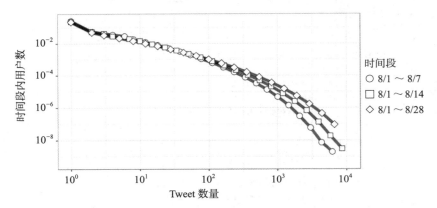

图 1-14　在一周、两周和三周的时间内，发布特定数量 Tweet 的用户数量的概率分布函数

1.3.2　对数分区

将图 1-14 与 Wikipedia 中的对应图图 1-7 进行比较。首先要注意的是，与图 1-7 相比，图 1-14 中的数据点似乎更稀疏、间隔更大、位置更均匀。出现这种情况的原因是，在本例中，为了说明常见的聚合和平滑化在对数水平坐标上绘制的分布图的方法，我们使用了对数分区方法。以前我们的桶是自然发生的整数活动计数（如图 1-7 所示），而现在创建的桶的长度沿水平轴方向并不均匀。但是，如果仔细检查图 1-14 中对应给定周期的三条曲线中的任意一条，我们会发现数据点（与桶对应）之间的间隔是相等的。这在对数尺度上意味着它们在对数空间中的距离相等。因此，在线性尺度上，桶边界的位置逐次增长常数倍。在 R 语言中，很容易创建满足此条件的桶边界：首先，在对数空间中创建等距分区，然后用指数函数将它们转换回自然尺度（程序清单 1-10）。

程序清单 1-10　创建桶边界。我们可以在 hist 中使用它来创建不断增大的桶大小的直方图。范围由 from 和 to 定义，bucket.count 是我们要创建的桶的数量

```
buckets = exp(seq(log(from), log(to)`, length.out=bucket.count + 1))
```

图 1-15 以线性比例说明了这些桶的相对大小。这种分区方法的意思是，随着我们统计活动次数的数值越来越大，桶会越来越长，因此能够捕捉到越来越多的活动。然而，我们也知道，如果我们绘制的分布图近似于幂律，那么在高活跃度范围内的用户将越来越少，因此增加桶的大小会抵消不断降低的用户数量，从而使我们在较高取值范围内的桶中也会有大量的数据点。事实上，不增加图 1-7 中桶大小带来的挑战恰恰是分布的尾部变得杂乱，因为在

许多情况下，我们发现只有一个或两个具有给定编辑次数的用户（这与分布的头部不同，在头部大量的用户只执行了一次或两次修订）。

图 1-15　对数分区图示。在此示例中，原始数据范围是 1…100，我们把这个范围分成六个大小呈指数增长的桶：每个桶的长度是前一个的常数倍。可以看到，在开始的时候，桶很短，而在这个自然的线性尺度上，桶的尺寸迅速增长

　　但是，我们要计算随机选择的用户落入给定桶的概率。显然，使用的桶越大，我们就越有机会在这个桶中"捕获"用户。因此，为了得到背后的随机过程概率分布的近似值，需要将凭经验计算的一个桶中的用户数除以该桶的长度。（当我们考虑结果中的 density 字段时，R 语言的 hist 命令会自动这样做。）

1.3.3　Twitter 上的用户活动

　　回到 Twitter 上的用户行为，从图 1-14 中也可以明显看出，与 Wikipedia 相比，在三个不同的时间窗口中，概率分布函数不重叠，至少在 Tweet 数量更多的一端不重叠。其结果是，Tweet 数与相应用户数之间的关系在双对数尺度下不是线性的，分布也不完全遵循幂律。我们已经看到，分布函数在时间上的稳定性是在 Twitter 上看到幂律行为的必要条件，尽管我们的模型近似满足这一条件，但也存在可测量的偏差。在这种情况下，随着观察期越来越长，我们也看到更多的高活跃度用户，并且活动分布数量大的一端也向上移动。在这一点上，对数分区的第二个好处是，它让我们能够辨别高活跃度用户之间的差异：在图 1-14 中可以看到，即使在超过 10^3 条 Tweet 的位置，也可以很好地探索概率分布的尾部并看到它们的差异。而在线性分区的情况下，每个桶可能获得的最小用户数是 1，因此这是我们所估计的桶中概率的下界（参见图 1-7）。对于对数分区，桶的尺寸本身会增大，因此我们还可以估算发生逐渐减小的事件出现的可能性。

　　此外，还可以检查 Twitter 用户活跃度的另一个属性：如果我们增加观察期的长度，他们会多发多少条 Tweet。图 1-16 与图 1-6 相对应，它实质上暗示了之前的发现：当考虑另一个时间窗口（分别是时间段 2 和时间段 3）时，在时间段 1 中发送 q 条 Tweet 的用户此时发送的推文的平均数是 q 的一个常数倍。（同样地，这一结论基本属实；如果仔细观察，我们会发现数据确实有一些弯曲，并且前几个数据点并不是严格单调递增。）

　　综上所述，我们已经看到，很适合 Wikipedia 用户的模型和定量解释对于 Twitter 用户来说，并不是无条件的、精确度很高的描述；而且，这种特殊性存在于各种社交媒体系统中。事实上，通过 Twitter 这一示例，我们的观点是，虽然通常这些模型的假设在很大程度上是成立的，但是如果需要更准确地描述观察数据，我们需要改进这些模型。毕竟，某些产品决策或有意地限制可以很大程度上改变我们最终能够观察到的用户行为。例如，想想某些社交网络所设置的社交联系人数量的上限，很明显，在这种情况下，我们看不到任何人能拥有超过那个数量的联系人。但是，尽管存在一些依赖于系统的限制条件，我们所研究的规律

仍然具有足够的一般性，我们通常观察到的用户活动水平之间的巨大差异可以通过本章前面发现的定律和规律进行描述。

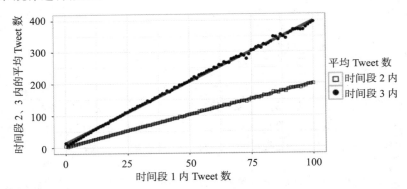

图 1-16   Twitter 用户在时间段 2 和时间段 3 发布的 Tweet 的平均数量，分别与时间段 1 发布
Tweet 数量构成的函数

1.4   总结

在本章中，我们讨论了在用户活动中可以观察到的很大程度的多样性。了解到不同类型社交媒体系统中的用户活动都可以用一般统计规律进行描述，并且可以认为这种情况是由更普遍的人类行为特征所导致的。具体来说，本章讨论了以下内容：

- 可以看到，虽然大多数用户并不频繁使用在线社交媒体，但有很少一部分是非常狂热的用户。在给定时间范围内的活动数量遵循幂律分布。
- 当我们考虑不同时间窗口的分布时，分布的头部彼此相似（可以用幂律的指数描述）。它们发散的截止点取决于时间窗的长度。当然，只有在用户使用服务的方式没有重大变化的情况下才会成立（没有大的网站重新设计、其他竞争服务，或增长速度快速提升）。
- 长尾活动分布为用户活动的度量指标带来令人惊讶的事实。我们不能说存在"平均"或"典型"用户行为：每次度量活动指标时，指标的均值会有很大的差异，并且必须留意总是存在于分布中的异常值对均值的强烈影响。
- 在实践中，一小部分最活跃的用户可以强烈影响我们的均值。如果出于某种原因这些用户不回来，我们可能会看到指标显著下降，即使其他大多数用户的行为可能保持不变。
- 因此，如果我们的目标集中在衡量总体活动，应该专注于了解最活跃用户的行为方式。因为这类用户相对较少，即使通过"手动"分析，也能得到有益的认识。
- 如果想要在某一时间窗口中专注于描述活跃用户的数量是如何变化的，通常最有效的方法是理解最不活跃的用户的行为。也就是说，这些不活跃用户的数量可能在我们社交媒体服务中占最大的比例。

本章的重点是理解和描述用户活动统计结果的最重要特性。我们假设用户彼此隔离，就好像每个个体的行为都是彼此独立的，来达到这一目的，在很大程度上确实如此。下一章将探讨社交媒体系统的另一个定义功能：用户创建的用来表达他们对彼此活动的兴趣的网络。

## 第 2 章

网络：社交媒体如何运行

社交网络是众多社交媒体服务最重要的特性之一（如果不是决定性的特性的话）。现在已经很难想象会有 Web 规模的服务没有这样的特性，即允许用户基于共享兴趣、现实世界的友谊或组织层次结构与其他用户或用户组建立联系。网络使用户能够随时了解其他用户的最新活动，并查看他们修改、共享和贡献的内容。总的来说，我们可以把社交网络视为一个强大的过滤器，它只让用户产生的事件传递到对其感兴趣的其他用户。显然，社交网络是以实际友谊或关系为蓝本的：在线社交网络反映并且扩展了用户在真实世界所具有的真实联系，因而使得交流和共享更为便利。从这个意义上讲，用户不会认为在线社交网络与已有的社会关系会有很大的不同。在线网络与他们通过面对面、电话、电子邮件、聊天或传统信件等交互方式建立的网络是相同的。然而，许多服务也使用社交网络让用户基于共同的个人或专业兴趣与他人建立联系，从而作为用户了解他人活动或使用户之间的交流更为便利的一种方式。与反映用户真实生活中社会关系的社交网络不同，这些基于兴趣的网络多是在线创建的，是用户在发现服务之后在服务中发现其他用户的结果，其中多数参与者素未谋面。

这些服务的用户所创建的网络还常常服务于另一个重要目的：他们对谁可以查看或更改个人共享的内容设置了某些隐私限制。那些必须由用户确认连接请求的网络，如 Facebook 或 LinkedIn，除了被连接的个体以及他们的亲密朋友之外，没人能看到大多数交流信息。然而，像 Twitter 和 Tumblr 这样的服务的目的则是在默认情况下让信息公开可用，从而为每个个体提供了一种与任何关注他们或浏览他们个人资料的用户分享经验的途径。这两种类型网络的运作模式完全不同——在隐私性网络中，创建连接需要有双方的共同意愿并经过确认，而在公开性网络中，通常只需希望关注他人的用户建立连接，而不必经过被关注者的授权。因此，在某种意义上，关注是对另一个用户的更新或新创建的内容表露兴趣，并让用户知道我们确实对他们所发布的内容感兴趣。

从用户的角度来看，方便地沟通和共享以及允许用户相互关注是社交网络最重要的用例。然而，对于社交媒体网站的运营者来说，它们同样是重要的资源。因为是用户自己表达了对其他用户的兴趣或与其他用户的关系，因此他们个人的社交网络的结构将是关于他们的偏好和社交圈的强烈信号。服务的运营者可以出于用户的利益使用这些信息，从而向用户推荐他们可能感兴趣的其他参与者，或者找到他们尚未连接的其他熟人。这种"引导的意外发现"对于使网络更加密集非常重要，因此，在一个社交媒体服务的开始阶段是必不可少的。

本章探讨社交网络最重要的大规模属性，我们在多个服务中都能观察到它们。幸运的是，这些属性在不同服务之间并没有本质的区别，所以只要理解了一个网络，我们在处理其他网络时同样可以使用这些知识。我们将解释这些属性为什么是看起来的样子，以及它们的统计描述与用户活动的属性具有怎样的共同点。我们还会考虑社交网络的有趣的特性，比如我们会看到的三角形结构。

2.1 社交网络的类型和属性

由于社交网络能够以多种形式存在，所以尽可能用最简单的方式建模它们会帮助我们更好地理解它们的基本属性。为此，在接下来的几个部分，我们将再次讨论如何表示它们，以及如何描述它们的附加属性。

2.1.1 用户何时创建连接：显式网络

在谈论社交网络的多数时候，我们会想到两件事：使用社交媒体服务的用户和用户们彼此之间建立的连接。在这个意义上，网络捕捉到的是一个时刻，即我们观察它的用户和连接的那个时刻，不过很显然，一般而言网络首先可能是一个长期创建过程的结果。

因此，在我们深入探讨如何度量和建模社交网络的细节之前，让我们先后退一步，考虑这些网络是如何形成的，以及为什么它们达到了目前我们所看到的受欢迎程度。没有一个社交网络生来就是现在的样子：开始只有少量用户使用这个服务，这些人很可能是服务的创建者，可能还包括其他一些已经属于他们紧密社交圈的人。多数情况下，这些服务数以百万计的注册用户都是在之后通过在线或者离线的渠道从朋友或者大众传媒了解到这些服务，之后逐渐加入进来。当然，用户之所以被动员起来加入这些服务，主要是因为这些服务对他们是有价值的，可以让他们找到自己感兴趣的东西或者以一种简单的方式与熟人联系。另一种在社交网络早期阶段被多次用于吸引用户的方法是营造加入服务的排他性氛围，即只有经过已有用户的邀请，新用户才能够加入。虽然这样做必然会降低网络在初始阶段的增长速度，但是服务的早期使用者更有可能成为日后建立许多连接的活跃用户，从而构成一个能在后期支撑整个网络的健康的核心网。

无论如何，这些网络为它们的用户所提供的价值就是网络本身，以及他们与其他用户之间建立的连接和他们生成的内容。让我们考虑一个社交网络的第一位用户：除了自己活动之外，实在没什么可做的。第二个人加入到这个由一个人构成的简单网络就会为二者都带来价值。纵然周围还没有其他人，现在他们可以彼此互动。第三个加入网络的人，在与前两个用户都建立了连接的那一刻，他对加入网络的决定会比前两位中任何一个都要满意得多——已经有两个人在使用服务了，所以如果我们只考虑数字的话，这是一个两倍于前两位成员连接的数量。不过，这种额外的好处并不只是提供给第三个人，前两位同样有份。他们各自的交流对象同样增加了一个，这使得社交网络相比以前而言对他们更有价值。

我们不必一直重复这个过程就应该明白，不仅每个新加入网络的人从不断增长的网络规模中成比例地受益更多，而且整个网络本身也是如此。考虑一般情况：如果网络有 n 个用户，那么网络为其用户所提供的价值是什么呢？我们必须在不量化价值对用户意义的情况下进行思考，因为在多数情况下价值是无形的，并不容易量化表示。然而，我们可以合理地假设为一个近似值：n 个用户中的 1 个用户从成为网络的一部分中得到的价值正比于网络中他可以连接到的其他成员的数量，即 $n-1$。（可以想象，在某些情况下，用户的边际价值随着网络的增长而下降，在这样的情况下，值将会小于 $n-1$。）当然，在现实生活中，由于能够投入到社交网络的时间和资源的约束，用户不可能建立全部这些连接，但社交媒体服务仍然可以为用户展现有趣或者相关的内容。当我们以这种方式看待社交网络时，几乎所有用户之间都有虽然存在却并未使用的连接，建议用户建立这些连接就成为精心设计推荐算法的目标。因为每个连接（或潜在连接）都为整个网络提供一定的附加价值，所以我们可以计算网络参与者之间可能的连接总数。再次假定网络中有 n 个用户，那么网络的价值正比于 $n \times (n-1)/2$，这个表达式给出了用户之间所有可能连接的数量。（n 个用户中的每一个都可以与其他 $n-1$ 个用户连接，但是这种方式我们把每个连接计算了两次，因此除以 2。）我们刚刚关于网络价值如何随着参与者数量的增加而增长的观察结果称为 Metcalfe 定律，这个定律大约起源于 1980 年，那时它所考察的对象是由连接在一起的通信设备所构成的网络。（当时是传真机，但是这个推理同样适用于互联网连接的设备、电话，以及社交网络的用户）。

我们可以认为社交网络由两种成分构成：用户和他们之间的连接。从这个意义上来说，社交网络的结构是简单的。数学的一个分支——图论，把这些类型的结构描述为图，其中相互连接的对象称为节点或顶点，它们之间的连接称为边。在我们的案例中，用户是节点，他们之间的关系是边。很多时候，以这种方式看待社交网络是有意义的，甚至更有意义，因为这样我们可以开发对抽象的图进行操作的通用算法和度量方法。这样做还有其他的好处，我们可以把一些其他问题映射到图上。例如，即使用户之间没有明确的关注或好友连接，但是过去他们确实以某种方式交流了（例如，他们在帖子中提到彼此），我们可以立即在图框架中找到这个动作的位置。除了好友或关注连接，我们还可以将互相提及的操作视为边。虽然显式创建的连接非常有价值，但是我们会看到，用图来建模不同类型的相互关系为我们提供了各种可能，我们可以将问题转换为可以由图描述的类似问题，并使用我们已有的针对社交网络的工具和见解。我们将在下一节中对此进行更多的探讨。

然而，我们不必停留在将连接描述为节点之间简单的边。虽然许多时候这样的模型已经够用，但有时候不可避免地需要用更多的属性来修正这个简单模型。让我们来讨论图可能具有的最重要的附加属性，其中一些正是我们恰当地描述社交网络所需要的。

2.1.2　有向图与无向图

我们可以对图模型做得最明显的扩展之一是使边有向。这意味着边有一个头和一个尾，或者换一种说法，从一个节点指向另一个（甚至可以指向自己）。边的头是它的起点，尾是它所指向的节点。在无向图中，并不存在这样的区别：所有边都是双向的，节点同时具有前向和后向的连接。在可视化图时，我们通常采用传统方式使用箭头来表示有向边的方向，而使用一条简单的线来表示无向边。

有向边之于社交网络的一个直接应用就是建立指向一个用户的连接时不需要目标用户的认可。此类关系一般由那些分享内容默认为公开的服务提供，例如 Twitter、Pinterest 和 Tumblr，在这些服务中你可以关注其他用户而无须获得被关注者的许可。（当然，这些服务也存在"隐私性"账户，对这些账户本规则并不适用，但是内容默认为公开的做法十分常见。）然而，围绕着更加隐私性或私人性的连接所建立的社交媒体服务（如 Facebook）更适合用无向图来建模，其中好友连接必须由接收者和请求者共同确认。

2.1.3　节点和边的属性

虽然有向和无向边描述了节点之间存在关系的事实，我们通常还希望记录一些节点和边的属性。如果我们需要知道用户所对应节点的账号 ID、用户名或注册国家，该怎么办？如果我们希望存储用户 A 上次向用户 B 发送消息的时间，或者用户标记另一个用户创建的内容的次数，该怎么办？诸如此类的问题经常出现，我们立刻就会想到，可以通过赋予节点、边或它们两者某些属性来解决这些问题。

从实践的角度考虑，这些属性可能是任何类型的对象，因为我们通常无法事先知道需要把何种类型的对象同节点或边存储在一起，所以最好把属性与节点或边分开存储，并只提供图中实体和属性对象之间的索引查找。采用这种方式，可以无限地扩展属性集，而无须考虑最初设计的图存储方案。考虑一下替代方案，例如，我们把节点存储在关系数据库中，以唯一的节点 ID 为索引并为某些属性预先分配列：如果这些属性是稳定的，并且预计未来不会改变，例如账号名或注册时间，那么这是一个很好的解决方案。然而，如果问题涉及的属性不太常用，那么对这些表进行规范化的数据库设计，并将这些属性单独存储在一个相关表中是非常值得的。即使我们相信这些属性会被经常使用，但并非在所有任务中都会被使用，为了确保更快、更容易地从只存储最基本属性的表中检索数据将这些属性分配到不同的表中也是值得的。

节点和边的属性对象可以是任何形式的：从标量、类别变量到向量、图像、ID 集合以及用户配置信息。然而，当我们开始讨论复杂对象时，最好首先以这样一种方式进行思考，那就是认为这些属性与图的节点和边是松散相关的，而不是已经紧密联系。例如，我们可能对找出这样的连通区域感兴趣，其中的用户都对摄影这个话题感兴趣；在这个例子中，我们要处理的属性是用户兴趣的有序向量，所以我们需要在搜索算法中考虑这些属性与图结构的一致性。然而，由于这是个孤立的任务，我们不必将兴趣向量与图一起存储；它们最好单独保存并以用户 ID 作为唯一索引，以便保持与原始图的关联。

2.1.4 加权图

图算法经常使用的一个具体的、可能也是最简单的属性是图中与边关联的权重。它只是附加到有向或者无向边上的一个实数值，其含义依照我们对权重的解释而变化。它可能表示某个时间窗内用户彼此交流的次数，而如果我们推荐用户与其他人建立连接，它可能是我们认为连接应该有的置信程度，或者它也可以是我们通过其他方式策划的连接的社交强度（social strength）。具体而言，上述最后一种解释，即连接的强度，在实践中是有用的。我们几乎不能期望所有用户花费相同的时间，或者对彼此抱有相同的信任。在这些场景中，最好给这些连接赋以一个权重，这个值封装了我们关于这些用户渴望彼此间交流的强度的知识。我们强烈建议读者在任何可能的时候使用权值来表示关系的强度；正如我们已经看到的，用户之间在总体活动方面存在很大的差异，我们完全可以预期用户与其中一些朋友之间的交往要多于与其他朋友的。从这个角度来看，如果在我们的计算过程中不使用连接强度作为权重，我们可能认为某些弱连接是重要的，而实际上，用户可能从未通过这些连接互动。

设想这样一个场景，如果我们想以一种"病毒"的方式影响一位用户，我们应当选择该用户的哪个好友作为消息传播的目标呢？如果我们不考虑交流的强度，我们能够采取的最佳方式也就是随机选择；然而，如果已经将过去的交流频次作为强度赋予连接，我们将倾向于选择与用户互动最为频繁的好友。当然，与对连接的实际重要性进行建模的方法相比，如果同样对待同用户交流强度最高的好友和没有发生交流的连接，会产生准确性差很多的结果。然而，在很多时候，为了简单起见或者由于缺乏进一步的数据，我们别无选择，只能对问题按照不加权的方式建模。如果节点所处的领域很小（于是连接权重间的差异可能较小），或者我们明确知道这些连接不加权是无妨的，这样处理可能是可以接受的。

　　基本上，我们通常可以将前面提到的每个图看作完全加权图。完全是指任意两个节点间都有边存在，换句话说，用 N 表示节点数，在图中我们一共有

$$L = \binom{N}{2} = \frac{N(N-1)}{2} \tag{2-1}$$

条无向边。当然，在实际的图中，这 L 条边通常只会有一部分出现。然而，我们可以将那些未在原图中出现的边的权重置为 0 或无穷，这取决于处理图的算法如何解释权重。例如，如果将权重解释为两个用户在特定时间段内通信的次数，那么把不存在的边的权重置为 0 是个很好的选择。然而，我们还可以想象另外一个场景：在这个例子中权重描述的是一个用户传递一条消息到另一个用户的期望时间。在这个例子中，我们应该为那些不能传递消息的边选择无穷大的权重。例如，若两个用户没有通过关系连接，则发送方无法与潜在接收方联系。这个解释如图 2-1 所示。然后，如果我们想知道从图中用户 S（源节点）到用户 D（目的节点）传递一条消息的最短时间是多少，我们可以运行一个寻找最短路径的算法（比如 Dijkstra 算法）来从 S 和 D 之间所有可能的路径中找到最短的。显然，一条最短路径（如果存在的话）不会经过权重为无穷大的边，所以设置图中未出现的边的权重为无穷大是正确的选择。

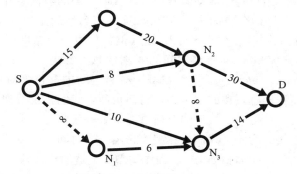

图 2-1　一个小型图，其中源节点 S 要发送一条消息到目的节点 D。一个节点将消息转发到另一个节点所需的时间显示在边上，也就是边的权重。为了表示一个节点不能连接到另一个，我们可以使用无穷大（∞）作为权重，例如在 S 和 N_1、N_2 和 N_3 之间

　　然而，在实践中，存储权重为 0 或无穷大的边几乎从来不是什么好主意，因为这样做会使存储边所需的空间从 $O(n)$（多数情况下，边的数量随节点数量线性增加）增加到 $O(n^2)$，这通常是不能接受的。然而，在任意两个节点间都可能存在连接的情况下，以完全加权图的方式进行思考仍然是有益的，在线社交网络正是这样的情形。

2.1.5　由活动构建图：隐式网络

　　社交网络可以用图来描述，特别是当我们认为用户生成连接是为了关注他人的活动或者显示他们之间关系的时候。然而，对我们来说，发现用户之间并未明确建立的关系是同等重要的，只要这样的关系有助于我们处理实际问题。下面是一些关系示例，这些关系本身不存在，但是可以从用户行为推断出来：

- 当两个用户可能彼此知晓但尚未明确表明他们之间存在的关系时。预测此类关系也被称作连接预测或网络补全问题，此时我们倾向于以高概率预测网络中的这两个节点应

当连接起来。

■ 当一个用户对阅读特定内容或购买特定商品感兴趣时。此类关系连接的是两类不同的实体，本例中是用户和别的物品（item）（内容或产品）。在实际问题中，我们会想要知道用户更喜欢哪些物品，并且，在大多数情况下，我们需要找到所有可能的选择中用户最喜欢的物品。一种称为协同过滤的方法能够发现这种潜在连接，这个名字是源于该方法实质上是通过观察许多用户的集体行为来实现对物品的排序。

■ 在更一般的意义上，个性化是指向用户推荐内容时考虑他们的个人喜好以及用户之间的差异。个性化的含义不仅仅是改变推荐项的次序，它还意味着更实质性的东西。例如，我们可以考虑根据具体用户来改变 UI 布局，或者根据用户的感知偏好或人口学特征来寻找推荐的目标。

让我们继续前进，看一些图的例子以及它们的统计特性。作为一个隐式网络的例子，我们继续考察 Wikipedia 编辑们之间的关系。虽然 Wikipedia 没有像其他社交网络那样提供一种明确的方式建立用户之间的连接（好友或关注连接），但是我们可以考虑他们在"用户对话"（user talk）页面上进行的对话，以此作为他们连接的标志。用户对话页面看起来很像通常的 wiki 页面，然而，这些页面属于特定用户，其他用户可以对其进行编辑，以便给主人留言或者讨论某个话题。用户对话活动同样包含在我们下载的数据中并且很容易解析；它们只记录在特定的 Wikipedia 命名空间中。Wikipedia 的命名空间是指 wiki 页面使用的一个特定前缀，在逻辑上将它们同一般文章区分开来。（例如，用户、帮助页面、多媒体文件都有各自的命名空间。关于 Wikipedia 命名空间的详细信息，参见 http://en.wikipedia.org/wiki/Wikipedia:Namespace。）在每个命名空间内都包含对话页面，以便于围绕一个条目进行讨论。而我们感兴趣的正是用户对话页面。我们将要看到的交互网络通过如下方式创建：如果一个用户在另一个用户的对话页面留下一条消息，则创建一条从该用户到讨论页面所有者的有向连接。为此，我们显然需要指定一个时间段，以便收集该时间段内用户之间的交互（我们使用了一个月的数据）。程序清单 2-1 是创建加权、有向连接网络文件的 Python 脚本的一部分，文件中记录了消息的作者、目标用户以及在时间窗内观察到的该作者发布消息的次数。

程序清单 2-1 读取记录 Wikipedia 中活动的文件，我们通过从页面标题中解析出用户名来确定对用户对话页面（在命名空间"3"中）进行了哪些编辑，以及目标用户是谁。我们还删除了机器人的活动记录，依据是其名字中可能包含"bot"这个词。由于事先按时间戳对输入活动文件进行了排序，我们可以简化日期范围边界的匹配（`create_network.py`）

```python
import gzip, re
from collections import defaultdict

INPUT_FILE = 'data/wikipedia/revisions_time_sorted.tsv.gz'
OUTPUT_FILE = 'data/wikipedia/talk_network.tsv.gz'

DATE_RANGE = ['2013-01-01T00:00:00', '2013-02-01T00:00:00']
# `edges` is a doubly-keyed dictionary to keep the number of times when
# an edit happened.
edges = defaultdict(lambda: defaultdict(int))
# The mapping between the user name and the arbitrary user integer
# index.
user_name_to_index = dict()
```

```
def map_string_to_index(mapping, string):
    '''Return the 0-based index for the user name, or a new user ID if
       we have not seen the user before.'''
    if string in mapping:
        index = mapping[string]
    else:
        index = len(mapping)
        mapping[string] = index
    return index


# The regexp pattern to parse out the user name from the page title.
pattern_user_name = re.compile('^User talk:([^/]*)/*.*')
# The pattern to identify a bot (any user name that contains a word that
# ends on 'bot').
pattern_bot = re.compile('.*[Bb][Oo][Tt]\\b')
input_file = gzip.open(INPUT_FILE, 'r')
for line in input_file:
    title, namespace, page_id, rev_id, timestamp, user_id, user_name,\
    ip = line[:-1].split('\t')
    if timestamp >= DATE_RANGE[1]:
        # The input file is sorted by time so we can finish the loop
        # in this case.
        break
    if namespace == '3' and user_id != '' and user_id != '0' and \
    timestamp >= DATE_RANGE[0] and timestamp < DATE_RANGE[1]:
        m = pattern_user_name.match(title)
        if m:
            commenter, target_user = (user_name, m.group(1))
            if pattern_bot.match(commenter) or \
            pattern_bot.match(target_user) or commenter == target_user:
                # A bot is making or creating the edit, or a self-edit.
                continue
            commenter = map_string_to_index(user_name_to_index,
                                            commenter)
            target_user = map_string_to_index(user_name_to_index,
                                              target_user)
            edges[commenter][target_user] += 1
input_file.close()
```

与用户活动类似，许多用户对话的编辑是由维护代理（机器人）进行的。我们通过删除所有用户名中包含"bot"一词的用户来去除此类编辑行为。这显然不是一种完全可靠的鉴别机器人的方法，尽管 Wikipedia 是这样命名这类代理机器人的。此外，可以看到，我们将用户名映射到基于 0 的整数索引；这在技术上不是必需的，但是这样做使后面处理匿名数据更加容易。通过这种方式，我们建立了一个包含大约 10 万名用户和 13.6 万条有向边的网络。

2.2　网络可视化

在我们进一步研究网络的统计特性之前，让我们先绘制一个节点子集所包含的连接，以便我们能够想象整个网络是什么样子的。显然我们不能可视化整个图；虽然在一张大纸上布局 10 万个节点在计算上是可行的，但是相比于在标准纸张大小的图上绘制较少数量的节点

的方式，绘制包含全部节点的大图并不一定让我们对网络有更多的理解。但是如何选择图的
一部分来绘制比较好呢？

　　在选择这个子图时，我们希望显示存在于所选节点之间的所有边。想象一下，我们从所有
节点中均匀随机地选择目标节点；对于观察图的局部结构，这显然不是一个很好的选择，因为

- 在随机选择的节点之间不太可能有很多边；
- 即使有，也没有理由相信，这样做会有助于我们更好地理解节点一般有多少连接，它
  们如何被聚集（cluster）到一起，以及我们能够期望从运行在局部相邻区域的算法中
  发现何种行为。

　　一种更好的选择是在图上进行雪球采样（snowball sampling）：从给定的中心节点开始，
我们首先将其所有邻居加入集合，然后是邻居的邻居，以此类推，直到与中心节点的距离达
到设定的最大值。这样做的好处（至少对于可视化而言）是我们将以与网络的参与者相同的
方式观察子图。我们可以使用宽度优先搜索来实现雪球采样。这种众所周知的图遍历算法首
先访问一个节点的所有邻居，然后向更深一层访问邻居的邻居来遍历所有节点。（与之对应
的一个相关算法是深度优先搜索，总是在探索相同层次的节点之前访问更深层次节点。）

　　采用雪球取样，我们还需要决定从何处开始。选择哪个节点作为初始的中心节点？实际
上，我们可以遵循一个简单的策略：从一个随机选择的中心开始，遍历图到深度 3，然后观
察得到的子图。如果边的密度足够而又没有过于密集，我们会得到一个不是太乱而同时包含
足够边的布局。我们还要求度最大的节点的邻居数不超过 200；这些条件有一定随意性，因
为与其说可视化是科学不如说是艺术，所以我们不必寻找精确的规则。

　　如程序清单 2-2 所示，我们将使用 Python 的 networkx 模块（可在 http : //
networkx.github.io/ 获得）来存储和展示图。布局由被称为嵌入式弹簧布局机制的方
法生成。这个过程实质上把节点看成是相互排斥的电荷，而边则是将它们拉向一起的弹簧。
初始将节点随机放置在平面上，然后通过模拟其他节点和弹簧作用在节点上的力，让节点找
到它们的平衡位置。当它们停止移动时，我们可以使用它们的位置进行绘图。

程序清单 2-2　我们随机选择一个雪球采样的中心，并检查得到的小型网络样本是否具有适于恰当布
　　　　　　　局的性质（plot_network.py）

```
import gzip, random
import networkx as nx
import networkx.algorithms.traversal.breadth_first_search as \
breadth_first_search
import matplotlib.pyplot as plt

MAX_DIST = 3
INPUT_FILE = 'data/wikipedia/talk_network.tsv.gz'

graph = nx.Graph()
with gzip.open(INPUT_FILE, 'r') as input_file:
    for line in input_file:
        commenter, target_user, times = line.rstrip().split('\t')
        if commenter != target_user:
            # Do not store self-edits.
            commenter, target_user = map(int, [commenter, target_user])
            graph.add_edge(commenter, target_user)

N = graph.number_of_nodes()
```

```
E = graph.number_of_edges()
print N, E

while True:
    # Choose a random node for a center.
    center = random.randint(0, N - 1)
    # The distances of the nodes from the center we have seen so far.
    distances = { center: 0 }
    # Walk the graph with a BFS, starting from 'center'. The edges are
    # returned in an order corresponding to BFS.
    for source, target in breadth_first_search.bfs_edges(graph, center):
    if target not in distances:
        if distances[source] == MAX_DIST:
            # The very first time we touch a node that is beyond our
            # maximum depth, we stop walking.
            break
        else:
            distances[target] = distances[source] + 1

# We create a 'small_graph' that contains only the nodes that we
# walked and the edges between them.
small_graph = nx.Graph()
for node_found in distances.iterkeys():
    for neighbor in graph.neighbors(node_found):
        if neighbor in distances:
            small_graph.add_edge(node_found, neighbor)

# We decide whether the local graph we found would look "good"
# (a medium density of edges, not too many nodes, and the node
# with the most connections has at most 200 neighbors).
edge_fraction = float(small_graph.number_of_edges()) / \
    small_graph.number_of_nodes()
max_degree = None
for node in small_graph.nodes():
    if max_degree is None or small_graph.degree(node) > max_degree:
        max_degree = small_graph.degree(node)
if small_graph.number_of_edges() < 3000 and \
edge_fraction > 2 and edge_fraction < 4 and max_degree < 200:
    # If this seems to be a good neighborhood, lay it out with the
    # force-directed spring layout algorithm.
    print 'Center:', center
    pos = nx.spring_layout(small_graph, iterations=200)
    colors = [(3 * [max([0, (distances[n] - 1.0) /
                MAX_DIST - 1)])]) for n in small_graph.nodes()]
    nx.draw(small_graph, pos, node_size=40, node_color=colors,
        with_labels=False)
    nx.draw_networkx_nodes(small_graph, pos,
        nodelist=[center], node_size=200, node_color=[1, 0, 0])
    plt.show()
    break
```

图 2-2 显示了以刚才描述的方式得到的 Wikipedia 对话网络的一部分。不过，此处为了图的布局，我们将对话网络绘制为无向图：只要在图中的任何两个节点之间存在有向边，我们就用无向边替换它。我们同样没有考虑边的权重；作为简化，我们让网络不加权，方式是

保留所有权重（本例中为消息数）大于等于 1 的边。

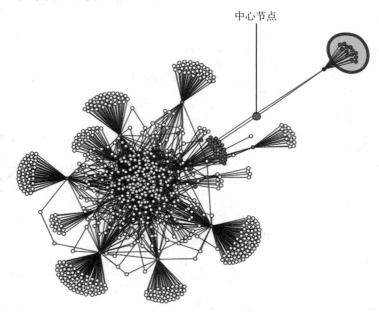

图 2-2　Wikipedia 对话网络的一个小型子集。我们从一个随机选择的中心节点（参见标注）开
　　　　始，在网络上执行宽度优先搜索，将与中心节点距离不超过 3 的所有节点包含进来。
　　　　只保留被包含节点之间的连接。此外，我们还根据节点到中心的距离对节点进行着色：
　　　　黑色节点的距离为 1（数量很少），灰色的距离为 2，白色节点距离为 3

作为遍历起始的中心节点绘制的稍大一些。我们遍历了到中心节点距离（深度）为 3 的
图，并根据节点的距离对它们进行着色（直接邻居为黑色，第二层为灰色，第三层为白色）。
可以看到，在中间的密集区域用户之间有大量互连，此外，在图的外围，似乎也有一些用户
连接到大量的其他用户。（对距离为 3 的白色节点，我们不能确定地这样讲，因为这是我们
停止遍历的位置，所以它们可能还有其他看不见的邻居。）这一切都告诉我们，我们应该期
待找到许多只有很少量连接的用户，但也会有一些用户有很多连接，而且这两类用户可能相
互连接。下一节将更详细地研究这些问题。

2.3　度：赢家通吃

观察图 2-2，直觉上类似于之前看到的用户活动方面所出现的巨大差异，我们发现用户
在连接性方面的差异同样巨大。这很容易度量：对于每个用户，可以准确统计其在我们考察
的一个月内联系了多少其他用户。这就是我们所说的一个用户的出度：即以该用户为起点指
向其他任何用户的边的数量。类似地，一个节点的入度意为指向该节点的边的数量。在无向
图中，度衡量了邻居的数量，显然出度、入度和度是相等的。也要注意，这样解释度的时
候，我们认为图是不加权的。

图 2-3 展示了 Wikipedia 对话网络中用户出度和入度的概率分布函数。从中可见，我们
确实发现网络中用户的连接数量有着巨大差异。如前所述，双对数坐标图中的直线表明两
个分布均近于幂律。正如我们已经看到的，这意味着只有少数用户具有很多连接，在网络

中此类节点有时被称为中心节点（hub），然而，有大量用户只连接到其他一个用户。例如，图 2-2 中灰色圆圈圈出了只有一个向外边的用户所在的区域。

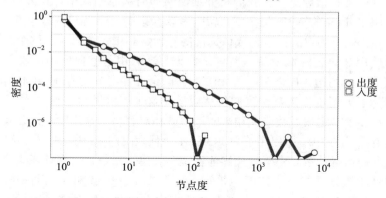

图 2-3　Wikipedia 对话网络的入度和出度分布。我们通过对话页面统计给定用户联系多少其他用户，以及被多少其他用户联系；这分别就是我们所说的出度和入度

　　我们再次看到，Wikipedia 对话网络的连接结构看起来符合一定的规律，这使得其统计特征与我们在第 1 章中看到的高度倾斜的用户活动的统计特征类似。这类行为是否具有一般性呢，就是说，在其他社交媒体系统中是否也能看到？如果是，对于这样一个我们在社交网络中观察到的特性，可有一种合理的解释？

　　让我们分析一下前一章中使用的 Twitter 数据集中用户是如何相互连接的。为了绘制图 2-4，我们检索了大量 Twitter 用户的关注数量和粉丝数量。记住，Twitter 提供了一个非对称的社交网络，其中用户可以相互关注，这意味着关注用户 B 的用户 A 会获得用户 B 的所有状态更新。然而，当 A 决定关注 B 时，B 无须对等关注 A，甚至无须授权这种关系。有趣的是，根据图 2-4，对于任何粉丝数和关注数，具有给定数量的粉丝和关注者的用户的比例大致相同，因为这两条密度曲线高度重叠。但 Wikipedia 对话网络并非如此。然而，我们可以看到，这两个系统的网络度分布都符合幂律，同样的规律也经常在其他社交媒体系统中被发现。在这一领域已经进行了广泛的研究，并且已经清楚基于人类交互的网络在度分布方面与前面的两个例子非常相似。（然而，幂律指数的具体值通常因系统的不同而有所不同。）

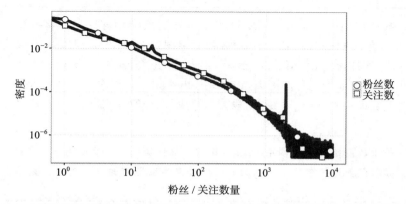

图 2-4　Twitter 关注网络的入度和出度分布。此处，粉丝数和关注数取自特定时刻的代表性用户样本。我们可以看到关注数量在 2000 时出现一个特殊峰值，这是因为 Twitter 服务将用户在正常情况下可以关注的其他用户数量限制在这个值

2.3.1 连接计数

由于计算过程具有指导意义，我们将详细说明如何从原始数据计算入度和出度的分布。首先，我们使用 Twitter 的 API，通过用户 ID 为数据集中每个用户获取其粉丝数和关注数，并生成一个文件，每个用户的信息构成该文件的一行，其中包含对应这两个数值的两列。现在，我们可以使用 R 语言加载所有这些详细数据，然后由这些数据帧生成分布并绘图；不过，如果我们有大量的边，R 语言可能无法将它们全部保存到内存中。（本例不一定就是这种情况，但是为了说明工作流程，我们仍然会按照这个假设继续进行。）然而，流处理这个文件，并记录有多少给定粉丝数或关注数的用户则相对容易。这样做的话，我们就不需要将整个数据集保存在内存中。如程序清单 2-3 所示，使用 Python 做这件事，我们只需在读文件的同时保存度的运行计数。由于社交媒体通常会产生大量数据，在计算聚合结果时我们经常需要采用类似于流处理的解决方案。此外，为了展示 Python 和 R 之间一种有用的数据交互机制，我们采用了让 Python 结果直接为 R 所用而无须通过临时文件进行数据交换的方式来编写这个脚本。

程序清单 2-3 此 Python 函数解析包含整数的文件，我们由此生成频数表（分布图）。此函数将从 R 语言中被调用（`twitter_followers_and_followees.py`）

```
from collections import defaultdict
import gzip

FILE = 'data/twitter/followers_followees.tsv.gz'

def followers_followees_stat():
    followers_stat = defaultdict(int)
    followees_stat = defaultdict(int)
    with gzip.open(FILE) as f:
        for line in f:
            followers, followees = map(int, line.split('\t'))
            followers_stat[followers] += 1
            followees_stat[followees] += 1
    # We can only return vectors to R, no data frames.
    return [followers_stat.keys(), followers_stat.values(),
            followees_stat.keys(), followees_stat.values()]
```

很显然，在程序清单 2-3 中我们所做的就是分别统计具有特定粉丝数和关注数的用户的数量。现在，在我们的 R 会话中，我们需要调用这个 Python 函数并获取结果向量。通过使用 R 的动态库 rPython（https://cran.r-project.org/web/packages/rPython/index.html），我们可以从 R 调用 Python。如程序清单 2-4 所示，计算具有给定粉丝数和关注数的用户比例，只需加载脚本并执行对函数的调用，然后根据结果创建一个数据帧。

程序清单 2-4 关于我们如何从 R 调用 Python 执行计算任务的一个简单例子。用 Python 执行这个简单任务是有意义的，因为它在处理文本文件方面比 R 更快、更灵活（`twitter_graph.R`）

```
library(rPython)

python.load('src/chapter2/twitter_followers_and_followees.py')
```

```
ff = python.call('followers_followees_stat')
followers = data.frame(bucket=ff[[1]], count=ff[[2]] / sum(ff[[2]]),
 type='Followers')
followees = data.frame(bucket=ff[[3]], count=ff[[4]] / sum(ff[[4]]),
 type='Followees')
```

2.3.2 用户连接的长尾分布

现在看看，我们是否能为连接图中的长尾现象找到一个合理的解释，这类似于我们在1.1.1 节的第一小节中试图解释活动分布倾斜的现象。在第 1 章中我们发现，不同观测周期内活动的概率分布函数没有变化，并且唯一能满足这一条件的解析函数是幂律函数。为了解释图 2-3、图 2-4 中观察到的分布，我们希望找到一个生成模型，这个模型可以合理地产生测量得到的结果。

现在考虑一下，我们所观察到的社交网络总的来说是用户彼此创建（也可能切断）连接的结果，我们能够用度来衡量的是我们进行观察时社交网络演化的快照。举个例子，Twitter并非一直就有目前这么多用户，它是从仅仅几个用户开始的。一方面，这些用户开始互相关注，另一方面，新的用户开始通过邀请或口碑效应加入网络。

一个自然的想法是我们去寻找一个模型，它能够近似用户和连接的增长。当然，我们希望抓住网络演化最基本的要素，因为每个社交网络都有其特质，这是只有更细致的模型才能够描述的：显然，图 2-3 和图 2-4 中的分布明显的不同，因此不可能用一个模型将这两个系统都描述得很好。然而，它们在入度和出度方面都呈现出重尾的幂律分布特性。我们的目标是解释为什么度服从幂律分布。

设想一个用户决定创建到另一个用户的连接，以便成为好友或关注她；基本上，我们可以将其建模为随机过程，其中目标用户是从所有用户中随机选择的（但采用某种策略）。我们可以假定这个选择是完全任意的，并且其他用户以相同概率均匀随机地被选择。也许这不是一个足够好的模型，直觉告诉我们真正的连接不是这样产生的。让我们考虑一下，通常人们愿意选择更知名、更"受欢迎"的账号。（产生这种想法的原因是存在如下的预期，即社交媒体服务通常通过推荐来突出流行的内容或用户，或者这些用户只是由于他们在网站上更加活跃从而更容易被看到。）因此，为了反映这个事实，我们假设账号的连接越多，它也将吸引越多的连接：对那些具有更多连接的用户而言，有人连接到他们的概率会更大。本质上，这会使具有更多连接的用户以更高的速率积累新的连接。

让我们把注意力集中在入度分布以及用户如何获得粉丝上。我们可以按照以下方式建立模型：假定时间是离散的，在每个时间步为某一个用户添加一条入边。显然，在社交网络中，边是由具体的某个用户添加的，但是现在我们并不关心是谁创建了连接，因为我们要解释的只是入度，而非出度的分布。为此，我们要随机选择一个将要向其添加入边的用户。因为我们认为更受欢迎的账号更易于吸引更多的连接，我们让给定用户被选中的概率正比于该用户当前的入度。如果用户 A 有 20 个指向他的连接，用户 B 有 10 个指向他的连接，那么我们选中 A 的概率应该 2 倍于选中 B 的概率。这一原则被称为偏好连接（preferential attachment）：连接概率与目标节点的度成线行关系。（参见 A. L. Barabási 和 R. Albert 的"Emergence of scaling in random networks"，https://arxiv.org/abs/cond-mat/9910332。）

除了偏好连接，我们还希望将新用户引入网络中：有时候，我们可以生成一个新用户，而不是创建一个连接。可以通过在模型中引入参数 p 来实现这点。在每个时间步，我们以概率 p 生成一个有一条入边的用户（于是这个新用户立即成为网络的一部分）；以概率 $1-p$，我们进行刚刚描述的添加边的过程。通过这两种机制，我们试图捕捉我们认为正在增长的社交图的两个主要特征：用户之间连接的生成和网络中新用户的加入。显然，我们没有考虑这些网络中其他的动态过程：最重要的是连接的移除和删除用户本身。同样，加入这些能够改进上述模型，但是简单起见，我们现在不考虑这些机制。

自 20 世纪 70 年代以来，在概率论领域有一个基于类似机制的模型已被广泛了解并被充分分析。它被称为 Pólya 罐子模型（Pólya's urn model），或是广义 Pólya 罐子模型。只要改变一下术语，这个模型就对应于我们描述的用户过程。在 Pólya 的模型中，给定有限数目的罐子，并且一次到达一个球。我们以概率 p 创建一个新的盛球的罐子，或者以概率 $1-p$ 将球放入某个已经存在的罐子。在后一种情况中，罐子被选中的概率正比于其中已有球的数量。显然，在我们讨论社交网络时，只要用"用户"取代"罐子"，用"入度"取代"球"，就会得到我们简单的社交网络演化模型与 Pólya 模型之间的一一对应关系。这样做的好处是 Pólya 模型已经得到相当广泛的研究，我们可以直接使用相应结果。

罐子模型的一个相关结果是：如果一个球落入一个罐子的概率确实与那个罐子里的球的数量成比例，那么当我们投下许多球时，不同罐子中球的数量的分布将近似于幂律分布。实际上，我们不是必须相信这个分析结果，我们可以利用伪随机数生成器随便写一个简短的模拟程序，来看看我们是否真的可以获得罐中球数的幂律分布。

程序清单 2-5 给出了这个模拟程序的 Python 源码。程序很容易理解：我们按照轮（ROUND）数添加球和罐子，依照偏好连接将每个球放入罐子，或者生成新的罐子。

程序清单 2-5　Pólya 罐子的模拟（`polya_preferential_attachment.py`）

```
 0 # The number of total draws (time steps).
 1 ROUNDS = 10000

 2 # The parameter p of the model.
 3 P = 0.2

 4 import random
 5 from collections import defaultdict
 6 import matplotlib.pyplot as plt

 7 # The number of balls in each of the bins; bins are indexed by
   # integers.
 8 bin_balls = defaultdict(int)
 9 # Start with one bin having one ball only.
10 bin_balls[0] = 1

11 for round in xrange(0, ROUNDS):
12     if random.random() < P:
13         # Create a new bin with probability P.
14         bin_balls[len(bin_balls)] = 1
15     else:
16         # Else add a ball to a bin based on preferential attachment.
17         threshold = random.randint(1, round + 1)
18         s = 0
```

```
19          for b, balls in bin_balls.iteritems():
20              s += balls
21              if s >= threshold:
22                  # Choose this bin for the ball.
23                  bin_balls[b] += 1
24                  break

25 # Calculate the ball distribution across the bins.
26 ball_dist = defaultdict(int)
27 for k in bin_balls.itervalues():
28     ball_dist[k] += 1

29 plt.xscale('log'); plt.yscale('log')
30 plt.xlabel('Ball count'); plt.ylabel('Bin count')
31 plt.scatter(ball_dist.keys(), ball_dist.values())
32 plt.show()
```

在代码中，我们以概率 p 增加新的罐子；否则，以与罐子中的球数线性相关的概率为新增加的球选择一个罐子。代码 12 ～ 24 行展示了这一过程，此过程同样如图 2-5 所示。

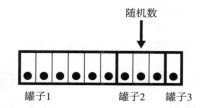

图 2-5　假设我们有三个罐子，分别装有六个、三个、一个球。我们为要装入的新球选择一个罐子（1 到 3），每个罐子被选中的概率与其中已有的球数成比例

本例中只有以与罐子中的球数成比例的概率选择罐子的部分需要解释。我们之所以强调如何模拟这一过程，是因为这样就能够选择不同的 p 进行实验，并看到结果的幂律如何变化。第 17 ～ 24 行实现了以与罐子中球的数量成比例的概率来选择一个罐子：如图 2-5，我们把包含了任意数量球的罐子排成相邻的一行，并在 1 到 10（球的总数）之间抽取一个随机数。本质上，我们将新球"next"添加到与我们随机选择的索引对应的球的位置。这表示我们将把所选球所属的罐子的球数增加 1，因为我们可以这么做的方式与罐子中的球数相等⊖，我们确实会以正比于罐中所装球数的可能性选择该罐子。在本例中，随机抽取的球的索引为8，于是我们会将新球放进罐子 2 中。

事实上，如果多次运行这个模拟过程，我们会看到改变的只是幂律的指数，但我们总会得到幂律分布。特别是广义 Pólya 模型已有解析解，幂律的指数为 $1+1/(1-p)$。

2.3.3　超越理想网络模型

现在我们明白为什么有必要花时间在这个简单的模型上了。我们看到无论模型还是测量的结果均类似于网络度分布的结果，于是我们可以说，社交网络增长过程中的偏好连接应该是解释网络中倾斜的度分布的主要原因。虽然在前面小节中我们专注于指向节点的连接，但

⊖　因为随机数命中这个罐子中任意一个球，都会选中这个罐子。——译者注

是对于为什么指向外部的连接符合类似的分布，也可以给出类似的观点：一个用户已经生成的连接越多，他将来生成的连接也会更多。

综上所述，请注意，让模型呈现我们在实际数据中发现的类似幂律的度分布，增长（由用于添加新节点的参数 p 表示）和偏好连接（由与当前度成比例的连接概率表示）都是必要的。这意味着我们可以期待真实社交网络遵循同样的规律：为了观察到这些，我们需要新用户的持续流入（虽然很少），并且知名用户获得与他们当时具有的连接数成比例的新的连接。请注意，在这一点上，我们试图找到一个理想的模型，它为用户和连接提供了增长机制，其中的连接以一种合理的方式产生，前述模型是一个具有这些特性并能够定性解释观察到的统计规律的简单模型。当然，在实践中，还可能存在导致不同度分布的错综复杂的细节。

这些增长规则更近一步的结果是在网络连接方面我们通常称为赢者通吃的现象。在我们的例子中，所谓赢者是指那些中心节点，也就是拥有大量连接的用户，他们拥有与其自身数量不成比例的大部分连接。这是合理的，因为显然只有少数参与者会拥有大部分连接。

在这个模型框架中，出于简单化的目的，有几个因素我们没有去考虑，但如果我们想要更好地近似真实情况，那么它们是需要被考虑的。在网络中可能展现出来而我们没有说明的几个重要特征包括：

- 边可以被从网络中移除，这是由于用户可能不再彼此关注或者干脆切断了他们之间的连接。
- 用户可能完全退出或取消对服务的订阅，从而抵消用户增长的影响。
- 用户彼此发现更多是通过局部的机制，而非前述的全局性基于人气的偏好选择。比如，我们可以期待"朋友的朋友成为朋友"。网络的这种形成三角结构的趋向可能很重要，也是我们设计不同推荐方案的基础。然而，这种局部连接机制也可能显现偏好连接的迹象，只是我们不考虑网络的全部节点，而只考虑局部的。
- 连接核函数（将新边的连接概率指定为目标节点度的函数）实际上可能不是线性的，而是关于度或其他变量的别的函数。请注意，只有当连接核为线性的时候幂律度分布才会出现在模型中，但是有时我们会看到度分布偏离标准的幂律，而这就可能是一个合理的解释。优先推广服务中"最受欢迎"或"最有趣"的账号是一个常用的社交媒体服务的特征，这个特征可能特别适合解释这个模型所产生的偏差。为了解决这个问题，已经提出了几个更复杂的模型来描述假定的用户吸引连接能力方面的差异，网络节点的这种能力差别被称作适应性（fitness），指有些节点比其他节点获得连接更加迅速的事实。
- 当某些时候用户增长出现不稳定时，我们可能会看到度分布的某些部分富集起来。如果用户增长放慢，而连接没有生成，我们可能会看到度分布向更高水平转变；如果在某个时候许多新用户加入服务，我们会观察到分布的头部更加显著。

总的来说，只要在线社交网络近似于现实中的社交网络，我们就可以乐观地认为，研究者所观察的大多数或所有社交网络都显示了我们之前在 Wikipedia 和 Twitter 上看到的长尾度分布特性。因为这些自然形成的网络都显示了相似的特性，人们投入了大量精力对它们进行研究。它们也被称为无标度网络，因为它们的度分布与我们在其他物理系统中观察到的相类似，这些物理系统包含远程互动，以及其他服从幂律的可测量属性。远程互动可以类比社交网络中的现象：具有大量连接的中心用户以某种方式在网络中各个社区之间形成桥梁。

2.4　捕获相关：三角结构、簇和同配性

在上一节中，我们用一个高层次的模型来解释在社交网络中观察到的度分布。然而，该模型过于简单，没有考虑其他在网络形成中必然发挥作用的合理机制，比如社区的创建。本节中，读者将会看到一些导致网络结构局部相关性的机制，以及度量和建模它们的方法。

2.4.1　局部三角结构和簇

上节结束时我们提到真实社交网络容易呈现高度的三角结构，我们称之为"朋友的朋友成为朋友"。当然，这个假设完全是基于直觉的，我们还没有看到为什么我们感兴趣的无标度社交网络应该具有比我们预期更多的三角结构。首先，让我们量化图中的三角结构。为此，我们使用局部聚类系数的概念。对每个节点，局部聚类系数是一个介于 0 和 1 之间的数值，它是节点邻居之间已经存在的连接数量与节点邻居之间最大可能存在的连接数量的比。在有向图的情形下，我们所考虑的邻居包括所有出边和入边另一侧的节点。如果节点 i 有 k_i 个这样的邻居节点，那么在一个有向无权图中，它们之间最大连接数为 $2\binom{k_i}{2}=k_i(k_i-1)$。于是，假设我们统计邻居之间有 n_i 条有向边，节点 i 的局部聚类系数 C_i 为

$$C_i = \frac{n_i}{k_i(k_i-1)} \tag{2-2}$$

图 2-6 解释了有向图中如何计算局部聚类系数。（对于无向图，定义是相同的，但对邻居之间的每条边，我们要统计两次，这是因为它们对应于双向的两条有向边，或者等价地，邻居间的边只计一次，但用 $k_i(k_i-1)/2$ 来除，这个值为邻居间可能存在的无向边的最大数量。）

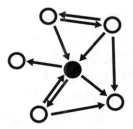

图 2-6　一个在有向网络中如何计算局部聚类系数的示例。中心节点 i 有 5 个邻居（同时考虑出边和入边）。在邻居之间，我们找到 n_i=4 条边，但如果所有可能的连接都存在，总共可以有 5×4=20 条边。于是，节点的局部聚类系数为 4/20=0.2

当一个节点周围有许多三角结构，我们预计该节点的聚类系数会很大（接近 1）。可以使用一个简单的计数循环来计算聚类系数，如程序清单 2-6 所示。由于 R 语言处理循环或哈希查找效率不高，我们用 Python 实现这一计算过程；不过，我们可以在 R 中对结果进行评估。

程序清单 2-6　计算节点邻居之间的边数（`triangle_counts.py`）

```
# The graph is a directed graph.
outgoing = defaultdict(set)        # The nodes at the ends of outgoing
```

```
incoming = defaultdict(set)      # links.
                                 # The nodes at the other ends of
                                 # incoming links.
users = set()                    # All the users.
with gzip.open(INPUT) as f:
    for line in f:
        # Convert node IDs to integers to save space.
        source, destination = map(int, line.rstrip().split('\t'))
        outgoing[source].add(destination)
        incoming[destination].add(source)
        users.add(source)
        users.add(destination)

with gzip.open(OUTPUT, 'w') as out:
    for u in users:                # Need to iterate through all the users.
        triangle_links = 0         # The number of links among neighbors.
        neighbors = incoming[u].copy()
        neighbors.update(outgoing[u])        # Holds all the
                                             # neighbors.
for v in neighbors:
    if v in outgoing:
        # For all outgoing edges of v if it has any.
        for e in outgoing[v]:
            if e != u and e in neighbors:
                triangle_links += 1
# Just so we have all the data we store the out- and in-degree,
# the number of distinct neighbors, and the number of directed
# edges between the neighbors.
out.write('\t'.join(map(str, [len(outgoing[u]),
                    len(incoming[u]),
                    len(neighbors), triangle_links]))
        + '\n')
```

在实际的社交网络中，聚类系数是什么样的呢？首先，我们分析一下之前使用的 Wikipedia 对话网络，这个网络是由编辑组成的，他们可以在其他用户的个人 Wiki 空间留下评论，在构造网络时，我们创建的有向边的起点是那些在其他编辑的页面留下评论的编辑。需要注意，这个网络也可以当作加权网络对待：在任意时间窗内，不同编辑联系其他人的次数是不同的。他们留在其他人页面的评论数可以用作权重。不过，简单起见，我们将视之为无权图，原因在于我们的目的是发现三角结构的存在而非讨论其中的精确细节。

图 2-7 将局部聚类系数的均值作为节点邻居数的函数展示出来（使用 wikipedia_triangles.py 中 Python 脚本计算）。我们选择基于度来计算聚类系数的均值是因为比起一个全局的均值，这样能给我们更多关于图结构的信息。正如图 2-7 中所示，它告诉了我们一些关于三角结构形成的有趣内容：看起来，具有较多邻居的节点其周围的三角结构相对较少。（注意坐标轴是对数的，所以度标尺两端之间的差异非常大，大约是 100 ~ 1000 倍。）可以看到，那些只有少数编辑"朋友"的编辑，他们周围可能的三角结构的完成比例相对较高，大约达到十分之一。然而，如果一位编辑在留下或收到评论方面是多产或者受欢迎的，那么与他相邻的编辑们则不太可能彼此连接；那些有 100 位或更多邻居的编辑，其周围只有不足百分之一可能的三角结构是完成的。这表明拥有许多连接的用户并非必然拥有彼此认识的邻居。在某种程度上，几乎没有邻居的编辑是彼此非常了解的社区的一部分，而拥有大量连接的多产编辑更多的是作为用户社区之间的桥梁，而不是属于任何特定的社区。

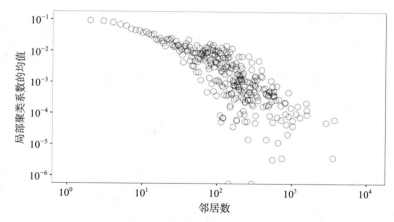

图 2-7   Wikipedia 对话网络局部聚类系数的均值作为节点度的函数

为将结论推广到 Wikipedia 对话网络之外，我们看一个不同类型的社交网络，LiveJournal 朋友网络（http：//www.livejournal.com/）。LiveJournal 是一个在线日记保存和博客服务，其用户可以让其他用户成为他们的"朋友"，从而允许他们查看自己的博客内容。大约 2006 年 12 月 11 日的有向 LiveJournal 朋友网络的快照可在 http：//socialnetworks.mpi-sws.org/data-imc2007.html 处获得。其中包含 530 万位用户和 7740 万条有向边。这个网络对我们的研究目的而言已经足够大了。它与 Wikipedia 对话网络不同，Wikipedia 网络是公开交流网络，而 LiveJournal 的连接则表达了一定程度的信任，或者用户之间貌似真正的朋友关系。这个网络的聚类系数如何呢？

图 2-8 显示了 LiveJournal 朋友网络的聚类系数。现在，只考虑上面圆圈构成的曲线。它显示了许多与 Wikipedia 图相似的地方。然而，还可以看到，对于度在 200 到 1000 之间的 LiveJournal 用户，相对于如果在这个范围内幂律关系依然成立我们可以预见的值而言，他们具有相对更高的聚类系数，图中的"凸起"便是明证。在实际的社交媒体系统中，这种行为并不出乎意料，服务的特定设计可能对网络的形成产生深远的影响。如果考虑到像这样具有相对而言很大度的用户的比例很小的话，那么这一点更加符合事实，尽管这些用户的邻居之间相互连接的程度似乎超出了预期，但网络中一部分相对较少的用户的确如此。这可能有几个原因：站点可能存在鼓励活跃用户形成三角结构的特征；这些人可能是早期并且关系密切的用户；用户推荐算法可能对具有高度的用户更有效；或者这些用户可能是垃圾信息制造者（我们不能断言他们就是）。某个或者全部的这些原因可能只是推测，我们将它留给感兴趣的读者去进一步研究。简而言之，虽然我们总是看到反映在多数统计测度中的具体服务的特性，但总的来说我们努力理解人类在线行为的共性，即使考虑到不同社交媒体服务的差异，这种共性依然会出现。

有个问题依然存在，那就是我们是否应该考虑观察到的或强或弱的三角结构形成程度。我们确实于在线社交网络中找到了三角结构；对 LiveJournal 我们计算了邻居数小于 100 的用户的平均聚类系数，其值大约在 0.1 到 0.6 的范围内。考虑到这是对节点邻居之间最大可能出现的边数的比例，这个值看起来相当大了。

为了证明这确实是一个相对较大的比例，我们需要有一个"空假设"或参考模型，以便我们可以将这些结果进行比较。我们可以建立一个社交网络作为这样的参考图，其中所有用户都与原图中相同，但是假设他们不具有形成三角结构的特定偏好。我们可以通过随机重连图中的边来生成这样的网络：这里所说的重连意为保持用户的出度和入度，但通过模拟用户随机选择关注对象来考察会发生什么。如果经过这个重连过程之后，我们仍然找到同样数目的三角结构，我们就可以说即使在这部分用户上进行随机连接也可以产生这些三角结构。

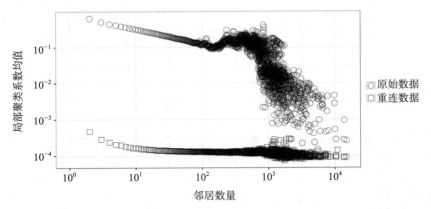

图 2-8   将 LiveJournal 社交网络局部聚类系数均值作为节点度的函数。我们展示了实际测量（圆圈）和重连的参考版本（方块），如文中所述

重连遵循图 2-9 所示的过程：我们在图中随机选择一对边，而后简单地交换它们指向的节点。我们需要重复多少次这个过程呢？边数的一半是一个良好的迭代次数下界，这样每条边预期至少被选中一次。在结果图中，节点的入度和出度保持不变，但边不再指向它们曾经指向的节点，而是随机的位置。换句话说，我们可以把这个图看作一个网络形成过程的模型，其中用户具有与原始网络中相同的创建和吸引边的能力（这意味着度保持不变），但是随机选择连接的对象。程序清单 2-7 中的 Python 脚本实现了这个随机化过程。

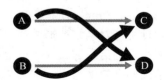

图 2-9   通过重复这个过程，我们重连网络得到用于比较聚类系数的参考图。起初，节点 A 和 C、B 和 D 是各自连接的，如浅色箭头所示。我们重连这对边之后，A 和 D、B 和 C 被连接起来

程序清单 2-7   读入有向连接，然后遍历边，并随机选择一对，并在它们之间交换两条边的指向位置。我们重复这个过程的次数为边数的 10 倍，这样我们就能够得到充分的随机化（tewire.py）

```
edges = list()                          # The list of all edges with (from, to)
                                        # tuples.
with gzip.open(INPUT) as f:
    for line in f:
        # Convert node IDs to integers to save space.
        source, destination = map(int, line.rstrip().split('\t'))
        edges.append([source, destination])
```

```
print 'The number of edges:', len(edges)

rewire_rounds = 10 * len(edges)              # The number of
                                             # randomization steps.
for rewire_round in xrange(0, rewire_rounds):
    e1 = random.randint(0, len(edges) - 1)   # Choose the first edge
                                             # randomly.
    e2 = random.randint(0, len(edges) - 1)   # Choose the second edge
                                             # randomly.
    e2_dest = edges[e2][1]                    # Swap the edges (we don't
                                             # need to
    edges[e2][1] = edges[e1][1]              # watch out for the case
                                             # when
    edges[e1][1] = e2_dest                    # e1 == e2, it just won't d
                                             # anything).
```

我们生成这个随机网络的目的是看看在这个网络得到的三角结构是否与在最初的 LiveJournal 网络得到的同样多。答案是否，我们在这个参考图中看到的三角结构明显更少。现在再次看图 2-8，同时考虑两条曲线。如前，原始网络的聚类系数由圆圈表示，而新的重连图的聚类系数则由方块表示。二者差异十分明显：重连图的聚类系数大约为实际图结果的千分之一。这一发现的解释是网络不会是用户随机选择朋友的结果。在网络形成中存在着非常强的聚类效应，这种效应在任意节点的邻居之间产生比简单随机模型所预期的更多的边。正如在现实生活中，在线用户确实会形成小圈子，至少在三角结构层面上如此。有时，这个过程称为三角闭合，这意味着当邻居填充那些尚未建立的连接时，节点周围的开放三角结构就趋向于关闭。

注释：读者可能还对除三角结构之外的高阶网络模块（network motif）感兴趣（社交网络中存在具有结构的子图）。三角结构就是网络模块的实例，正如四个节点形成一个完全连接的"正方结构"，或具有一条对角线的正方结构。本质上，它们是由少量节点形成的结构，其在真实场景中的出现频率高于在随机图（或者类似于前述随机化图）中的。如果在社交网络中发现这些结构，它们通常反映了潜在的社会等级或用户形成网络模块的趋向，这些结构出于某种原因会对他们有一定好处。

在社交网络中，三角结构是十分常见的。清楚了这点，读者就可以积极探索不同的机制来鼓励三角结构的创建，比如设计一项推荐用户的服务时。即使并不知晓用户为什么会形成三角结构的细节，读者也会看到，当用户有一个共同朋友时，他们很可能彼此认识。

2.4.2　同配性

用来查看更进一步的社交网络局部邻居之间相关性的方法是考虑相互连接节点的度。我们的问题如下：给定一个度为 k 的节点，它邻居节点的度的平均值是多少？换句话说，如果一个节点有少量的连接，或者相反有大量的连接，它的邻居是否也会分别具有少量或大量的连接？同样，可以根据需要分别考虑出度和入度，对这个问题，不同的社交媒体系统可能会产生不同的结果。

为了定量回答这个问题，我们可以取具有相同度的节点，然后测量它们邻居的度。因为我们使用的是有向的社交网络，首先就需要对使用出边还是入边来确定谁是邻居达成一致，也就是当我们对邻居进行统计的时候，我们取他们的出度还是入度。这给了我们四种组合来考虑出度和入度，我们在下面示例中将分别考虑这四种情况。我们看到，为了计算同配性，需要对图中的所有节点进行遍历，确定它们的度，并且对它们各自的邻居进行遍历，以将它们的入度或出度加到运行均值上。

为了使用 Python 实现这一过程，我们可以使用一个图形库（例如，networkx 或 igraph）来存储整个网络、节点和边，然后只需简单地按照前述的方法进行计算。然而，这些网络都很大，目前处理社交网络的实际情况通常是无法将所有的边存入内存。比如只有足够的 RAM 来存储与节点关联的一些数据，我们通常至少能够做到这一点，现代计算机的内存已经能够存储数百兆具有少量数值属性的节点。

本例中，遍历节点，而后依次遍历其邻居，会两次用到每条有向边的信息：每一次都是在循环中计算一个节点的邻居度均值时将与其关联的边的另一个节点视为邻居。然而，我们的想法是将对节点的循环转换为对边的循环。当然，这样做时计算均值的次序会发生变化，不过没关系，我们可以用任何次序做加法。这么做的好处是不必把所有的边放进内存，因为可以顺序处理包含有向边的文件。让我们详细了解一下需要做什么：

（1）因为对边循环处理并计算均值时，需要用到每个节点的入度和出度，所以在开始计算同配性的循环之前，必须把它们计算出来。在计算每个节点有多少出边和入边的时候，需要遍历一次边文件。

（2）当再次考虑每条边的时候，需要第二次遍历边文件：对两个节点，分别取与当前节点相对的另一节点的出（或入）度来更新当前节点入（或出）方向的均值。

采用这种方式时，我们不得不读两次边文件，而不是像把整个图存储在内存中那样只需要处理一次，但是可以在更加有限的 RAM 上执行计算。（计算时间也没有明显地变长，这是因为读取和维护动态增长的图也需要时间。）

执行此操作的程序片段如程序清单 2-8 所示。注意，我们使用了另一个技巧来计算均值（以及方差，本例中我们需要它们）：类 OnlineMeanVariance 不是简单地维护样本项的运行总和来在最后计算均值，而是使用一种简单的在线算法，在任何时候都显式地记录均值（在变量 self.mean 中）。这样做还有另一个好处，就是这个算法在数值上更加稳定。通常情况下，当我们记录项和 $\sum_{i=1}^{N} a_i$，然后加上一个新的项 a_{N+1} 时，a_{N+1} 会比之前所有项的和小很多。如果我们使用浮点型变量的话，这会导致有效数字的损失。然而，在这个在线算法中，我们试图通过匹配加法运算中数字的顺序来最小化这些损失。（在程序清单 2-8 中，读者可以通过采用列公式的方式简单地考虑在向样本中添加新项时运行均值会发生什么变化，再次确认此算法为什么起作用。）更新方差的规则同样易于推导，并且具有与均值计算过程相同的数值优点。

程序清单 2-8　为计算度－度相关性，我们两次遍历以 tab 分隔的值（TSV）文件，该文件以"source destination"的格式包含了图的有向连边。我们使用一个在线算法计算邻居节点度分布的均值和方差。这个算法还缓解了浮点舍入误差，这是因为它是将同样数量级的实数相加，而不会为计算均值而把所有值进行简单的运行求和（degree_correlations.py）

```
class OnlineMeanVariance():
```

```python
        '''Online mean and variance calculations.

        For the details see for instance
        https://en.wikipedia.org/wiki
        /Algorithms_for_calculating_variance#Online_algorithm
        '''
        def __init__(self):
            self.mean = 0.0            # The running mean, make this a
                                       # float.
            self.count = 0             # Number of items added so far.
            self._M2 = 0.0             # The sum of squares of differences
                                       # from the running mean, float.
        def add(self, x):
            '''Register a new item.'''
            if x > 0:
                self.count += 1                    # Increment the count.
                delta = x - self.mean              # Follow the
                                                   # calculations for the
                self.mean += delta / self.count    # online algorithm.
                self._M2 += delta * (x - self.mean)
        def variance(self):
            '''Calculate the unbiased sample variance.'''
            if self.count <= 1:
                return None
            else:
                return self._M2 / (self.count - 1)


# First pass: count the in- and out-degrees of every node.
outdegrees = defaultdict(int)       # The out-degree for every node.
indegrees = defaultdict(int)        # The in-degree for every node.
with gzip.open(INPUT) as f:
    for line in f:
        source, destination = map(int, line.rstrip().split('\t'))
        outdegrees[source] += 1
        indegrees[destination] += 1

# Second pass: calculate the means and variances of the neighbor degree
# distributions.
# stats is a dict of dicts, the first level is for the
# in- & out-degrees, the second level is for the degree of the node
# under consideration.
stats = defaultdict(lambda: defaultdict(OnlineMeanVariance))
with gzip.open(INPUT) as f:
    for line in f:
        source, destination = map(int, line.rstrip().split('\t'))

        # Update the statistics for the four in- and out-degree
        # combinations, and two end points.
        stats[('in', 'in')][indegrees[source]]. \
            add(indegrees[destination])
        stats[('in', 'out')][indegrees[source]]. \
            add(outdegrees[destination])
        stats[('out', 'in')][outdegrees[source]]. \
            add(indegrees[destination])
        stats[('out', 'out')][outdegrees[source]]. \
```

```
        add(outdegrees[destination])

    stats[('in', 'in')][indegrees[destination]]. \
        add(indegrees[source])
    stats[('in', 'out')][indegrees[destination]]. \
        add(outdegrees[source])
    stats[('out', 'in')][outdegrees[destination]]. \
        add(indegrees[source])
    stats[('out', 'out')][outdegrees[destination]]. \
        add(outdegrees[source])

# Write the results to a file.
with gzip.open(OUTPUT, 'w') as out:
for direction, dir_stats in stats.iteritems():
    for deg, stat in dir_stats.iteritems():
        out.write('\t'.join(map(str, [direction[0],
        deg, direction[1], stat.mean, stat.variance()])) + '\n')
```

看到了我们如何在实践中计算度–度相关性，那么结果如何呢？图 2-10 显示了 LiveJournal 网络的邻居平均度分布，其中邻居度均值与节点（图中我们称之为参考节点）的度组成函数。再次说明，我们有四种可能的组合：我们可以只看参考节点的邻居，它或者是发出连接的节点（在出边上）或者是被连接到的节点（在入边上），于是我们可以计算这些邻居的入度或者出度。图中这四种情况由四种函数图形分别表示。

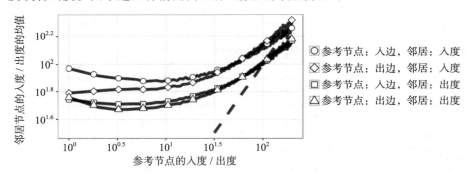

图 2-10   具有给定度的节点的邻居的平均度，给定度的节点称为参考节点。我们既考虑了邻居的出度和入度，也将参考节点出边和入边的另一侧的邻居视为节点。我们只展示了参考节点度小于等于 200 的结果，后面的数据明显带有噪声。虚线表示 $y=x$ 时的恒等关系

我们可以观察到，除了参考节点度很小的情况（到大约 $10^{0.75} \approx 5$ 附近），参考节点的度越大，其邻居的连接数量也同样越大。邻居的度随着参考节点度增长而增长。社交网络的这一性质称为协调组合（assortative mixing），它表现了一种同质性（相连的节点彼此相似）。换句话说，交友广泛的人倾向于彼此连接。这个结果表明网络会有一个核心，其中高度的用户聚集在一起。这使得在这些网络中从一个节点可以快速贯穿网络到达另一个节点，因为高度节点提供了图中距离遥远的部分之间的捷径。社交网络通常会展现出协调组合特性，而技术性网络（如 WWW 和 Internet 路由器）和生物网络（蛋白质相互作用网络、食物网络，以及神经网络）通常是异配的（disassortative）：这些系统的函数如图 2-10 所示，是单调下降的。

关于邻居度的均值还有另一个有趣的事实需要说明：对网络中大多数节点而言，邻居的度大于参考节点的度。从图 2-10 中可以看出这点，因为均值线几乎总是在虚线所表示的恒等线之上。这可以简单地解释为个体的朋友通常比其自身更受欢迎。然而，我们要清楚，在观察度分布的时候已然看到，邻居的度同样以高度倾斜的方式分布。这意味着当我们计算它们的均值时，少数具有很多连接的邻居会使均值偏向更高的数值。不过，这并不太令人惊讶：大量的连接较少的用户必须连接到这些受欢迎的用户，这也是受欢迎用户一开始就具有高度的原因。因此，对于低度范围内的许多用户来说，这些具有很多连接的邻居支配了均值，因此观察到这样违反直觉的现象是可能的。

2.5　总结

本章主要讨论创造了社交网络的用户之间的连接。这些网络在保证用户了解其他用户的活动方面起到了重要作用，并使他们能够以不同的方式表达彼此之间的信任。

- 我们可以获取用户创建的彼此间的显式连接，并由这些连接构建社交连接图。
- 我们也可以从服务中的相关活动进行推断从而建立图，并采用与处理显示网络相同的方法来分析它们。
- 社交网络一个重要的可测量属性是用户的度分布。度是社交网络中节点邻居的数量，它给出了每个用户拥有的连接数。我们已经看到，在许多方面，度分布让人想起前一章的活动分布。它们都是长尾、类似幂律的分布，这表明用户的"流行度"之间实际上可能存在巨大的差异。这些分布的含义类似于我们已然看到的：离群值对平均值有很大影响，大多数连接集中于一小部分用户，并且大多数用户只有少量连接。
- 对社交网络，我们可以将这一现象等同于网络中的集线器，它起到社交中心的作用，将网络的不同部分连接起来。
- 偏好连接机制可以对这些网络如何增长给出良好的解释。这些网络被称为无标度的，因为它们的结构（通过幂律分布来表示）没有为社团和簇定义任何典型大小。偏好连接所产生的网络中的"胜利者"将拥有全部连接的很大一部分。
- 社交网络中的用户有形成三角结构的强烈倾向。三角结构的形成是因为彼此认识的人可能也有共同的朋友。三角结构形成的程度可以由聚类系数描述。
- 在社交网络中，拥有众多连接的用户通常与本身亦拥有大量连接的其他用户连接。这是由网络的同配性指标刻画的。在社交网络中，高协调组合意味着用户与那些可能与自己相似的人连接（同质性）。

下一章我们会换一个话题，转向理解社交媒体中用户行为的另一个重要方面：时间的角色以及用户行为的时序特征。

第 3 章
时序过程：用户何时使用社交媒体

本章主要探讨时间在社交系统中所扮演的角色，并且介绍帮助读者理解其作用的工具。首先，我们来了解如何直观地思考社交媒体事件的模型，同时形成关于社交媒体事件发生时间的假设。然后，通过观察 Tweet 和 Wikipedia 帖子数据集中行为的时间特征与我们的预期之间的巨大差异来修正这些假设。正如前几章中所述，这些观察结果一开始可能与直觉相悖，但却暗示了在时间维度上存在着巨大的差异。

我们的生活方式在很大程度上是由时间的循环往复所决定。日、周、季、年的周期性表明，有关社交媒体的事件也应该有类似的模式。我们会在数据中找出这些趋势，并就如何利用这些趋势和及时预测未来的质量提出一个框架。

3.1 传统模型如何描述事件发生的时间

在任何动态系统中，时间都扮演一定的角色。社交系统中有许多与时间关联的事件：用户加入网络、添加边、点击链接、进行搜索和发送消息等。所有这些事件都有一个与之相关的时间。本章将展示如何定量分析时序性的事件流。

表示一系列事件的最完整方法是将时间戳和事件看成是数据对，其中事件数据表示一些有趣的数据，时间戳表示事件发生的精确时刻。例如，事件数据可能是用户 12 点发 Tweet 说"我爱金鱼！"该事件的时间戳可能表示为自 1970 年 1 月 1 日以来的第 1 374 622 532 秒。当所有事件的操作对象都相同时，例如，都点击"http：//wikipedia.org"时，可以简单地将这些事件看作具有一系列时间戳的流，无须总是明确提及事件本身。

两个相继事件之间的时间间隔，即到达时间间隔，是解释任意事件流的重要统计数据。带有时间戳的事件流（0，2，4，6，8）具有完全规则的到达时间间隔：（2，2，2，2）。这种流被称作周期性的，因为事件间的间隔以一种模式重复，在本例中是 2。钟表秒针的滴答声也有一个周期性的时间间隔，即 1 秒。周期性的事件流不需要在每两个事件之间都具有相同的时间间隔，而是在每个重复的模式之间具有相同的时间间隔。考虑到达时间间隔（2，3，4，2，3，4，2，3，4，…）。在这个流中，每隔 9 秒模式就重复一次。这也是一个周期流。

在足球比赛中，进球后所发 Tweet 之间的间隔时间可能会大幅缩短。想象一下在电视上观看比赛的观众，在进球的那一刻，他们可能会发帖支持他们的球队，访问他们球队的主页，或者搜索有关球队的信息。在一个社交系统的正常运行过程中，可以期待出现一些明显随机的事件到达时间：用户可能会随机地在电梯里查看他们的消息，或者他们可能正在等待一个约会，亦或是花时间阅读新闻。这些事件往往会受现实世界中混乱事件的影响，如交通、天气、与他人的接触等。观察事件到达时间间隔的统计数据的变化，可以确定围绕相应事件的周期，并可以帮助我们从日常活动的预期正常波动中区分出不寻常的时间间隔。

尽管到达时间间隔几乎是事件流的完整描述，但更大的时间视图通常是有用的。通过追踪时间窗口内的事件计数，可以观察到通过追踪到达时间间隔所见到的许多相同的行为。在前面的事件发生时间示例（0，2，4，6，8…）中，我们可以看到 [0, 7) 之间的窗口计数为 4，[7, 14) 之间的窗口计数为 1。通过对更大的时间窗口进行计数，我们可以期待在每个窗口中看到更多事件，由此可以将标准的统计方法用于分析所观察到的计数值。考虑足球比赛的例子，如果按每分钟计算总事件数，那么离进球最近的那一分钟内的计数将远远高于每分钟内事件发生的平均统计次数。下一节将介绍表示事件均匀到达的两种方法。

当事件在时间上均匀发生时

当事件在时间上均匀发生时，它们不依赖于之前的历史。对于这样一个事件对过去没有记忆的均匀系统，我们能期望从中发现什么呢？看起来周期模式是可以预期的，因为在一个简单周期内，事件之间的时间间隔是一个统一的常数。这里所说的统一（uniformly）并不是本例中均匀（uniform）的意思。时钟显然是有记忆的：它知道在下一秒过去之前不要再移动秒针。在这个定义中，均匀并不意味着周期性。这里的均匀表示下一个事件的到达时间为 $T+\tau$ 的概率只取决于 τ，而不取决于已经等待了的时间 T。再次强调：当系统没有记忆时，等待下一个事件发生的时间并不取决于已经等了多久。这可以用条件概率公式表示：

$$P\left(wait > T+\tau \mid wait > T\right) = P\left(wait > \tau\right) = f(\tau) \qquad (3\text{-}1)$$

其中，为简单起见将右边的概率记为 $f(\tau)$。利用条件概率的定义和所有等待时间大于零可得

$$P\left(wait > T+\tau \mid wait > T\right) = \frac{P\left(wait > T+\tau\right)}{P\left(wait > T\right)} = P\left(wait > \tau\right) \qquad (3\text{-}2)$$

它告诉我们如下的函数关系：$f(T+\tau) = f(T)f(\tau)$。什么样的函数 f 满足这个条件呢？尽管我们可以更严格地证明，但事实上只有当 f 为指数函数时上式才成立：

$$f(\tau) = e^{-\lambda\tau} \qquad (3\text{-}3)$$

我们还必须引入一个所谓的速率 λ，因为等式 $f(T+\tau) = f(T)f(\tau)$ 对任意选择的常数 λ 都成立。

现在我们得到答案：当事件均匀发生且没有记忆时，对某个常数速率 λ 而言，事件发生的时间大于 τ 的概率为 $e^{-\lambda\tau}$。假定对等待时间没有记忆的随机过程被称为泊松过程。指数分布的平均值和标准差都为 $1/\lambda$。因此，快速检查事件流是否为无记忆的方法是比较到达时间间隔的标准差和均值——二者之间有较大的差异意味着事件中存在某种记忆或周期性。

现在将事件流视为计数过程（这决定了在一个给定的时间窗口内事件的数量），例如，用户想知道在给定的时间窗口内可以获得多少新的粉丝，或在接下来的 24 小时内会有多少人点击个人主页。这些过程是相继发生且之间存在一定时间间隔的随机事件的总和。了解将要发生多少次事件可以帮助我们识别不寻常或有趣的时刻。

我们无法预先准确地预测事件的数量，但在假设是一个无记忆泊松过程的前提下，能否推导出在相等时间窗中观察到的事件数量的概率分布呢？让我们引入 $P_k\left(T,T+d\right)$，它表示在

时间窗口 [T, T+d] 内发生 k 个事件的概率。当 k=0 时，所问的是与之前相同的问题：用户在时间 T 后等待时间超过间隔 d 再看到下一个事件的概率是多少？我们已经知道答案了：$e^{-\lambda d}$。但是如何计算其他 k 值下的分布呢？

这个概率由著名的泊松分布给出，如下所示：

$$P_k(d) = \frac{(\lambda d)^k e^{-\lambda d}}{k!} \tag{3-4}$$

换句话说，在无记忆泊松过程中，事件计数应该对任何时间间隔 d 都遵循前述统计规律。

上式中泊松分布的一个有趣特征是其均值等于方差（而不是类似指数分布中等于标准差）：

$$mean(k) = var(k) = \lambda d \tag{3-5}$$

现在可以看到为什么将 λ 称作速率：因为在一段时间 d 后，我们预计将平均观察到 λd 次事件（这是泊松分布的期望值）。于是 λ 是一个事件到达的平均速率，或事件在单位时间内的平均数量。因为标准差是方差的平方根，经过一段时间 d 后，我们会看到

$\lambda d \pm \sqrt{\lambda d} = \lambda d \left(1 \pm \frac{1}{\sqrt{\lambda d}}\right)$ 次事件。这意味着长度为 d 的每个时间桶中的事件数可能相差

$1/\sqrt{\lambda d}$。所以若设定桶的大小为 d=10 000/λ，也就是期望每个桶大约包括 10 000 次事件，我们会发现每个桶中事件数量的波动都大致都在 $1/\sqrt{10\,000}$ 或 1% 之内。

这个模型是否适合描述社交媒体中事件发生的时间呢？图 3-1 在半对数坐标上描述了在两个时间段收集的包含单词"lunch"的 tweet 之间的时间间隔分布。一个完全无记忆过程在这个图上会表现为一条直线。注意，当只包含超过 1 小时的数据时，更接近于无记忆过程。然而，当收集一天的数据时，由于在 Twitter 上观察到的日周期性，我们看到了对指数过程的偏离。在这两种情况下，我们都在大约 10 秒后看到截断的效果。

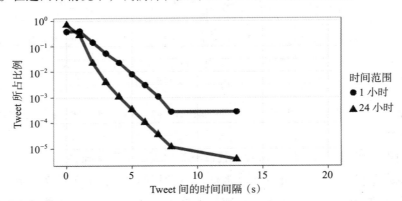

图 3-1　1 小时内提到"lunch"的 Tweet 间的时间间隔的分布与 24 小时内提到"lunch"的 Tweet 间的时间间隔的分布。Tweet 的到达时间只能用秒来衡量。纵轴以对数形式重新调整，以显示与指数函数的对应关系

只有在短时间内，均匀模式才能像我们预期的那样适用于许多社会系统。如果认为均匀模型不好，那么什么样的才是好的模型呢？什么样的过程可以生成所看到的模式，并且过程要足够简单以便于利用程序代码或数学处理？请记住，我们当然希望某些时间段比其他时间段更"有趣"，从而引起比其他时间段更高的活跃率，因此简单的泊松过程不适用。对泊松

模型进行简单的修改使其仍然适用于社会时序数据的一个方法是：假设没有一个固定的速率 λ，而是有许多不同的速率 λ_1，λ_2，λ_3，$\cdots$，而实际的时间序列是由这些不同速率参数的泊松分布混合而成的。可以想象社会系统中有一个隐藏的状态 $S=1$，2，3，$\cdots$，每个状态都有相应的速率。随着兴趣和活动水平的变化，可以通过将状态从低速率更改为高速率来建模。例如，在一场足球比赛中，进球时系统可能会转向较高的活动频率，并可能在足够短的时间内保持该速率不变，从而呈现均匀状态。

3.2 事件间隔时间

尽管会遗忘，但是人类确实有记忆。当太阳升起时，我们会发一条 Tweet 说 "早上好"，当太阳下山时，我们会发一条 Tweet 说 "晚上好"。但泊松过程无法捕捉这样的模式。无记忆的基本特性对人类的经验来说是陌生的。当等待一个朋友到来时，已经等待的时间改变了我们必须等待更长时间的概率。如果等待的时间比预期长得多，很有可能我们中的一个人会感到困惑，会面也就不会发生。如果我们的行为遵循无记忆过程，也就是泊松过程，则期望的等待时间与已经等待了多长时间无关。这是我们在拉斯维加斯的轮盘赌看到的，需要等待多长时间才能看到数字 5 在下一次出现？我们很容易被迷惑并可能有一些直觉，如果还没有看到 5，我们会认为在之后一定会出现 5。但如果轮盘是公平的，在每次结果中看到 5 的概率是恒定的，这和历史情况一点关系也没有。

也许我们对某些随机系统的错误直觉是由于人类很少遇到真正无记忆的过程。人类对时间的概念侧重于周期：比如地球绕着太阳公转、月亮绕着地球公转、手表的指针绕着圈运动。某些事情可以预见会周期性发生，比如早晨的通勤、周末的庆祝活动、年假和其他一些特殊事件。人为之事的状态自然遵从这些周期。但是很多事情是无法用周期模式预测的。例如，早晨堵车时车的准确位置、体育比赛的结果、政治信息的披露，这些都很难被预测，但其中每一个都可能改变其后的行为基准。

看看人们在 Twitter 上提到 "lunch" 的时间，读者可能认为这个例子是一个无记忆的过程，就像上一节那样。在每天的数亿条 Tweet 中，"lunch" 只出现在其中很少的部分，但因为大多数人每天都吃午餐，可以预期在观察到的模式中，会有一定的周期性，也会有一些记忆因素。我们收集数据并以自纪元⊖以来的秒数记录其时间戳，并将它存储在单独一列。当查看数据集时，我们发现关于午餐的第一条 Tweet 是在 UTC 时间早上 7 点刚过的时候。现在我们得到了依据事件的整数型时间戳进行排序的列表，下面来绘制它们！我们问的第一个问题是每秒钟能观察到多少次提及午餐的事件。为此，我们编写了一个小函数，将每个事件放入一个时间桶中，然后在程序清单 3-1 中计算每个桶中有多少事件。

程序清单 3-1　计算不同时间桶中的 Tweet 数量（`tweet_interevents.py`）

```
import itertools

def bucket(timestamps, bucket_size):
    '''A function to count items in intervals of size bucket_size.'''
```

⊖ 原文 epoch。实际这个时间戳的通行做法是记录自 1970 年 1 月 1 日 0 时 0 分 0 秒以来的秒数。——译者注

```
sortedTs = sorted(timestamps)

def bucket_of(ts):
    return int(ts / bucket_size)

bucket_count = dict((b, len(list(vs))) \
                for (b, vs) in itertools.groupby(sortedTs, bucket_of))
max_bucket = max(itertools.imap(bucket_of, timestamps))
min_bucket = min(itertools.imap(bucket_of, timestamps))
return map(lambda bucket: bucket_count.get(bucket, 0),
            range(min_bucket, max_bucket))

mentions_per_minute = bucket(lunch_timestamps, 60)
```

我们的算法使用 Python 的内置模块 itertools，它提供了处理支持迭代方法的对象的工具。方法是先对时间戳进行排序，然后使用 groupby 函数分组，该函数根据某些键将相邻的项分在一起。如果以键作为分桶的依据，那么组的大小就是桶中 Tweet 的数量。最后，我们输出一个列表，该列表按照桶（对应的键）从低到高的顺序进行排列，图 3-2 显示了生成的图表。

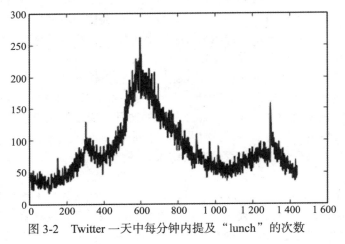

图 3-2   Twitter 一天中每分钟内提及 "lunch" 的次数

我们可以在 GMT（格林尼治标准时间）午夜后第 500 到 800 分钟之间看到一个高峰，相当于太平洋时间的 8:20 到 13:20，换句话说就是美国的午餐时间。图 3-4 是同样数据的另一个视图，主要关注相邻 Tweet 之间的时间间隔。

这张图显示了每条包含 "lunch" 的 Tweet 出现的时间。要立即从这种图中看到某种信号并不容易。图中看来似乎发生了什么事，但又很难确定。当然，从曲线的斜率可以看出，同其后的情况相比，似乎有一个从 10 000 开始至 30 000 结束的较高的 Tweet 到达速率。但是，让我们更直接地分析一下。对于每一条关于午餐的 Tweet，画出从最近一条关于午餐的 Tweet 到目前为止经过了多长时间；为此，请使用程序清单 3-2 计算相继 Tweet 之间的时间差（图 3-1 也是这样创建的）。

当查看当前这条 Tweet 和前一条之间的时间间隔时，我们当然可以看到发生了一些事情，如图 3-4 所示。数据的噪声很大，但是存在几段时间其中间隔总是很小。为了平滑这些数据，我们使用了一种常用的平滑技术——指数移动平均值技术。在程序清单 3-3 中，可以将计算指数移动平均值的算法看作一个线性差分方程。指数移动平均值是一种简单的平滑时间序列的技术，它将之前平滑的值与当前的时间序列值混合在一起，从而得到平均值。（实际上，以指数增长的方式对以前的值进行减权，从而得到结果。）

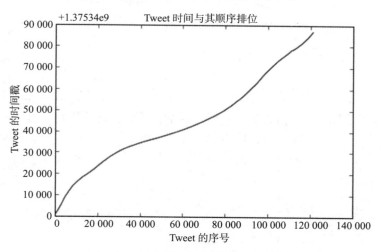

图 3-3　Twitter 上第 i 次提到"lunch"的时间

程序清单 3-2　计算 Tweet 到达的时间间隔（`tweet_interevents.py`**）**

```
def make_diffs(items):
    '''A helper to make a stream of the differences in times of an
    iterator.'''

    prev = None
    for x in items:
        if prev:
            yield x - prev
        prev = x


diffs = list(make_diffs(lunch_timestamps))
```

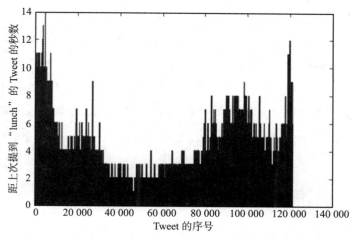

图 3-4　一天中 Twitter 上相继提到"lunch"的时间间隔。请注意，看起来很"坚实"的黑色图只不过是相邻 Tweet 时间间隔高度差异化的结果

程序清单 3-3 计算一系列到达时间间隔的指数移动平均值（`tweet_interevents.py`）

```
def exp_ma(items, decay=0.95, init=0.0):
    '''Exponential moving average calculation.'''

    for x in items:
        init = decay * init + (1.0 - decay) * x
        yield init

moving_ave = list(exp_ma(diffs, 0.999))
```

图 3-5 中应用了移动平均值方法，我们可以很容易地看到一些突出的特征。比如极值点的时间是多少？它似乎大体符合我们的期望。我们看到提到"lunch"的 Tweet 之间的时间间隔在太平洋时间 9：41（UTC 16：41）之前一直在减少，然后开始上升直到太平洋时间 13：25（UTC 00：25）。

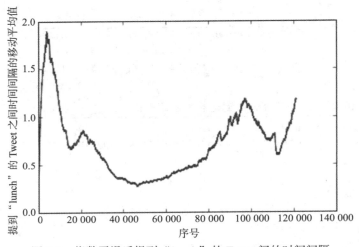

图 3-5 指数平滑后提到"lunch"的 Tweet 间的时间间隔

3.2.1 与无记忆过程的对比

我们如何知道存在有意义的信号？如果处理的是一个活动速率相同的无记忆过程，我们会看到什么？能确定这不是一个偶然的无记忆过程吗？为回答这些问题，让我们来测定 Tweet 到达时间间隔的均值，并使用具有与测量结果相同均值的泊松过程生成数据，如程序清单 3-4 所示。以这种方式生成的所有事件的到达时间间隔如图 3-6 所示。

程序清单 3-4 生成一个与测量结果的均值一致的泊松时序数据，以检验真实数据是否与之类似
    （`generate_poisson.py`）

```
import numpy as np

mean0 = mean(diffs)
# A constant to correct for the truncation, but keep the means the same.
correction_due_to_quatization = 1.22

memoryless = np.random.exponential(
    1.0 / (correction_due_to_quatization * mean0), len(diffs)).astype(int)
print mean0, mean(memoryless)
```

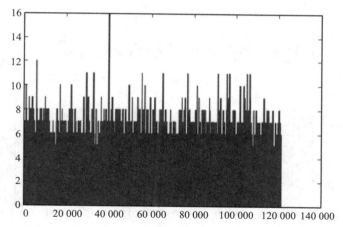

图 3-6　无记忆（泊松）过程的事件到达时间间隔与事件序号构成的函数

如果我们比较泊松过程的标准差与实测时间序列的标准差（即其方差的平方根），可以看到两者之间的差别不大，初看起来这可能是一个支持实际数据近似于泊松过程的依据。

但在这个人工生成的数据集中似乎没有多少有用的信号。也确实没有，因为这就是指数分布的随机数据。与无记忆过程类似，速率看起来相当稳定。我们最初通过数据分桶来查看每分钟内的事件数，可以对无记忆过程作类似处理，如图 3-7 所示。

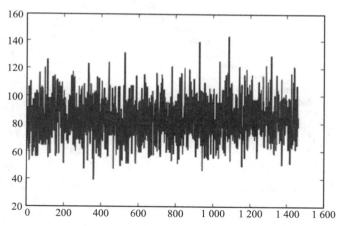

图 3-7　对无记忆（泊松）数据以 60 秒为时间窗口期统计事件数量

在数据分桶的视角下，对照实际数据可以发现两点。首先，随机情况下相邻桶之间的差异要高得多。其次，每个桶中的平均事件数量看起来相当稳定。第二点也可以在这些随机事件之间时间间隔的移动平均值中看到，如图 3-8 所示。

正如预期的那样，当取均值时，速率会迅速收敛为接近平均值的一个常数。我们可以用更好的方法来检查 Tweet 的到达时间间隔是否如无记忆过程一样服从指数分布。一种用来比较两个分布的技术是绘制并对照它们的每个分位数。当与一个已知的理论分布（指数）进行比较时，我们可以准确地推导出理论分布的分位数值。现在观察图 3-9，该图被称为分位数图，或 Q-Q 图，它比较了 Twitter 数据的到达时间间隔与指数分布的差异。创建这个图的Python 代码如程序清单 3-5 所示。

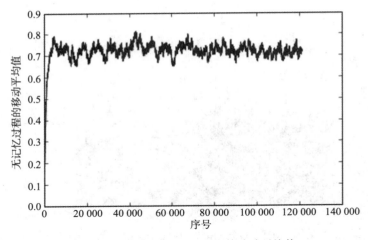

图 3-8   无记忆生成数据的指数移动平均值

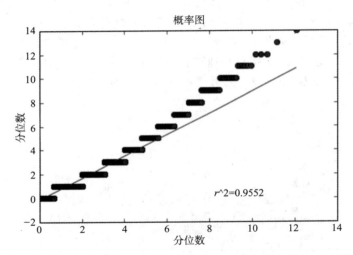

图 3-9   Tweet 的实际到达时间间隔分布与理论指数分布的 Q-Q（分位数 – 分位数）图。这里用
来检测被测的分布是否服从指数分布。可以看到在较高分位数的范围内两个分布是不
同的

程序清单 3-5   比较实际分布与理论指数分布的 Q-Q 图生成代码。如图 3-9 所示（ `tweet_q-q_ plot.py` **）**

```
import scipy.stats as stats

stats.probplot(diffs, dist='expon', plot=pylab)
pylab.show()
```

Q-Q 图表明，当观察移动平均值时，实际情况与指数分布有显著的偏差。对此的一种
解释是，用户发布 Tweet 的过程确实不是无记忆的。出于这个原因，我们来看看最后一种方
法：自相关。

3.2.2　自相关

　　自相关是指信号与自身滞后一定时间的部分的相关性。一种解释相关性的方法是，它等于两个信号的协方差除以这些信号的标准差。另一种解释是，相关性是信号在以均值为中心进行归一化之后的内积。如果 x_i 和 y_i 为两个有序样本，则两个样本之间的 Pearson 相关系数表示为

$$C(x,y) = \frac{\sum_i (x_i - \overline{x})(y_i - \overline{y})}{\sqrt{\sum_i (x_i - \overline{x})^2 \sum_i (y_i - \overline{y})^2}}　　　(3-6)$$

　　在分量 x_i 和 y_i 的各自均值都是 0 的情况下，这个公式和两个向量之间的余弦距离是等价的。回忆一下三角函数，这个等价性意味着相关性取值必须在 −1 和 1 之间，就像余弦函数一样。简单地说，相关性表示 x 和 y 之间的线性耦合度：如果二者的相关性很强（接近 1），则 x 或 y 中的任何一个变量的变化都反映在另一个变量相同方向上对应比例的变化中。对于强负相关关系，同样成立，此时 x 值的增加将会导致 y 减少，反之亦然。

　　信号的自相关是指当我们将信号在时间维度上前移或后移一定的时间步时，信号与其自身之间的相关性。如果 j 表示时间滞后的步长，则时间信号 x 的自相关由公式（3-7）确定。

$$A(x,j) = \frac{\sum_i (x_i - \overline{x})(x_{i+j} - \overline{x})}{\sum_i (x_i - \overline{x})^2}　　　(3-7)$$

　　这样一来，j=0 时的自相关性是完美的（$A(x,0)=1$）。但是当增加滞后 j，信号和它本身的相关性可能会改变。如果通过独立地抽取随机数来创建 x，就不应该存在自相关性。这个计算如程序清单 3-6 所示。

程序清单 3-6　计算不同延时下 Tweet 时序数据的自相关性（`tweet_interevents.py`）

```
import numpy as np

def autocor(data):
    centered = np.array(data) - (np.ones(len(data)) * mean(data))
    normed = np.divide(centered, np.std(centered))
    pos_and_neg = np.correlate(normed, normed, mode='full')
    # Normalize the window size.
    ones = np.ones(len(data))
    denom = np.correlate(ones, ones, mode='full')
    win_normed = np.divide(pos_and_neg, denom)
    # The autocorrelation is symmetric, return the right half, and only
    # the first half of overlaps (0.5 to 0.75) to make the plot more
    # compact.
    return win_normed[win_normed.size / 2 : int(0.75 * win_normed.size)]

plot(autocor(mentions_per_minute))
```

　　现在观察 Twitter 中每分钟提及某事件次数的时序数据，分析其随延后时长而变化的自相关性。如图 3-10 所示，该图非常引人注目。极值为 0.95 和 −0.8。我们看到，在短延时时间内，几乎存在完全的自相关性。而延迟为 180 ～ 240 分钟时，几乎没有相关性。换句话说，如果我们现在看到很多关于午餐的 Tweet，这并不意味着会在 200 分钟内看到很多。然

而，现在看到很多，意味着我们可以预期在 500 分钟后，或者大约 9 个小时后看到的将少于平均水平。相反，现在 Tweet 很少则表明大约 9 个小时之后可能会出现增长。

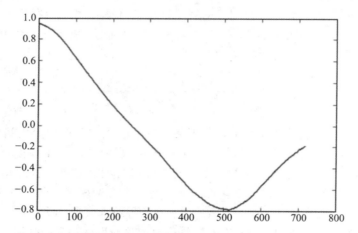

图 3-10   两次提到午餐间的时间间隔随着延时步长而变化的自相关性，以分钟为单位

随机打乱顺序的方法可以作为最后的测试，用于确认自己是否被欺骗。当我们想要测试时序数据中是否真的存在相关性时，这是一种非常有用的技术，因为如果相关性存在的话，随机打乱数据顺序将会破坏它。显然，在随机打乱数据顺序之后，不会有真正的相关性存在，那么相应的函数和图片能说明什么呢？图 3-11 显示了打乱 Tweet 之间时间间隔次序的结果，就像所预期的那样，所有的相关性都消失了。

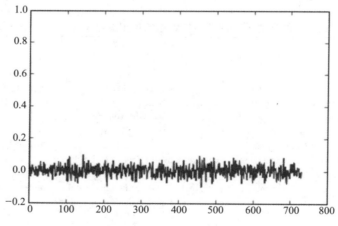

图 3-11   打乱次序的数据间的自相关性：看不出什么

3.2.3   与无记忆过程的偏离

我们已经详细了解了没有过去记忆的过程是泊松过程，也就是说事件之间的等待时间服从指数分布。然而，很明显，人类的实际活动并不是没有记忆的。但是这些对无记忆的偏离是如何产生的呢？让我们用一个玩具模型来说明这一点，考虑一个完全没有记忆的过程，这

个过程被提供给一个只有一点点记忆的代理。该代理可以选择删除某事件，或是传递该事件，但不会引入自己的事件。具体地说，假设该代理能记住上次事件发生的时间。如果这个时间间隔大于 t_0，代理就会传递事件；否则，它将丢弃该事件。在这个新例子中，可以推导出事件之间的时间间隔：

$$P(t>\tau)=\begin{cases} 1, \text{if}\, \tau \leqslant t_0 \\ \dfrac{P(t>\tau \cap t>t_0)}{P(t>t_0)}=\dfrac{P(t>\tau)}{P(t>t_0)}=e^{-\lambda(\tau-t_0)}, \text{if}\, \tau > t_0 \end{cases} \tag{3-8}$$

这个公式还使用了条件概率的定义 $P(A|B)=P(A\cap B)/P(B)$。重点是，这个有记忆的代理的等待时间分布偏离了指数分布，因为它删除了最小时间间隔的事件，但它实际上并没有改变曲线的形状。

如果每次事件都发生得太快（$<t_0$），代理就会按一个因子减小 t_0，此时将发生什么？这就像是在降低我们的标准：若有一段时间没有看到足够好的东西了，我们就愿意接受较低价值的事件。在最终找到满意的事件后，我们将记忆重置回初始标准。让我们把这个过程称为非忍耐型的过滤代理。在这种情况下，解析地推导等待时间的概率比较困难，因此可以模拟并直接绘制它，如程序清单 3-7 所示。

程序清单 3-7　模拟一个非忍耐型的过滤代理的程序，该代理不让任何到达时间间隔小于参数 `minDiff` 的事件通过。但是，如果我们在这一时间段内没有见到任何事件，则降低这个过滤时间参数（`agent.py`）

```
def agent(start, minDiff):
    '''Return a function that transforms an input iterator according to
    the impatient filtering.'''

    def __inner__(interTimes):
      now = start
      thisDiff = minDiff
      lastTime = now
      for interval in interTimes:
        now = now + interval
        if interval > thisDiff:
            yield now - lastTime
            thisDiff = minDiff
            lastTime = now
        else:
          # We get impatient and lower the barrier.
          thisDiff = thisDiff * 0.25

    return __inner__
```

更有趣的是，想象一下在第一个代理之后的代理也采用同样的策略。这种由发送和过滤事件的代理所组成的耦合网络可以作为网络动态的有效模式。图 3-12 显示了原始无记忆过程的事件时间间隔的分布以及引入一个和两个过滤代理时的效果。因此，即使是一点点的记忆也会导致与无记忆过程的明显区别。如果像这样的过滤发生在由交互代理构成的社会系统中，我们最终的时间间隔分布将与所预期的无记忆过程不同。

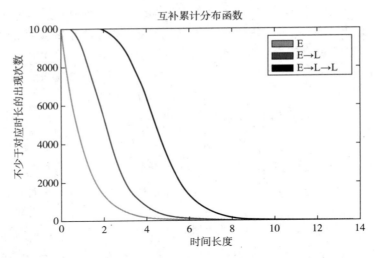

图 3-12 在无代理（E）、一个（E→L）和两个（E→L→L）非忍耐性代理的情况下，事件间的
时间间隔

3.2.4 用户活动中的时间周期

到目前为止，我们详细研究了某一天的情况并确定了一些特征。但由于数据中的噪声，似乎无法依据这一刻准确地预测下一刻。但是，我们可以立即辨认出一个强烈的信号，如图 3-2 所示。本节将更详细地研究 Tweet 数据中存在的时间相关性。午餐时刻每天都在同一时间到来，但是用户选择发送一条什么内容的 Tweet 是很难预测的，只有一小部分 Tweet 包含字符串 "lunch"。通过观察连续一个多月数据中的模式，读者可能会更清楚地看到可预测的周期性信号，以及还没有预测到的部分。

图 3-13 再次显示了每分钟包含单词 "lunch" 的 Tweet 数量，但这次的数据是 30 天的。如果仔细观察，我们可以看到很多结构。在每 10 000 分钟左右，就会看到一个缺口。在 10 000 到 20 000 之间，会看到五座 "山峰"。当然，这一定是每个工作日的高峰。事实上，一周有 $7 \times 24 \times 60 = 10\ 080$ 分钟。同一数据集每分钟 Tweet 数量的分布如图 3-14 所示。

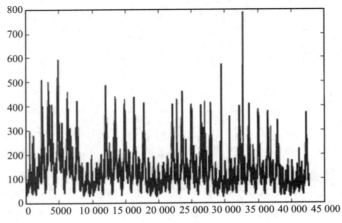

图 3-13 在 30 天中每分钟包含 "lunch" 的 Tweet 数量

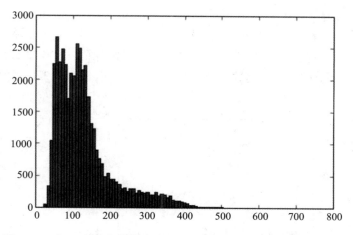

图 3-14　在 30 天中每分钟包含 "lunch" 的 Tweet 的数量的分布

　　图 3-15 显示了 30 天内每天每分钟平均包含的 Tweet 数。在这里，我们可以看到几个看起来近似于高斯分布的山峰：最大的两个大约分别在 600 分钟（格林尼治时间上午 10 点，东部时间上午 6 点，太平洋时间凌晨 3 点）和 1300 分钟（格林尼治时间晚上 9 点 40 分，东部时间下午 4 点 40 分，太平洋时间下午 1：40）。现在我们把问题分成两个部分：是什么导致了这种清晰的日常模式？又是什么导致了从日常模式的偏离？我们不会在第一个问题上花太多时间，但是我们可以提出一个方法。

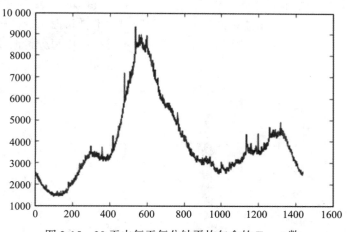

图 3-15　30 天内每天每分钟平均包含的 Tweet 数

　　有些关于午餐的 Tweet 是因为用户就要吃东西了，或者刚刚吃过东西，而有些则与最近发生的特定事件无关，而且与发布者吃东西的时间无关。这一过程产生随机性的原因有很多：并不是所有用户都在同一时刻发布一条 Tweet（由于地理分布的原因）；并非所有地区的用户都使用英语；并不是所有地区的用户使用 Twitter 的比率都一样。通过采用这四个变量建立模型，也许可以解释这条曲线主要是由地理和语言差异造成的。最关键的是，当我们知道如何划分数据时，也就是说有一个日循环和一个不同的周期时，我们就可以分别观察这两个信号。

　　图 3-16 显示了每分钟 Tweet 数量与日均值的差异。请注意，尽管仍然出现峰值，但是

要小得多：几乎所有情况下都小于 200 条 Tweet/ 分钟，这意味着相对于给定时间当日的每分钟预期数量，一分钟内几乎不会有超过 200 条的额外 Tweet。在删除每日平均水平（参见图 3-13）之前，我们看到超过 400 条 Tweet/ 分钟的规律峰值，其中部分超过 500 条 Tweet/分钟。因此，Tweet 数的日循环是数量差异的主要原因，但是在图 3-16 中仍然可以看到工作日和周末的差别。

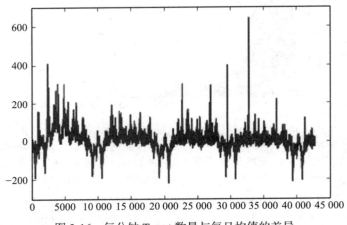

图 3-16   每分钟 Tweet 数量与每日均值的差异

图 3-17 展示了 Tweet 数量与每日循环均值差异量的分布情况。它更接近正态分布。有迹象表明两个较小的正态分布隐藏在里面：一个大约在 −150 处，另一个大约在 −25 处。这些混合可能是周末的结果，也可能是尚未考虑到的随时间的推移而出现的轻微下降趋势。可以通过减去一周中每分钟的 Tweet 平均到来速度，而不是一天中每分钟的 Tweet 平均到来速度来检验这一点。

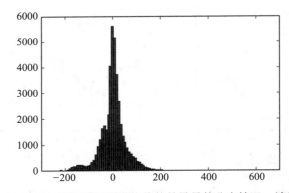

图 3-17   每分钟 Tweet 数量与每日循环预期均值的差异量的分布情况。请注意其与高斯分布高度相似

如何确定在给定的一周内特定的一分钟或一天内预期的 Tweet 到达速率是多少呢？我们可以通过对几周数据中对应于该周给定时间的分区计算 Tweet 到达速率均值来给出预期。每周 10 080 分钟中的每一分钟都对应一个分区，并计算属于该分区的平均 Tweet 数。本例将观察一个月的数据，因此每个分区包含四周对应的四个值。参见图 3-18 中的结果，可以注意到几个特征。首先，随着时间的推移，峰值逐渐下降：平均而言，人们在每周早些时候

发布了更多关于午餐的 Tweet。其次，（一天中）第一个峰值和第二个峰值之间的差距在似乎周末消失了。原因尚不清楚。最后，它不像图 3-15 那样平滑，图 3-15 中的每分钟对应取值是 30 天内的均值，而本图中只是 4 个数的均值。作为更少样本的结果，图 3-18 要尖锐得多。

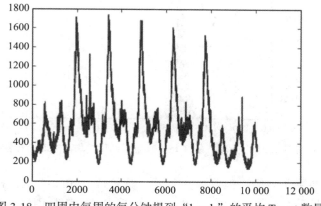

图 3-18　四周内每周的每分钟提到"lunch"的平均 Tweet 数量

取 4 周的均值并从数据中减去，就得到图 3-19。去掉每周的模式后，我们看到很接近于图 3-8 提到的独立随机噪声。这个阶段，我们在做什么？我们认为由于诸如时间、地理、语言和特定位置的使用率等特性，信号整体上可以以每周为背景进行建模。一些特征仍然可见。例如在月初，Tweet 的数量似乎出现了下降，然后出现了增长。此外，还有许多较大的峰值：最大的峰值出现在每月中大约第 3.3 万分钟的位置，此时每分钟新增 Tweet 数高于均值近 500 条。几乎任何事情都可能导致这种短暂现象：运行时的日志收集问题、电视节目中的一句搞笑台词、一条新闻标题、一家正在提供特别节目的餐厅等。如果真的需要解释的话，可以从 Tweet 的文本和发布者的账户入手，就像我们在第 4 章将要做的那样。

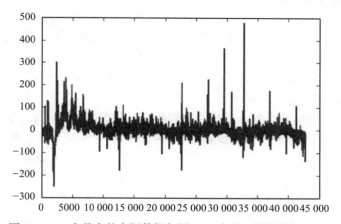

图 3-19　一个月内的实际数据与图 3-18 中的四周均值间的差异

观察每分钟 Tweet 数与周循环均值之间差异的分布情况，我们可以在图 3-20 中看到一个漂亮的、近似正态的分布。在这个图中，不会再看到如图 3-17 所示的多个峰值。这表明那些高峰是由周循环产生的；因此，考虑这一点后就将它们消除了。我们还可以看到图 3-20 比图 3-17 窄了不少。与周循环均值之间的差异几乎总是小于 100 条 Tweet／分钟，但是以每天为周期时则是在 200 条 tweet / 分钟范围内。

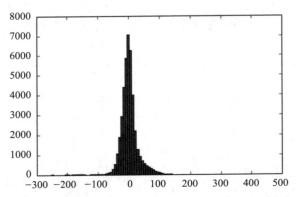

图 3-20　每分钟提到"lunch"的 Tweet 数与周循环的均值之间差异的分布情况

　　每周循环已经减少了差异，但代价是需要计算超过 10 080 个分区的均值。相比之下，以日为周期的模型只需要计算 1 440 个分区。一种折中的方法是创建一个包含 1 440 + 6 个值的模型：周一每分钟一个值，另外 6 个用来表示其他日期相对于周一的比例。当然，也可以减少每天追踪的分区的数量。超过 1 000 个就可能是多余的。也许这条曲线只需要 12 个变量就可以很好地拟合：4 个正态分布，以及每个正态分布的均值、方差和最大值。实质上就是用尽可能少的参数使残差模型的误差最小。

　　我们同时研究每日和每周 Tweet 速率模型的原因是强调一些周期性的行为，这些行为必然是社交媒体系统的一部分；我们将在本章 3.4 节中更深入地研究如何实际使用这些被发现的周期性。

3.3　个体行为的爆发

　　到目前为止，我们已经了解了事件的聚合、事件的系统级时序，比如何时可以观察到任何包含"lunch"字样的 Tweet。这显然是考虑大量用户行为的结果。本节则将考查单个用户，即社会系统中最小的"单元"。为此，可以考虑 Wikipedia 编辑者对任何页面的修订，并将关注点集中在这些活动上。所使用的数据是用户在任何地方进行编辑的时间。为了更好地了解单个用户的行为趋势，可以选择一个较短的时间窗口（例如 1 小时），并像以前那样计算用户在给定时间窗口内执行了多少操作。最直接的方法是使用不重叠的时间窗口，并且要覆盖所选数据集包含的整个日期范围。例如，图 3-21 以 2013 年的第一周为例，由于当时 Wikipedia 的用户还比较少，我们统计了这段时间内随机选择的四个用户每小时的编辑次数。（我们选择了在一周内编辑次数相对较多的用户，具体的实现代码参见 `wikipedia_edit_interevent_times.R`。）

　　从这些图中可见，用户的活动倾向于聚集在特定时段，即用户在相对较短的时间内处于活跃状态，在之后的较长时间内都会处于非活跃状态，之后再进行一些编辑。其中短时间内的高活动率可以称为人类时序活动模式的爆发特征，这与前几节中所看到的由泊松过程所导致的"均匀时间间隔"事件有着明显不同。

　　图 3-22 随机选择了一个 Wikipedia 编辑者，并显示了他在不同窗口期中的编辑速率。为

了进行比较，还展示了如果用户根据泊松过程进行编辑的情形，并作为基准编辑速率。（也就是假定他可以完全随机地决定是否在任何给定时刻进行编辑来对用户的行为进行建模。）很明显，实际的突发用户活动模式在性质上与简单的泊松模型并不相同。我们该如何描述这些差异呢？

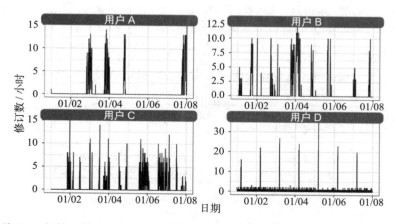

图 3-21　从 2013 年第一周中随机选取的 4 位 Wikipedia 编辑者的每小时编辑数。我们将一周的时间范围划分为互不交叠的小时区间，而后计算每个特定用户每小时的编辑次数。用户 A 的活跃时间并不规律，且其中 4 天基本不做编辑；用户 B 的模式与之类似。但是，用户 C 却执行了更多的编辑，而且在观察期内活跃的时间也更多。在用户 D 的时序行为中可以发现其在多数时间处于较低的活跃水平，但在这周每一天中的几乎同一小时处于平时 7 倍的活跃水平

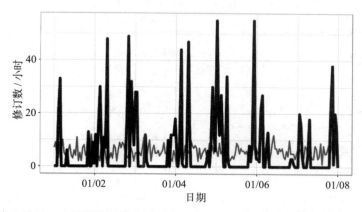

图 3-22　粗线显示了一个随机选取的高活跃度 Wikipedia 编辑者每小时的编辑次数。浅色线是对与所选编辑者在一周内的编辑总数接近的（大约 1200 次）泊松过程的模拟结果。在选定泊松过程的速率参数时，将确保每单位时间内的预期编辑数量与观察的指定用户的编辑数量相同，即 $\lambda=(\# \text{ of events})/(1 \text{ week})$

　　我们首先应该关注的仍然是用户编辑事件之间时间间隔的分布。度量事件之间时间间隔的方法首先应该根据时间戳对活动记录进行排序，然后计算每个用户相继时间戳之间的差值。在 Python 或 R 语言中可以这样做：将编辑记录读入数据帧，然后依据时间戳进行排序，

最后根据用户 ID 进行分组，并计算每组时间戳的差值。这样做虽然是可行的，但是在处理大量数据时，可能会耗尽内存。相反，使用外排序（如在需要临时存储时使用磁盘的 Unix 排序命令，如程序清单 3-8 所示）先对时间戳进行排序，然后采用 Python 文件进行流式处理，是更好的解决方案。我们可以维护一个字典，记录所看到的每个用户 ID 最近的时间戳，并在看到该用户新的时间戳时计算两者的时间差。这个解决方案既快速，又可以只使用当前可用的工作内存。更好的方法是首先过滤输入数据集，使其只包含所需日期范围内的数据，然后再排序。我们的目的是给出在大型数据集上执行排序的简单方法。

程序清单 3-8　使用多核处理，依据修订时间戳对预处理后的 Wikipedia 编辑修订行为进行排序
　　　　　　（`wikipedia_sort_by_time.sh`）

```
# Sort the Wikipedia revision file with parallelized external sort and
# compression, using half of the RAM.

pigz --decompress --stdout < data/wikipedia/revisions.tsv.gz | \
sort --key=5 --field-separator=$'\t' --buffer-size=50% --parallel=
$(nproc) | \
pigz --stdout > data/wikipedia/revisions_time_sorted.tsv.gz
```

　　接下来我们将选取一个时间范围（2013 年前 3 个月），以及这个时间范围内所有用户进行的编辑行为，并通过计算单个用户相继编辑的时间戳之间的差值来计算事件之间的时间间隔。因为我们已经按时间戳递增顺序对修订事件进行了排序，所以只需按顺序遍历记录，并取每个用户的相继时间戳之间的差值；程序清单 3-9 展示了这个过程。

程序清单 3-9　在记录编辑信息的文件依据时间戳进行排序后，很容易计算编辑时间间隔的分布。我们采用对数坐标。下述代码采用流方式遍历全部编辑信息，并分别记录用户两次编辑之间和对网页的两次编辑之间的时间间隔（`wikipedia_edit_interevent_`
　　　　　　`times.py`）

```
'''
Calculate the inter-edit times for both Wikipedia editors and pages.
'''

import sys, gzip, math
from collections import defaultdict
from datetime import datetime
INPUT_FILE = 'data/wikipedia/revisions_time_sorted.tsv.gz'
OUTPUT_FILE_PATTERN = 'data/wikipedia/interedit_times_%s.tsv.gz'

class IntereventTimes():
    '''A class to keep track of inter-event times between arrivals of
       certain events, such as for user edits and page changes.'''

    # Create 50 logarithmic buckets for 10000 seconds (chosen
    # arbitrarily).
    LOG_BUCKET = math.log10(1e4) / 50

    def __init__(self):
        self.last_seen = dict()
        self.interevent_times = defaultdict(int)

    def discretize(self, value):
```

```
            '''Determine the index of the logarithmic bucket for this
            value.'''
            if value == 0:
                return -1
            return int(math.log10(int(value)) / IntereventTimes.LOG_BUCKET)

    def add(self, key, time):
        try:
            last_time = self.last_seen[key]
            dt = self.discretize((time - last_time).total_seconds())
            self.interevent_times[dt] += 1
        except KeyError:
            pass
        self.last_seen[key] = time

interevent_times = dict()
for entity in ['users', 'pages']:
    interevent_times[entity] = IntereventTimes()

input_file = gzip.open(INPUT_FILE, 'r')
for line in input_file:
    title, namespace, page_id, rev_id, timestamp, user_id, user_name, \
    ip = line[:-1].split('\t')
    if user_id != '' and user_id != '0':
        user_id = int(user_id)
        page_id = int(page_id)
        timestamp = datetime.strptime(timestamp, '%Y-%m-%dT%H:%M:%SZ')
        interevent_times['users'].add(user_id, timestamp)
        interevent_times['pages'].add(page_id, timestamp)
input_file.close()

for entity in ['users', 'pages']:
    output_file = gzip.open(OUTPUT_FILE_PATTERN % entity, 'w')
for dt, count in interevent_times[entity].interevent_times. \
iteritems():
    output_file.write('\t'.join(map(str, [dt, count])) + '\n')
output_file.close()
```

然后，我们可以将所有用户的所有编辑时间间隔的集合作为分析样本，查看这些间隔时间是如何分布的，如图 3-23 所示。（通过这种方式，我们能够看到一个被长期测量的“平均”用户，其编辑时间间隔是如何分布的。）

我们可以观察到的第一件事是用户编辑活动事件之间的时间间隔分布符合幂律，而不符合泊松过程中的指数分布。为了更加明显地与泊松过程相比较，还可以绘制泊松过程的概率密度函数，该函数将产生的编辑次数与所观察到的情况相同。易知，泊松过程的事件间时间间隔 t 的 PDF 为 $\lambda e^{-\lambda t}$，事件间时间间隔的均值为 $1/\lambda$。在这个实际的例子中，可以计算出 90 天内大约发生了 1360 万次编辑，那么事件之间的平均时间间隔将如下式所示：

$$\frac{1}{\lambda} = \frac{90天}{13.6 \times 10^6 次} \tag{3-9}$$

据此易得 $\lambda=1.75$ / 秒。（我们选择秒作为时间单位。）图 3-23 还显示了参数 λ 为前述值的指数分布的 PDF。Wikipedia 编辑间隔时间和泊松过程之间的差异是显而易见的：尽管这两个过程总的事件数相同，但是可以在 Wikipedia 数据上观察到比均匀泊松模型更长的事件时间间隔。考虑前面包含一些选定用户的时间序列的示例图，这就是我们观察到长时间的不活跃中有分散的行为爆发的原因：在事件时间间隔为长尾分布时，这些用户不活跃的时间更为频繁。

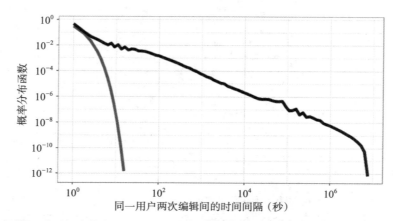

图 3-23　粗线显示了任意给定用户两次编辑间时间间隔的经验概率密度函数。测得的编辑时间间隔分布近于幂指数为 −1.3 的幂律分布。浅色线显示了泊松过程的概率密度函数，其速率参数 λ 使得总编辑总数与测量结果一致。图中使用对数分区计算 Wikipedia 编辑时间间隔的经验 PDF

以类似的方式，我们还可以将注意力转向页面，并查看给定页面上相邻两次编辑之间的时间分布。这与我们对用户所做的工作类似，将所有页面的编辑时间间隔放在一起，并绘制出整个数据集的 PDF。程序清单 3-9 用于计算对数分区下的经验 PDF。图 3-24 绘制了最终的概率密度函数，从图中可以明显看出，我们又一次得到了一个满足幂律的编辑时间间隔分布。然而，在这种情况下，也可以观察到该分布在大约 10 分钟的位置存在一个峰值，但在更长的时间内，它又变成了我们熟悉的幂律分布。在图 3-23 和图 3-24 中，我们可以看到事件之间的时间间隔分布在 90 天时（90 天 $\approx 7.8 \times 10^6$ 秒）被截断了，原因很简单，本例中不能测量两个事件间比 90 天更大的间隔。

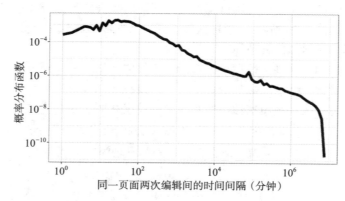

图 3-24　2013 年头 90 天内任意 Wikipedia 页面的编辑时间间隔的 PDF。此处，我们考虑了全部页面，类似在图 3-23 中对全部用户的处理

总的来说，我们学到了什么呢？我们已经看到，无论是考虑单个用户的行为，还是考虑与单个内容相关的行为（Wikipedia 页面编辑），事件都不会像泊松模型所反映的那样在时间上均匀发生。单个用户的行为是爆发性的，较长时间的不活跃会被之后集中大量活动的时段所打断。

相关性与爆发

在本章 3.2.2 节中，我们考虑了被分区 Tweet 的数量的自相关函数，以度量随着时间推移聚合用户活动与无记忆过程的偏差。本节将关注单个用户行为模式中的相关性，而不是像之前同时考虑所有行为的情况。

在图 3-22 中，我们看到当用户进行编辑时，他们的行为通常是在很短的一段时间内活跃，然后又变得不活跃了。这表明，对于时间间隔而言，如果两个相继事件之间时间间隔很短，那么之后的间隔应该也是类似的短时段。如何通过测量来检查这个假设呢？

我们需要认识到，这里要度量的是一个条件概率密度函数：对一个用户而言，在给定事件间时间间隔长度的条件下，接下来的事件间的时间间隔的长度会是多少？如果第一个是较短的，下一个也会是较短的吗？在概率论中，在给定事件 B 的条件下事件 A 的条件概率表示为 $P(A|B)$，这意味着在考虑事件 A 的发生概率之前事件 B 必须发生。换句话说，在具体的 Wikipedia 例子中，我们想要测量条件概率密度函数 $f(t_2|t_1)$，其中 t_1 是第一个事件间的时间间隔，t_2 是紧跟这一间隔的事件间的时间间隔。（注意，此时我们需要有三个相继事件。）我们还知道，当我们把 t_1 确定为一个具体的值后，t_2 取值的分布必须是一个概率度量，或者换句话说，必须是一个归一化的概率密度函数。因此，它的面积是 1 ：$\int f(t_2|t_1)dt_2 = 1$。我们将很快用到这个性质。

以下是实际测量条件概率 PDF 的步骤：

（1）遍历包含编辑事件的文件，跟踪特定用户产生的事件。因为我们正在寻找相继编辑的时间间隔，所以只需跟踪该用户最后一次的时间间隔。

（2）每当一个新事件发生，我们计算新事件距离此用户的上一次事件已经过了多少时间，同时可以分别以两列输出之前的事件时间间隔（我们为用户保留了一个变量，以便现在使用）和当前的事件时间间隔。

（3）很自然地，然后我们用当前的事件时间间隔来代替上一次的事件时间间隔，用新到事件的时间代替上次事件的发生时间。

这个任务仍然采用流式算法实现（参见 `wikipedia_edit_times_for_conditional_probs.py`，该脚本类似于程序清单 3-9）。而且，我们通过对 t_2 和 t_1 进行分区来计算其分布，并以此近似计算 t_1 发生之后 t_2 发生的条件概率密度函数。这个过程非常类似于只计算一个随机变量的分布，只是这里有两个随机变量而不是一个，但逻辑上执行的是相同的操作。此外，由于我们知道事件间的时间间隔具有长尾分布，最好使用对数分区作为事件间时间间隔的离散度量方法。

而后的操作将非常简单：当我们使用修订数据计算 (t_1, t_2) 对时，可以立即对这些值分区，并使用 Python 中的字典记录这些值出现的频数。然而，为了说明另一种更实用的方法，我们将放弃这个简单的解决方案，而采用稍微复杂一些的方法，以便引入蓄水池抽样模型。

蓄水池抽样法

现在假设我们想要用 R 语言而不是 Python 语言来创建分布图，所以 Python 脚本应该只输出原始记录中相继的事件时间间隔的数据对（t_1, t_2），稍后在 R 中计算它们的出现次数。但是，由于有很多事件时间间隔，我们可能很快就生成超出 R 处理能力的行数。也许我们并不需要很多记录，因为我们想要的只是创建一个较好的分布图，而不需要超出一定标准的极端的统计概率值。一个解决方案是，开始读取修订数据后，当达到所需的输出行数时就可以停止（一千万条似乎是个不错的数字）。然而，如果我们有大量密集的数据，这可能只覆盖了较短的总体时间范围。（在这个实际案例中，如果从 2013 年 1 月 1 日开始读取修订信息，到 3 月 13 日就将达到 1000 万条记录。如果有更多的用户，则覆盖的时间范围可能会显著缩短。）之后我们可能会担心这段时间的数据可能会存在偏差，因为时间范围太短了。例如，如果只有一个晚上，我们就不能完全捕捉到日活动模式。

为了解决这个问题，可以通过流式处理对数据进行均匀采样，该过程将处理所有项，并以相同的概率 p 在输出中记录每个项，设置参数 p 使得我们能近似地得到想要的行数。需要强调，这个方法在事先知道要读取的记录总数时才是有效的；然而，如果要处理的是一个包含"无限"项的数据流，则我们可能不知道这一点。我们想要的只是通读整个数据流，并在运行结束时得到给定数量的记录（例如，1000 万条），这些记录应该从数据流中均匀而随机地选择。这一过程是通过蓄水池抽样方法完成的。它的工作方法是：如果想要从数据流中选取项的数量为 k，先在存储中为这 k 项分配空间形成"蓄水池"。然后，从数据流中逐一提取项，直至填满"蓄水池"。在填满之后，我们需要周期性地用来自数据流的项替换"蓄水池"中的项，以保证每一项都具有相同的被选中概率。假设我们正处于数据流的第 i 个元素处。我们将生成一个介于 1 和 i 之间的随机整数 r，如果 r 小于 k，就用数据流中的第 i 个元素替换"蓄水池"中的第 r 个元素。（本质上，替换"蓄水池"中一个随机项的概率为 k/i。）这个过程如程序清单 3-10 所示。容易证明，在这种情况下，当我们到达数据流的结尾时，来自数据流的每一个元素都将以相同的概率被"蓄水池"选中。

程序清单 3-10   实现蓄水池抽样算法的类。add_item 方法被用于让类知道数据流中有新的项了。当读取到数据流的结尾时，self.item 列表中记录了以同样概率从流中选取的项（reservoir_sampling.Py）

```python
import random

class ReservoirSample():
    '''Perform reservoir sampling to get a uniform sample from any
    number of elements.'''

    def __init__(self, sample_count):
        '''sample_count is the desired number of sample points.
           self.items contains the sample after we're finished.'''
        self.items = []
        self.sample_count = sample_count
        self.index = 0

    def add_item(self, item):
        '''Add an item to the reservoir.'''
        if self.index < self.sample_count:
            self.items.append(item)
```

```
else:
    r = random.randint(0, self.index - 1)
    if r < self.sample_count:
        self.items[r] = item
self.index += 1
```

如果对前述相继事件时间间隔的时间戳对执行蓄水池抽样，就可以产生给定长度的输入文件，它很容易用 R 语言处理。剩下的只是离散化（分区）事件间的时间间隔，以及对每个单独分区的 t_1 值将分布归一化为 1。图 3-25 显示了 Wikipedia 事件间时间间隔相关性的结果。这是在假设此前事件间时间间隔为 t_1 时，t_2 的条件概率密度函数的热图。灰度表示每个 (t_1, t_2) 分区中的 PDF 值。与 t_1 对应的每一列的概率值之和为 1。

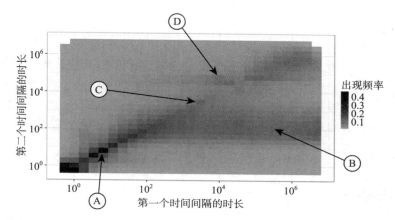

图 3-25   给定前一个编辑间隔时长的情况下，编辑间时间间隔的条件概率密度函数的热图（两个坐标轴均以秒为时间单位，时间采用对数分区）。观察这一图时，应想象有同一用户执行的三次相继编辑事件，从而得到两个编辑时间间隔。图中 x 轴表示第一个编辑间隔的时长，并假定该值固定，则相应的列显示了第二次编辑时间间隔的分布情况。因此，热图每一列取值之和为 1，方格的灰度显示了对应点的 PDF 值

如何理解这个图呢？我们知道如果某一 t_2 相对于 t_1 是完全独立的，则对每个 t_1，t_2 的分布都应该相同，因此图 3-25 中的列应该相同，或者在热图中显示相同的灰度。然而，在这个特定的例子中，这点只在大约 $t_1 = 10^6$ 秒附近接近成立，此处每一列所对应的有微小差别的 t_1 是大致相同的。（这些条件概率密度函数有两个峰值，分别出现在大约 $t_2 = 10^2$ 秒和 $t_2 = 10^6$ 秒。）

然而，当我们看其他 t_1 值，特别是在 10^0 到 10^2 的范围内（1 秒～2 分钟，图中标记为 A），可以看到，对不同的 t_1，条件概率 PDF 是不同的：它们的峰值出现在不同的 t_2 处（纵轴）。这点显而易见，因为图中的一条对角线灰度很暗，这意味着条件分布的峰值出现在 $t_2 \approx t_1$ 附近。由于对角线在图中非常清晰，所以峰值也相当尖锐。这意味着，如果用户进行了间隔不到 2 分钟的两次编辑，那么他将很有可能在相同时间之后再次进行编辑。此时他可能正在进行可以很快完成或者只需几分钟就能完成的编辑。

然而，大约当 t_1 值大于 2 分钟（10^2 秒）时，图像显示的这种性质发生变化。在如图中 B 所示的区域，大约 $t_2 = 100$ 秒时，我们更有可能看到较暗的部分。我们也可以看到，在大约 100 秒时的峰值变得独立于 t_1，这意味着如果用户现在进行编辑，而前一个编辑时间间隔是超

过 2 分钟的，那么他将在当前编辑的 10 至 1000 秒后进行下一次编辑（这大体是深色区域的延伸），这一延时与之前编辑的发生时刻无关。在某种程度上，用户在这种情况下不再"记得"上一次编辑何时发生，而是表现得像要重新开始一样，这略微让人联想起无记忆泊松过程。

对于与每日循环相关的特定模式，考虑分布中标记为 C 和 D 的部分。其中 C 指向的分区稍微比其周围的分区更有可能出现——这大致对应于小时循环。（对于每小时的差异，因为坐标轴用以 10 为底的对数来表示以秒计量的时间差，分区在对数坐标轴上的位置是 $\log_{10}(60 \times 60) \approx 3.56$。）同样，D 指向的更加明显的区域是 $t_2 = 1$ 天。（时刻 $\log_{10}(60 \times 60 \times 24) \approx 4.94$，这是灰度较暗部分在纵轴上的位置。）同样，这意味着一个用户两次编辑之间的时间差很可能是 1 天左右，这可能是因为这些用户（或者可能是自动代理）每天按照固定日程对 Wikipedia 页面进行编辑。

总之，我们已经看到，当用户处于活跃状态时，他们的活动之间有很强的相关性。当他们快速地进行一个接一个的活动时，很可能随后就会有更快的活动发生。然而，当用户有一段时间没有活动时（在 Wikipedia 中，大约为 2 分钟），他们的行为或多或少独立于他们有多长时间没有做任何事情。正如之前看到的关于一个主题的 Tweet 计数的自相关性一样，随着时间的推移，单个用户操作会显示类似的相关性。研究自相关的两种方法应该能够让我们相信，社交媒体存在显著的短期记忆效应，要么是因为外部事件发生在特定的时间，要么是因为用户倾向于在短时间内进行他们的在线活动。

3.4 预测长期指标

我们已经了解了社交媒体事件发生时间的基本特征，以及它们与简单的基线模型有何不同。然而，这项工作是在较短时间范围（几天或几周）的数据上完成的，在这样的时间范围可以看到度量指标显示了时间上的相关性。本节将考虑对用户指标的长期估计，以及如何对其建模以做出预测。

读者可能想要追踪社交媒体平台的几个指标。例如，每天 / 每周 / 每月的活跃用户数量以表示登录用户总数，向服务器发出的请求数量以表示特定服务器上的负载，或者以文本或媒体形式向平台发送的帖子数量。预测这些指标的未来取值通常是至关重要的。例如，对于一名可靠性工程师，在发生任何事件之前，知道服务器负载的峰值时间并为负载做好准备是非常重要的。对于财务部门，了解公司未来的营收对于投资规划至关重要。跟踪用户统计数据，例如每日活跃用户的数量（每天使用该平台的不同用户数量），对于社交媒体平台来说非常重要。这对于理解增长和提前规划服务器负载以支持服务也非常重要。本节使用 Wikipedia 数据作为示例数据集，并将每天向 Wikipedia 贡献内容的活跃用户数量作为时间序列数据。

这些问题中的每一个都涉及相继的几天、几周、几个月或几年的数值。换句话说，有一个追踪指标的时间单位，并且存在与每个时间单位对应的指标值。一系列这样的（时间，值）数据对就形成了一个时间序列，给定一系列这些数据对的值并预测任何未来时间的取值，就称为时间序列预测。上述例子的共同之处在于，它们都可以看作是一个时间序列预测问题。本节探讨时间序列预测的一些基本技术和相关问题。

我们用数据对（时间，值）记录所跟踪的指标的值，X_τ 表示度量指标 X 在时刻 τ 的值。

假设用 $X_1 : t$ 表示整个时间序列，而我们要估计 X_{t+1}。为了得到准确的预测，我们需要了解数据及其背后的动态过程。在本节中，我们关注时间序列的两个不同方面：趋势和季节性。

在进一步深入分析之前，通过可视化对时间序列进行审视将是有益的。通常在不同的时间段里，变化的动力学支配着时间序列的演化。例如，如图 3-26 所示，Wikipedia 的日编辑者数量有两个不同性质的演变阶段：早期的快速增长（直到 2007 年中期，第一阶段）和下降状态（2007 年中期之后直至我们在 2013 年的数据窗口，第二阶段）。

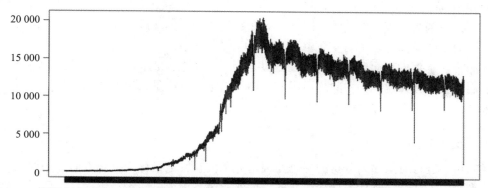

图 3-26　Wikipedia 日编辑者数量，编辑者当日至少贡献了一次内容（进行一次编辑）。第一个阶段呈现快速增长，而第二阶段的日用户数则呈下降趋势并具有较强的周期性成分

通常，数据的简单转换有助于获得见解和预测未来的值。例如，我们想了解 Wikipedia 时间序列第一阶段和第二阶段的不同的动力学特性。由于第一阶段增长似乎在加速，我们可以对这一阶段进行对数变换，如图 3-27 所示。用户数量在对数变换后呈线性变化，因此，这一阶段的增长是指数级的。当指标值的增长如此之快时，观察时间序列的对数变换结果是一个很好的方法，因为多项式级的增加也可能导致明显的快速增长。然而，通过对数变换，我们可以知道它是指数级的还是多项式级的。如果是指数增长，对数变换将得到一个线性函数，而多项式增长在变换后则显示为次线性。

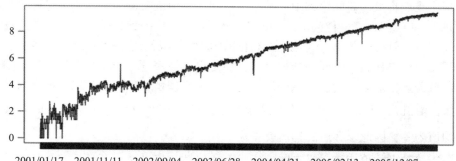

图 3-27　描述 Wikipedia 日活跃用户数量的时间序列的第一个阶段，此时纵轴采用对数坐标

时间和我们度量的指标之间的一种典型而常见的关系类型是线性关系，这意味着拟合长期趋势的最佳函数是线性函数。事实上，情况并非总是如此；例如，Wikipedia 用户群第一阶段就呈指数增长。我们发现，对数变换有助于发现更简的、线性的关系，在这一点上，第一

阶段和第二阶段都可以通过不太复杂的模型来建模，我们将在下面的部分中进一步解释。第一个阶段唯一的不同之处在于，在对数尺度上进行预测之后，需要将其转换回来以完成预测。

以下是我们现在可以给出的重要观察结果：

- 一个时间序列可能会划分为不同的阶段，每个阶段的动力学特性彼此不同。
- 在每个阶段，一个单独的模型可能更有用，所选模型需要针对该阶段进行适应性调整。
- 每个阶段都需要根据其情况仔细分析。例如，Wikipedia 用户增长的第一阶段可以使用指数函数建模。在这种情况下，问题是指数增长的速度。而对于第二阶段，描述明显周期的模式可能更为重要。

我们将在本章的剩余部分探讨所有这些问题。我们将从时间序列中去除趋势和季节性，并对它们进行解释和建模，去除之后应该只剩下随机信号或是无法解释的噪声。然后可以寻找异常值。

3.4.1　发现趋势

我们想要进行时间序列分析的一个原因是为了找到特定指标的变化方向，例如，了解社交媒体平台中一些特定指标是如何演变的。如前所述，读者可能希望跟踪日活跃用户数或内容生产数的发展趋势。

一般而言，可以通过将时间序列分解成三个不同的分量进行理解：趋势、季节性和噪声（或不规律的分量）。假设时间序列是这些分量之和，$X_\tau = T_\tau + S_\tau + N_\tau$。（在其他场景中，相对于刚刚为这个模型假设的加法关系形式，尝试将时间序列分解为具有乘法关系的分量也是有价值的。）当我们可以描述这三个简单分量时，就可以假设它们的未来统计数据和过去是一样的，从而做出预测。如果我们能够捕捉到趋势和季节性，就可以利用预测来发现异常，如果时间序列开始偏离根据过去"正常"情况作出的预期就可以及早采取行动。社交媒体平台的异常可能源于平台的基础设施，也可能由于特殊事件或常规动力学特性发生变化而发生在特定的位置或用户组中。例如，如果检测到服务异常，或者在用户行为中观察到任何意外情况时，我们可以向相关的工程团队发出警报，这可能赋予我们洞察市场营销或商务策略的重要能力。

接下来，我们将关注时间序列中的趋势。时间序列中最简单的潜在趋势是通过移动平均值技术发现的。（我们在"事件间隔时间"部分已经看到了一个小例子，那里用指数移动平均值揭示了 Tweet 计数的潜在趋势。）在这样做的时候，我们用一个滑动窗口来遍历时间序列，这个滑动窗口要比整个时间序列短得多，但是也足够跨越一个相当大的时间范围，并计算出窗口所覆盖数据的某种期望获取的值。它的基本原理是，通过汇总统计窗口内数据点的结果（例如，均值），可以去除覆盖在另两个有规律的分量上的噪声分量 N_τ，此时我们假设噪声期望均值为零，因此求和后的均值就去除了 N_τ。

我们期望移动平均值应该对潜在的噪声具有鲁棒性。如果噪声有界且如通常假设的那样服从一个均值为零且方差有限的正态分布，并且连续的噪声值之间没有相关性，则这一假设是成立的。然而，如果到目前为止我们所见为真，那么可以预见，社交媒体系统会受到一些罕见事件的影响，相比于高斯分布所展现的尾部的指数式衰减，长尾分布能够更好地对这些事件的发生建模。换句话说，在受人类行为动力影响的系统中，这些"罕见事件"可能根本不那么罕见，我们可以预期度量指标的分布会出现尖峰。正如我们所知，长尾分布的平均值是有问题的，并且可能对一定会遇到的噪声中的异常值很敏感。因此，我们可能希望寻找一种更强的技术，它不仅对高斯噪声，而且对胖尾噪声分布也具有鲁棒性。

因此，在本节中，我们将考虑另一种称为中值滤波的技术，它是信号处理中一种强大的降噪技术。在时间序列分析中，这一技术也可以作为发现趋势的方法，该方法对噪声分量中异常值的存在更具鲁棒性。与移动平均值技术类似，其主要思想是用一个时间窗口遍历数据，然后用窗口数据的中值替换每一项数据。重要的区别是取中值而不是窗口中的平均值，因为中值对潜在的长尾噪声分布也具有鲁棒性。程序清单 3-11 使用 R 语言的 robfilter 包来演示该方法。

程序清单 3-11   对时间序列数据使用中值滤波方法（`median_filtering.R`**）**

```
library(robfilter)

# See "?adore.filter" for the meaning of the parameters.
filtered = adore.filter(data$count, min.width=300, max.width=350,
    p.test=80, extrapolate=TRUE)
```

这里的中值滤波过程调用了 `adore.filter` 函数，该函数通过拟合优度检验在最小和最大长度参数之间选择合适的窗口长度。使用此技术发现的趋势如图 3-28 和图 3-29 所示。这些图表明，第一阶段呈现上升的趋势，而第二阶段呈现下降的趋势，正如预期的一样。

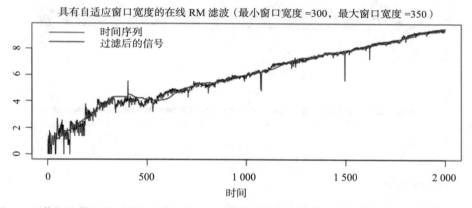

图 3-28   依据中值滤波方法从对数变换后的 Wikipedia 编辑者数量增长第一阶段中发现的趋势

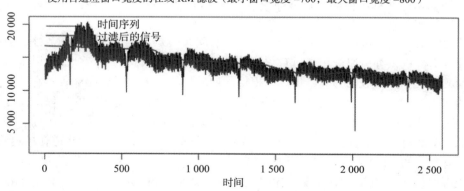

图 3-29   依据中值滤波方法在第二阶段发现的趋势

在找到这些趋势之后，接下来我们想把它们从信号中移除，只留下季节性和噪声成分。为此，我们可以简单地从信号中减去计算出的趋势中值（注意，我们选择使用累加性的时间序列模型）。剔除趋势后的时间序列分别如图 3-30 和图 3-31 所示。在这之后，我们发现时间序列中还有一些周期性，特别是在第二阶段。为了有效地识别异常值和预测未来的时间序列值，我们仍然需要理解，并从去趋势后的时间序列中删除周期性成分。

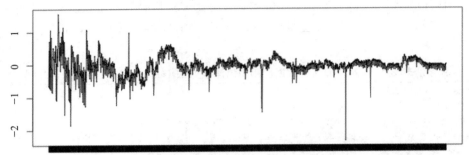

图 3-30　从对数变换后的信号中移除趋势，第一阶段

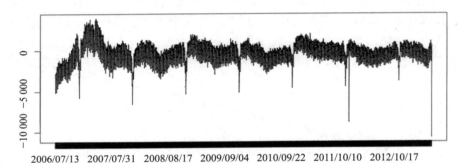

图 3-31　从原始信号中移除趋势，第二阶段

3.4.2　发现季节性

季节性可以定义为时间序列数据中的周期模式，周期信号以有规律的间隔重复其值。为了准确预测连续信号未来的值，我们应该首先提取这些模式。在下一节中，我们将看到为进行更精细的建模需要确定周期性行为的参数（例如周期的长度）。本节的目的是提取时间序列中周期部分的参数。

虽然视觉上的检查可以帮助我们弄清楚一个时间序列是否具有明显的季节性，但我们必须将周期性部分以一种可以被用来进行预测的方式量化。假设我们有一个信号以 1 天为周期重复自身的模式。如果假设为真，那么若把信号向后移位一天，我们应该看到它与自身高度相关。如我们对所有类似可能的假设（越来越长的延迟信号）重复相同的过程，并计算与信号本身的相关性，就如同前文 3.2.2 一节中看到的那样。然后有一个函数将延迟值（例如，0，1，2，3，…）映射到相关性上（例如，1，0.3，0.5，−0.9，…）。我们已经知道在延迟为 0 时，信号与自身完美的（自）相关，相关系数为 1。

我们可以使用自相关性来发现前述时间序列中两个阶段的季节性。首先，应用 R 语言包中自相关函数 acf 于剔除趋势后的数据。为使行文紧凑，对季节性的分析任务，我们只考虑第二阶段数据。但是，我们鼓励读者对对数转换后的第一个阶段数据执行相同的过程。检测季节性的代码片段如程序清单 3-12 所示。

程序清单 3-12　首先采用 R 中的自相关函数 `acf` 计算不同延时下的自相关系数，最高延时 370。而后，当我们发现在延时分别为 1 和 7 时自相关性最强后，可以用这些延时信号对信号进行两次削减，以观察自相关性是否真的消失了（`acf_apply.R`）

```
# 'detrended' contains the detrended time series, one point for each
# time index.
acf(detrended, lag.max=370)

# diff takes the differences between the elements of the vector at the
# given lag distances:
# diff(x, lag=L)[i] == x[i + L] - x[i]
acf(as.vector(diff(diff(detrended, lag=1), lag=7)), lag.max=370)
```

如图 3-32 所示，剔除趋势后的时间序列在延迟时间为 0（相关系数为 1，因为这是信号与自身的相关性）、1 和 7 时与自身具有很强的相关性。这些延时下的相关系数均大于 0.5，这是识别显著相关的具有很好实用性的阈值。这些相关性反映了用户行为中的日周期性和周周期性。

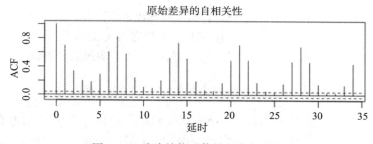

图 3-32　移除趋势后信号的自相关性

如果刚刚发现的周期确实存在于数据中，那么如果用延时后的时间序列减去原时间序列，对于相关系数很强的延时，自相关应该基本上被破坏。这是因为如果信号确实以这个长度为周期，我们就用它自己把它消掉了。然而，如果从延时后的它减去自身时所用的延时时长并不是它自己的周期长度，那么观察结果的自相关函数，应该仍然会看到当延时为周期长度时的强自相关，这是因为差函数与原始周期保持一致的周期关系。图 3-33 显示了在延时 1 和延时 7 处对时间序列取其本身的差（如前面的代码片段所示），结果确实消除了差函数中的所有自相关性。这样就确定原来的时间序列具有日周期和周周期。

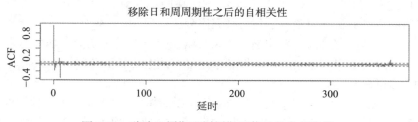

图 3-33　移除日周期和周周期后信号的自相关性

当我们知道时间序列的最长周期时，可以执行与前文 3.2.2 节部分相同的过程，也就是以该周期长度切分时间序列数据并计算每段均值，以消除噪声项，并恢复周期分量 S_t。

3.4.3 利用 ARIMA 预测时间序列

现在，我们已经学习了如何转换时间序列和消除时间序列中的趋势，以及如何确定其季节性分量的周期。本节展示如何预测未来的值。由于在时间序列数据中捕捉大量结构是非常灵活的，我们将使用差分整合移动平均自回归（ARIMA）模型来发现数据中的历史模式。ARIMA 可以描述时间序列中的潜在趋势和季节性，那么为什么前文还要自己去发现这些呢？首先，这两个步骤对于全面理解实际时间序列数据包含哪些分量是必要的；其次，这些步骤可以帮助我们适当地构建和参数化 ARIMA 模型，以便我们能够使用它预测未来值。

ARIMA 模型族由三个独立的部分组成：一个自回归部分，由参数 p（"AR"）参数化得到；一个差分的部分，由 d（"I"）参数化得到；一个移动平均部分，由 q（"MA"）参数化得到。当想说明使用给定参数 p、d 和 q 将 ARIMA 模型与数据拟合时，可以使用记号 ARIMA (p,d,q)。

现在我们分别讨论模型的三个部分：自回归部分、差分部分和移动平均部分。

1. 自回归部分

自回归（"AR"）模型认为一个随机过程的未来值应与过去的数据呈线性关系，而时间序列的未来值与最近的过去值相关。它有一个用于指定与历史相关的长度或步数的参数 p，或者换句话说，我们期望回退多远以看到与当前值线性相关的过去。自回归模型定义为

$$X_t = \sum_{i=1}^{p} \theta_i X_{t-i} + \varepsilon_t \tag{3-10}$$

式中，X_t 表示希望在 t 时刻预测的值，p 是表示我们认为最近与 X_t 相关的值有多少的参数。ε_t 表示假设均值为零且方差恒定的噪声项。最后，θ_i 是待确定的未知权重，表示 X_t 由第 i 个历史值决定的强弱。在模型的右边，除了 θ_i 和噪声项的方差之外均是已知的：p 是我们选择的，X_{t-i} 是进行训练的历史数据。因此，θ_i 和噪声项的方差是应该从时间序列中学习的参数。找到 θ_i 是 R 语言中可用函数所实现的拟合过程的一部分（当然是与"I"和"MA"部分在一起）。

学习到最优的模型参数后，我们可以通过使用截至当前已知的 θ_i 值计算 $\sum_{i=1}^{p} \theta_i X_{t-i}$ 得到 X_t 的估计值。考虑到自回归模型反映了关于过去相关性的信息，这将生成这个时间序列值的期望。X_t 自然也有一个估计误差，这是由噪声项 ε_t 的方差决定的。如果想更进一步估计任何未来时间 T 的 X_{t+T}，我们可以用类似的方法递归地计算：使用刚生成的预测结果作为一个最佳猜测的历史值，从而预测下一个时间序列值。

每一个这样的预测都可以被看作是一个来自给定分布的随机变量，如果对未来执行大量的预测步骤，随着对未来预测值的确定性越来越低，这个变量分布的方差就会越来越大。

2. 移动平均部分

移动平均（"MA"）模型使用最近的预测误差来预测时间序列未来值的预测误差，或者换句话说，它假设噪声项在时间上存在相关性。预测值是过去 q 次预测误差的线性组合并按信号

的一个常数期望平移（见公式（3-11））。移动平均预测模型不应与移动平均平滑技术相混淆。

$$\mathbf{X}_t = \mu + \varepsilon_t + \sum_{j=1}^{q} \varphi_j \varepsilon_{t-j} \qquad (3-11)$$

与公式（3-10）相似，ε_t 表示均值为零且方差恒定的噪声项。参数 μ 是 X_t 期望值的参数。注意，这里 ε_t 和 ε_{t-j} 是有区别的：ε_t 是描述我们对预测的不确定性的随机变量，而 ε_{t-j} 则是过往预测值和真实值之间的实际的、可计算的误差差值。参数 ψ_j 可以通过模型拟合进行估计，存在专门的技术。

在 AR 模型和 MA 模型之间做出取舍的一个现实原因是 AR 模型有时对异常值很敏感。这也就是为什么在使用 AR 模型预测未来的长期时间序列时，应该确保进行预测前最近的 p 个数据点中没有较大的异常值。例如，如果在重大事件发生的日子观察到用户活动指标出现尖峰（如有非常重要的体育或政治事件发生），我们必须避免在接近这些日子时进行预测。如果用于训练模型的时间序列很短，并且包含明显的异常值，那么必须对结果持保留态度。我们应该小心谨慎，通过在时间序列剩余部分检验预测结果的方式，使用历史数据对训练出的模型进行交叉检查。

3. 完整的 ARIMA(*p*, *d*, *q*) 模型

在这里我们要考虑的最后一项是差分项。AR 模型和 MA 模型的主要假设都是主导时间序列的随机过程是稳定的。这实际上意味着模型的动力学特性不会随时间变化。例如，当假设误差项的均值为零、方差为常数时，所有时间步下这一假设都应成立。然而，实践经验表明这通常并不正确。误差不仅可能随时间变化，而且信号中也经常存在周期性。在本章 3.4.2 节中，使用了一个差分操作删除时间序列中的季节性。在本节中，没有单独删除季节性，而是使用 ARIMA 的整合部分建模非平稳性，比如季节效应。这里是用变量 d 进行参数化。当 AR（自回归）、I（整合）和 MA（移动平均）项一起成为模型的一部分时，它们就构成了完整的 ARIMA (p,d,q) 模型。

这里的一个问题是如何指定模型参数 p、d 和 q。一般而言，我们希望找到对历史值依赖的最小长度。这不仅减少了不必要的计算所带来的潜在复杂性，而且还减少了过度拟合的概率。我们的目标应该是找到最能解释观测数据且复杂度最小的模型。趋势发现、自相关分析以及在数据中观察季节性都是可以用来更多了解时间序列的技术，我们可以使用这些知识进一步优化调整模型。通常，可能需要对历史数据进行交叉验证才能从候选值中选择最佳的参数组合。

根据到目前为止对 Wikipedia 中日活跃用户数量的观察，程序清单 3-13 给出了 ARIMA 的应用演示。我们使用了 R 语言 stats 包中的 arima 函数。

程序清单 3-13　利用 ARIMA 模型拟合降低抽样的 Wikipedia 用户计数数据。我们从数据集中取第 7 天和 7 的倍数天的数据，以加速拟合过程（arima.R）

```
library(forecast)

len = length(data$count)
# For simplicity, we sample the data uniformly.
sampled_data = data$count[seq(1, len, 7)]

fitted_tps = arima(sampled_data,
```

```
        order=c(0, 1, 7),
        seasonal=list(order=c(0, 1, 2), period=52))

prediction = forecast(fitted_tps, 90)
plot(prediction)
```

如图 3-34 所示，我们的模型似乎能够产生相当好的预测。在不失一般性的情况下，对数据进行了采样，以使这个演示的运行速度更快。读者也可以使用每周活跃的用户来简化计算。在本例中，使用了 $d=1$ 的差分项。这个选择的原因如下：在季节性分析中，我们发现存在以周为单位的季节效应。由于以因子 7 进行了降低抽样，这种周季节效应可以通过 1 差分整合部分消除。此外，我们还知道存在以年为周期的季节效应。同样，由于抽样比率为 1/7，这个年季节效应对应于抽样数据中的 52 个周值（一年有 52 周）。这就是选择周期参数为 52 的原因。有关函数调用的季节参数的更详细说明，请参见 arima 文档。选择 7 作为 MA 参数是基于经验的，也很有可能是 6 或 8。同样，在季节性部分，我们更倾向于较低的值，以最小化模型的复杂性。我们注意到这已经足够解决我们的问题了。在差分参数为 1 的条件下，我们还选择了两个不同的历史数据依赖水平来考虑季节性，但是这些参数也是通过一些尝试和误差来确定的。在图 3-34 中还绘制了预测的置信区间。我们观察到的一件事是，随着预测时长的增加，预测的方差也会增加。这是由于不同时间方差的累积。换句话说，第 2 天的估计方差包含第 1 天的估计方差，第 3 天的同时包含第 1 天和第 2 天的。

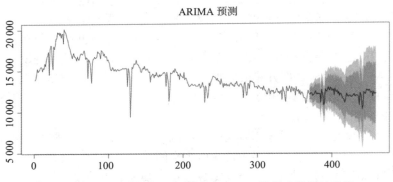

图 3-34　ARIMA 模型用于预测 Wikipedia 编辑者数量的结果

3.5　总结

本章涵盖了对社交媒体事件进行时间分析的基础。从泊松模型最明显的内在假设开始，我们通过考虑事件的周期性和相关性结构来探索描述事件的方式。以下是本章的主要内容：

- 虽然泊松过程是被广泛用于描述随机事件时间过程的优秀模型，但它不是描述社交媒体中周期性事件的最佳选择，尤其是因为这些事件随着时间的推移也会显示出自相关性。
- 自相关是描述系统中存在记忆的方法。社交媒体事件中显然存在记忆，因为这些事件通常围绕着持续时间或短或长的现实世界的新闻而发生。
- 随着时间的推移，记忆的另一个结果是始终都可以从社交媒体数据中观察到事件的爆发，无论是用户的活动还是内容改变的时间。有趣的是，长尾分布再次被用来描述事件的时间间隔，从而在时间现象和用户行为的流行特征（在第 1 章）以及他们的网络特征（在第 2 章）之间画上了一条平行线。

■ 由于很多时候我们想要预测特定事件未来的发生数量，可以使用不同的模型来捕捉指标中的周期性和趋势结构。其中的 ARIMA 模型能够足够灵活地描述这些模式，这样我们就可以拟合该模型并预测时间序列。

下一章将讲述一个新的主题，将向读者介绍一些试图从整体上了解社交媒体中用户在谈论什么的基本方法。主要关注从文本分析中选择的主题，以了解如何在社交媒体帖子中找到主题，以及这些主题的统计属性是什么。

第 4 章
内容：社交媒体中有什么

本章专注于社交媒体中的文本内容，并回答如何对用户谈论的话题进行分类的问题。因为读者显然对从在线数据中找到个人文本内容中新出现的大规模趋势感兴趣，所以我们需要找到一种以计算方式来捕捉文档含义的方法。让读者熟悉这些方法将构成本章很大一部分内容。

我们会看到，对文本进行编码后就可以在帖子或文档中找到主题。这些主题有多流行，它们之间如何相互关联？这是本章关心的另一个重要问题。读者还会看到如何使用这些模型对用户进行预测，以及如何使用用户之间网络的连接进一步提升对文本内容的理解。

4.1 定义内容：聚焦于文本和非结构数据

在下面部分中，我们将使用强调个体如何创建和消费内容的数据集，重点关注文本分析和用来理解人们所写内容的基本概念。乍一看，即使所有用户使用同一种语言书写，如何理解文本内容可能也并不容易，而如何将文本映射到可以获得认识的概念或结构也并非易事。

为了使研究更具体，我们将使用一个可以公开获得的用户生成内容数据集，该数据集源自处于领先地位的主题问答服务：Stack Exchange。Stack Exchange 已将其数据从自身站点转存至互联网档案馆（Internet Archive），可从 https://archive.org/details/stackexchange 获得。我们选择该数据集的原因是，这些转存数据包含了所有的问题和回答，以及附属于帖子的相关元数据：作者 ID、创建的日期和时间、帖子被收藏的次数、用户为问题打的标签，甚至问题被浏览的次数。图 4-1 展示了一个 Stack Exchange 站点的帖子实例。

因为 Stack Exchange 每个网络站点的数据均可下载，我们选择了一个特别的子站点，其主题为"科幻小说"（Science Fiction & Fantasy）。2018 年早期该站点大约有 46 000 个问题和 88 000 个回答，我们选中这个站点是因为它提供了大小适中的数据集，让我们即使在个人电脑上也能进行处理。另外一个原因是我们相信这个子站点包含的术语比特别常见的子站点少一些，如堆栈溢出或数学站点，其中的问题和回答可能都是包含大量术语的主题。鉴于我们的目的是强调如何发现主题以及如何基于文本特征对其进行分析，更多地使用自然语言和更广泛的话题覆盖应该是有益的。（这是我们的一个假设，或者读者可能会发现解析程序代码或公式也会带来有趣的认识。）

类似于那几个 Wikipedia 数据转储，Stack Exchange 数据也采用 XML 格式，我们可以像

第 1 章中对 Wikipedia 数据集所做的那样，将其转换为表格格式。我们很快会使用 Python 对存储为 XML 格式的数据进行预处理，而后使用 R 来查看文本与相关用户活动的统计特性。然而，在开始之前，让我们回顾一下如何理解源源不断的文本，以确定人们在谈论什么。

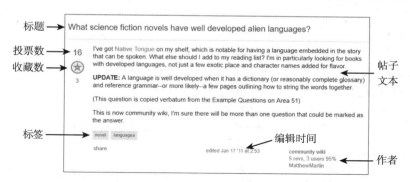

图 4-1　Stack Exchange "科幻小说" 类别的第一个问题帖子（http://scifi.stackexchange.com/questions/1/）。我们标记了帖子的各个部分，这些部分同样作为该站点可下载数据的组成部分进行存储。虽然对人类读者而言，帖子的各个部分很容易识别，但我们需要将其转换为能够由计算机自动分析程序处理的格式

4.1.1　从文本生成特征：自然语言处理基础

我们感兴趣的是有趣的主题在站点如何分布以及用户如何参与这些主题。为此，我们需要定义帖子的主题是什么，或者换句话说，将一个帖子分配给一个桶，这个桶能够以良好的精度为人类观察者描述一个主题。为了这个目的，我们将重点介绍一种自然语言处理领域中为了机器处理方便而规范文本的常用方法。这种方法称为词袋（bag-of-word），它将一段文本视为一组单词及它们在文本中出现次数，而不考虑这些词出现的次序和上下文。尽管这种方法无视了语法衔接，却让我们在表示和处理文本时处于更有利的位置，因为我们只将文本作为一个单词的集合来处理，所关注的也只是帖子中出现的任何单词的频次。不过，这里我们所讲的帖子，在文本挖掘文献中通常叫作文档；所以当看到诸如 "文档词条矩阵"（document-term matrix）的表达时，我们应该知道是在说这样的矩阵——它的行表示文本文档（帖子），列表示单词（词条），矩阵元素是单词在文档中出现的次数。

于是，为了将帖子表示成词的集合，我们需要在词的边界（空格、标点符号）把帖子切分开。然后，我们还可以定义一个词汇表（vocabulary）或者字典（dictionary），它由所有出现在帖子中的词组成。不过，此时我们应该想到，许多看起来差不多的词，如 "Universe" "universes" 和 "universal"，表达了相似的意义，特别是考虑到我们要以词袋的方式处理帖子。将词修剪为去掉了词形变化但仍保留其意义的记号（token）的过程称为词干化。将一个词进行词干化处理后，它可能仍然（通常情况下）也可能不再（较少发生，但确实存在）形似于原词。这里，我们采用被称为雪球词干化（Snowball stemmer）的方法，该方法提供了一种对词根相当好的近似，同时词干化之后仍然保持可理解性。一些其他在用的词干化方法与此方法的区别在于将词简化到词根的程度不同，有时很难理解经过它们处理的词原来是什么。例如，对我们刚刚提到的三个词，雪球词干化的结果是 "univers"。词干化是文本处理的重要部分，因为这样可以显著降低词表的维度而不会失去太多的词义，于是

可以期望在我们的语料库文档之间进行更好的交叉比较。由于语言及其语法规则不同，我们对每种语言所使用的词干化方法略有区别（至少对那些已经开发了词干化工具的最常用语言来说）。

更进一步，有一些词除了使句子语法正确或体现表达风格之外并不表达实际意义，例如，"and""which""just""because"都是这样的词。我们在口头和书面语中需要它们，但是在比如检测文本主题的时候，加上它们并没有太大用处。换句话说，我们可以认为这些词是如此常见以至于出现在任何文本中都不会令人惊讶，也不会增加新的信息。出于这个原因，它们一般在被称为停用词移除的过程中从词袋中删去。停用词表可以固定为最常用的英文单词，也可以从一个文档集合生成词汇表并从中选出最常出现的词条将其作为停用词。此处我们使用固定词表，不过概念上两种方法都是合理的，读者可以自行选择使用。

幸运的是，作为 Python 高质量的 nltk 包的一部分，大量自然语言处理例程已经被开发出来；我们可以使用其 token 化和词干化工具，也可以使用其停用词表。程序清单 4-1 展示了处理 Stack Exchange 科幻小说类 XML 格式问答文本的程序片段。除了 nltk 库，我们还使用了 Python BeautifulSoup 库的一个函数来帮助解析 HTML 数据。由于 Stack Exchange 上提问和回答者会使用 HTML 标签来表示不同字体和段落风格，所以我们也需要去掉这些格式标签，对此我们可以使用 BeautifulSoup 的 get_text 函数。

程序清单 4-1　读 Stack Exchange XML 数据文件来预处理文本（process_stackexchange_xml.py）

```
import xml.sax, gzip, reimport bs4
import nltk.tokenize
import nltk.corpus
import nltk.stem.snowball

class StackExchangeXMLReader(xml.sax.handler.ContentHandler):

    def __init__(self, record_processor):
        # Precompile the regex pattern for keeping alphanumeric
        # characters only.
        self._alphanumeric_pattern = re.compile('[\W_]+')
        # Use NLTK's built-in stop word list for the English language.
        # The stopwords corpora may need to be downloaded for NLTK, the
        # command for this would be:
        # python -c "import nltk; nltk.download('stopwords')"
        # For the details see http://www.nltk.org/data.html
        self._stopwords = set(nltk.corpus.stopwords.words('english'))
        self._stemmer = nltk.stem.snowball.SnowballStemmer('english')

# ...
# further code omitted in print for readability
# ...

    def tokenize_text(self, text):
        # Clean up the text from HTML tags first.
        html_cleaned = bs4.BeautifulSoup(text).get_text()
        # Break words at whitespaces and punctuation marks next.
        tokens = nltk.tokenize.wordpunct_tokenize(html_cleaned)
        result = []
        for token in tokens:
```

```
        # Keep only the alphanumeric letters in the words.
        token = self._alphanumeric_pattern.sub('', token)
        token = self._stemmer.stem(token)
        if token:
            result.append(token.lower())
    return result

# ...
# further code omitted in print for readability
# ...
```

我们只展示了与 token 化文本相关的代码：在 tokenize_text 方法中，我们首先使用 BeautifulSoup 的函数来清理 HTML 标记并移除出现在数据中的 HTML 标签。（对其他数据集，当数据为纯文本时，不必进行此步处理。）然后我们调用 nltk 的 wordpunct_tokenize 在空格和标点符号处分割文本，将其转换为 token（词），最后移除每个 token 中的非字母数字字符并使用雪球词干化方法对词进行词干化。

例如，图 4-1 中帖子的前几个词经过 token 化和词干化之后，看起来是这样的：“novel languages ve got nativ tongu shelf notabl language embed stori spiken els add read…”。虽然从这样的 token 中重构作者表达的意思十分困难，但这样的表现形式对发现彼此相似的帖子却很有用。

将文本表示为词袋的好处是我们可以使用任何处理数值向量的传统数据挖掘方法，而无须事先修改算法来适应这种非结构化的文本数据格式。

4.1.2　文本中词条的基本统计

将所有帖子进行词干化之后，我们就可以查询任何词条在帖子中出现的频繁程度。虽然初看起来这么做似乎只是理论上的好奇，但记住我们的目标是在文本中找到主题，所以了解词条分布可能在后面就会触发我们设计词条权重计算方法的灵感：毕竟，经常出现的词可能没有什么“专门的”意义。在讨论停用词时曾提到，要降低频繁词条的重要性，而让非频繁词更加重要，以便当它们出现时我们就知道作者提到什么话题。所以，我们统计了经过词干化的词条出现频率，结果如图 4-2 所示。显然，词条频率分布非常精确地符合幂律。

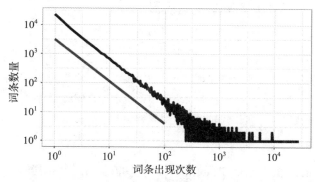

图 4-2　Stack Exchange 科幻小说类别中词条在帖子中出现的频次分布。显然，词干化的词条频次分布服从幂律分布，幂指数为 -1.45（在浅色直线所示区域内，我们在双对数坐标下进行了线性拟合，但将此线下移了大约原值的五分之一，所以两条线没有重叠）

这个观察的一个近似变体称为 Zipf 定律，其内容是如果我们根据自然语言文本中出现的单词的频次对其进行排序，使最频繁的单词排名为 1，第二频繁的单词排名为 2，以此类推，那么它们的出现次数将与它们的排名成反比（直到排名 1000 左右）。虽然这里我们已经使用 nltk 的停用词表移除了最常见的词，并使用雪球词干化工具改变了词形，我们仍然看到剩下词的频次分布本质上与 Zipf 等人在大型语料库观察到的结果类似。事实上，我们通过词干化得到的 10 个出现频率最高的词根为 would one time like use could know onli book also，可以看到，time 和 book 之所以跻身前十榜单，可能是因为科幻小说类论坛所涵盖主题的特质。

词条频次分布符合幂律的意义是什么呢？下一节我们将讨论如何找到相似帖子的集合，那时就会看到分布的意义。

4.2 使用内容特征识别主题

对帖子中文本进行格式转换的主要目的是我们可以使用生成的特征识别帖子中的主题，换句话说就是根据它们包含的词找到彼此相似的帖子。最终，我们希望找到由彼此相似的帖子构成的群组（group），而不仅仅是找到相似的帖子对。不过，我们需要先定义相似的含义，以及相似帖子群组的含义。

首先，让我们聚焦于如何在词条空间找到相似，或者说彼此接近的帖子群组；然后寻找定义相似性的好的方法。因为当我们对一项技术进行可视化之后会更容易想象它是如何工作的，所以考虑图 4-3，图中平面上放置了 12 个点，这里的任务是找出那些构成了群组的点。我们圈出了一些点来展示通常会将什么情况识别为相近点的群组。直观上，我们要找的是属于相同簇的点，它们彼此之间互相接近，同时属于不同簇的点之间距离相对较大。

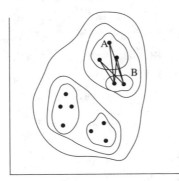

图 4-3   假设我们要从中找出的群组其对象可以被放置在二维欧几里得空间中，而它们的"相似性"即为它们之间的距离：对象之间离得越远，它们彼此的相似性越低。这是一种很自然的看待簇的方式，例如，这里对象就像海上的渔船，而我们要找的是一起打鱼的渔夫群组

然后我们用较大的圆将点的群组圈起来，以表明在找出了小的群组后，我们可以重复这一过程，形成由较小群组构成的较大的簇。从概念上讲，这种高层次的簇与我们对点进行的操作类似。现在我们只需定义由已有点构成的簇之间的距离，我们要将它们拉到一起构成更大的簇。

　　虽然我们遇到的大多数问题并不适合像图 4-3 那样嵌入二维平面并可视化出来，但定义对象之间的距离然后基于它们之间的距离生成簇这样的基本思想是无监督聚类方法的普遍特征。（聚类是无监督的，原因在于无须"标记好的对象"或基础事实来找出相近对象的簇，而是由距离来决定簇。）

　　现在，让我们形式化用来找出在主题上彼此相似帖子的聚类方法。这种聚类方法被称为**层次凝聚聚类**，因为它初始时将每个对象视为各自独立的簇，然后逐个合并簇，直到只剩下一个。采用这种方式，我们可以追踪整个合并过程的次序。其工作步骤如下：

　　1. 初始化。首先计算所有要处理的对象两两之间的距离。这里的"距离"无须如同欧几里得空间的距离那样具有几何解释。最初，每个对象单独作为一个簇。

　　2. 合并对象。找到距离最近的两个簇，将它们合并成为一个新的簇。将这个新簇与单个对象构成的簇同等看待，并以之取代刚刚合并的两个簇。

　　3. 重新定义距离。由于在第 2 步中用一个簇取代了两个，簇的数量减少了 1。然而，这样做的同时就需要重新定义新簇到原来已有簇的距离。我们将通过生成簇之间的派生距离来实现这点，它是各个簇所包含的对象两两之间距离的函数。具体而言，两个簇之间的距离将被计算为所有分属两个簇的对象两两之间距离的均值。这个选择被称为计算派生簇距离的平均连接方法。图 4-3 中，我们在簇 A 和 B 的对象之间画了线，在计算簇 A 和 B 之间的距离时，将取这些对象之间距离的均值。

　　4. 停止条件。从步骤 2 开始循环，直到只剩下一个簇。（这个簇会包含所有对象，没有更多的簇与之合并。）

　　读者可以看到为什么这个过程被称为层次的：簇的合并遵循一定的次序，被合并的簇之间的距离保持单调增长。换句话说，一轮一轮的迭代过程中，我们发现簇之间的联系越来越松散，相应的它处于更高的层次。

　　作为步骤 3 的备注，我们可以选择其他的度量标准来计算包含多个对象的簇之间的距离。其中两种为单连接方法（取分属不同簇的对象之间的最小距离）和完全连接方法（取分属不同簇的对象之间的最大距离）。平均连接方法取得了良好的结果，但我们鼓励读者采用不同的距离度量标准来重复聚类过程（参见本章后面的程序清单 4-3）。

　　到目前为止我们一直在回避如何定义帖子之间"距离"的问题。我们知道，将帖子表示为词袋意味着将每个帖子映射到一个向量，其中向量的分量为词干化后给定的单词出现在帖子中的次数。现在让我们看看如何计算帖子之间的距离。帖子之间相似性或者距离的一个直接定义是它们中词条的交叠程度。如果两个帖子中均多次出现词"trek"和"star"，我们有理由认为它们是关于"Star Trek"节目的。如果它们中还出现了几次"warp"这个词，那么我们可以猜测这两个帖子都是关于出现在电视剧中幻想的宇宙飞船曲率驱动推进系统的。有没有类似于图 4-3 中用欧几里得距离描述对象的相对位置那样，用一个数字来刻画这种相似性的方法呢？

　　在词条空间测量相似度，一种经常用到、十分自然的度量是帖子词条向量之间的余弦相似度。若 u_t 是词条 t 在帖子 u 中出现次数，v_t 是 t 在帖子 v 中出现次数，那么它们之间的余弦相似度就是各自归一化词条向量的点积：

$$S(u,v) = \frac{\sum_t u_t v_t}{\sqrt{\sum_t u_t^2}\sqrt{\sum_t v_t^2}} = \frac{\boldsymbol{u}\cdot\boldsymbol{v}}{\|\boldsymbol{u}\|\|\boldsymbol{v}\|} = \frac{\boldsymbol{u}}{\|\boldsymbol{u}\|}\cdot\frac{\boldsymbol{v}}{\|\boldsymbol{v}\|} \tag{4-1}$$

余弦相似度是著名的向量间距离的度量方法，通俗地说，就是取向量对应分量之积的和，并用向量欧几里得长度之积进行归一化。（称之为"余弦"是因为 $S(u, v)$ 确为向量夹角之余弦。）这就是分子中求和的含义，和取向量的点积 $u \cdot v$ 相同。对任何两个向量，余弦相似度的值都在 -1 和 1 之间。在我们的场景中，因为向量的分量（词条出现次数）均为正值，所以余弦相似度将在 0 到 1 之间。如果帖子之间没用相同的词，它们的相似度将为 0，而如果它们词条和出现次数全都相同，它们的相似度会是 1。

让我们回到如何使用余弦相似度进行凝聚聚类，我们已经看到，聚类算法以递增的顺序对距离进行操作，因此重要的是次序，而不是距离的实际值。因此，如果我们想用余弦相似度作为距离度量，我们只需让高度相似的对象（余弦相似度接近 1）有很近的距离，同时让高度不相似的对象（余弦相似度靠近 0）有很远的距离。于是，一种两个帖子向量 u 和 v 之间常用的距离定义为 $d(u,v)=1-S(u,v)$。然而，因为重要的只是距离的次序，这里定义距离为 $d(u,v)=-S(u,v)$。（我们将在本节后面解释原因。）

从帖子中移除停用词，并适当地对词进行 token 化和词干化之后，我们就可以得到帖子的特征向量，也就可以计算这些向量之间的余弦相似度。如本章早些时候所提到的，向量的分量与每个词条在帖子中出现的次数有关。自然地，当考虑所有帖子中出现的词构成的词表时，将会是一个很长的向量，而同时，向量会非常稀疏，只有一小部分分量对应的词条会出现帖子中。例如，图 4-1 所示的帖子中，只有 54 个词条，而在整个科幻小说子类别中，约有 116 000 个词条。这表明特征向量在 Python 中应该用词典来表示，词典中只存储文本中出现的词条作为关键字，同时以词条出现次数作为值。

生成帖子之间相似性的一个问题是，一些词的出现频次比其他词高很多，我们可以在图 4-2 中看到这点。显然，我们希望弱化那些常见的、出现在许多帖子中的词的重要性，比如那些位于词频列表前列的词：would、one、和 time。（如果没有移除停用词，它们必然会在列表的前列。）

一个解决的方法是根据词在给定文档以及其他文档中出现的频次为文档向量中的词条赋予不同的权重。例如，词条 time 出现的十分频繁，它没有多少对主题的区分能力，所以我们希望当它出现在任意给定文档中时给它一个较低的权值。词条频次的一种常用加权方法是被称为词频－逆文档频率（term frequency-inverse document frequency）的加权方法，通常简写为 tf-idf。这个统计量定义为每个文档中的词频与逆文档频率之积。如果词条只出现在少数文档中，逆文档频率会很大，如果出现在很多文档中值就会很小，所以换句话说就是它抓住了词条对给定文档的"特性"。下面等式给出了文档 d 中词条 t 的 tf-idf 值（D 表示所有文档的全集）：

$$\text{tf}-\text{idf}(t,d,D) = \text{tf}(t,d) \cdot \text{idf}(t,D) = \text{tf}(t,d) \cdot \log \frac{|D|}{|\{d \in D : t \in d\}|} \tag{4-2}$$

对 tf(t,d)，即"词条频次"，我们取词条 t 在文档 d 中出现的次数。（也有其他选择，如用 d 中所有词条数去除这个值。）对 idf 部分，可以看到，用文档总数除以包含词条 t 的文档数。这个比率不会小于 1，所以取对数总为正。

用 tf-idf 对词条向量中的词频重新加权的原因是我们要强调使用加权方法的必要性，而 tf-idf 是最常用的方法之一。然而，读者可以使用不同类型的权重计算方法进行实验，只要该方法对常见词条进行对数减权，结果在质上应该是类似的。由此，我们还可以理解为什么要对相对频次使用对数重新缩放，因为这会让类似于图 4-2 的幂律词条分布转换到有界范围，可以缓解词条出现次数之间指数级别的差异。

让我们看看如何在实践中计算帖子之间的余弦相似度。对此，再次考虑公式（4-1），特别是首先归一化词特征向量的形式；然后取它们的点积，因为这是我们将要遵循的次序。R代码如程序清单 4-2 所示。

程序清单 4-2　仅使用出现在帖子正文的词条的词干化结果生成帖子间距离（相异性）矩阵，数据由程序清单 4-1 生成（`stackexchange_text.R`）

```
0 library(tm)                    # Package for text mining.
1 library(Matrix)               # Package for sparse matrix operations.

2 # Read in the stemmed post terms and metadata created by
3 # process_stackexchange_xml.py .
4 posts = read.table(gzfile('data/stack_exchange/posts.tsv.gz'),
5         sep='\t', stringsAsFactors=F,
6         col.names=c('id', 'post.type.id', 'parent.id',
7                 'owner.user.id', 'creation.date', 'view.count',
8                 'favorite.count', 'tags', 'terms'))

9 # Consider only questions, no answers for simplicity.
10 posts = subset(posts, post.type.id == 1)

11 # Create a Corpus object from the terms for the tm package.
12 corpus = Corpus(VectorSource(posts$terms))

13 # Build a sparse term-document matrix, and weight the terms in the
14 # documents using tf-idf.
15 term.doc.matrix = TermDocumentMatrix(corpus,
                control=list(weighting=weightTfIdf))

16 # Transform the TermDocumentMatrix into a traditional sparse matrix
17 # for the subsequent operations.
18 tdsm = sparseMatrix(i=term.doc.matrix$i, j=term.doc.matrix$j,
19         x=term.doc.matrix$v, dims=c(term.doc.matrix$nrow,
                term.doc.matrix$ncol))

20 # Normalize the column vectors of tdsm by their lengths
21 # for the cosine similarity.
22 normalized.term.vectors =
                tdsm %*% Diagonal(x=1 / sqrt(colSums(tdsm ^ 2)))

23 # Calculate the cosine similarities of posts using the term vectors,
24 # and create distances (dissimilarities) by flipping their values.
25 # To keep the matrix sparse we only take the negative of the
26 # similarities to just reverse their order.
27 post.dissimilarities = -crossprod(normalized.term.vectors)
```

首先，在 4～15 行读入帖子文本，并使用 `tm` 包中适当的函数，采用 **tf-idf** 加权方法从中生成词条 – 文档矩阵。`term.doc.matrix` 变量已经存储为稀疏矩阵，但我们在 18 行显式地将其转换为 sparseMatrix 对象。其次，在 22 行，用向量的范数（长度）除每个列向量。最后，在 27 行通过调用 `corssprod` 计算 $N^T N$（N 指 `normalized.term.vectors` 矩阵）。来计算所有列向量对之间的余弦相似度，然后，我们用结果的相反数来取相似度顺序的逆序，以便为从距离角度来解释结果提供正确的次序。因为已知余弦相似度介于 0 和 1 之间，通常要用 $1-S$ 将余弦相似矩阵 S 转换为距离矩阵。但是，这会立即破坏矩阵良好的稀疏性，将距离矩阵的大部分值填充为 1，因为相对而言，只有少数几个帖子对具有非零的余弦相似度。为了保持稀疏特性，我们将在这一步中省略 1，但将在下一步中加回来。

　　在文章中找到主题的下一步是执行本节前面介绍的层次凝聚聚类。为此，考虑程序清单 4-3 中所示的简短 R 源码。我们只需将相异矩阵转换为 hclust 所需的距离矩阵对象，然后在此距离矩阵上进行平均连接聚类。最后，我们将在距离矩阵中省略的 1 加回到合并高度。

程序清单 4-3　在帖子相异度矩阵上运行层次凝聚聚类方法 hclust（stackexchange_text.R）

```
# Perform a hierarchical agglomerative clustering with average linkage.
h = hclust(as.dist(post.dissimilarities), method='average')

# Convert the merging heights back to a dissimilarity scale of [0; 1].
h$height = 1 + h$height
```

　　但是合并高度到底是什么呢？它们是算法运行期间任意两个簇发生合并时的距离，由连接方法（我们例子中为平均连接）所决定。如果开始时有 N 个帖子，那么要发生 $N-1$ 次合并，所以会有 $N-1$ 个合并高度。它们被称为"高度"是由于通常聚类过程是可视化的：图 4-4 所示的树形图中，两个合并为更大簇的簇之间的距离被以二叉树中高度的形式展示出来。

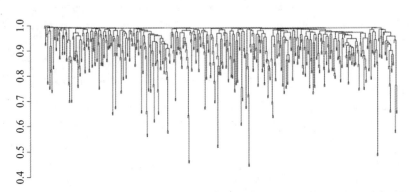

图 4-4　帖子聚类的一个小型演示性树形图。树的叶子节点（小小的、悬挂着的末梢）对应聚
　　　　类过程最初的对象，水平线表示两个子簇发生合并成为一个新簇时的距离

　　注意到，树的每个分支有两个子节点，代表在该点合并的两个簇。如果将一把直尺水平放在树的底部，并将它缓慢上移，我们能够再次追踪到聚类算法是如何合并簇的：每当我们在树形图上遇到一条水平线，就表示发生一次合并。这个交叉口的高度表示合并发生的距离。这样我们还可以立即看到相似或不相似簇的位置，因为如果有一个簇相对于发生在树上部的下一次合并的位置很深，那就意味着即使相对于最近的邻居，它们合并时也相距很远。因此，这个簇可能是关于一组不同的帖子，它们的主题与其他帖子差别很大。

　　图 4-4 只是一个示意性的例子，我们引入了树形图以便于可以容易地从所处理的帖子全集中选择某个有代表性的主题的分支。然而，本例中，我们不能期望画出完整的树形图，因

为作为叶子节点的帖子太多了，树看上去会非常拥挤。当然我们也并不想这么做，因为此时我们对树的底层对应小簇的部分并不感兴趣；我们想看看出现在 Stack Exchange 的用户所提问题中较大的主题。

为此，程序清单 4-4 给出了在高度为 0.9 处切断树形图的 R 源码。（回忆下，帖子间距离或相异性值的范围是从 0 到 1。）同时，我们还想知道所选子树包含了什么类型的帖子。为了直观地概括几个文档，经常采用词云技术，我们同样在程序清单 4-4 中生成了词云。

程序清单 4-4　绘制簇合并树形图顶部（距离大于等于 0.9）的 R 源码。我们还展示了如何交互式选择树形图的子树以及如何为子树生成词云（stackexchange_text.R）

```
# Convert the result of clustering into a dendrogram that 'cut' can
# handle.
h.dendr = as.dendrogram(h)

# Cut the dendrogram, and keep only the merges that were done at a
# distance of 0.9 or higher.
h.dendr.upper = cut(h.dendr, h=0.9)$upper

# Plot only this upper part.
plot(h.dendr.upper, leaflab='none', ylim=c(0.9, 1))

# Select the branches with a left click, exit with a right click.
identified.branches = identify(h, N=10, MAXCLUSTER=length(h$height) + 1)

# Create tag clouds for the branches that we selected.
library(wordcloud)
invisible(lapply(seq_along(identified.branches),
    function(i) {
        leaves = identified.branches[[i]]
        # The number of times a term appears in the leaf posts
        words = rowSums(as.matrix(term.doc.matrix[, leaves]))
        words = words[words > 0]
        words = words / max(words)       # Normalize the counts.
        wordcloud(names(words), words, max.words=50,
                   scale=c(4, 0.5))       # Plot the word cloud.
        # Create a word cloud also for the tags associated with
        # the posts.
    tags = unlist(strsplit(posts$tags[chosen.posts[leaves]], ' '))
    tag.counts = table(tags)
    tag.counts = tag.counts / max(tag.counts)
    wordcloud(names(tag.counts), tag.counts, max.words=10,
               scale=c(4, 0.5))
}))
```

图 4-5 用阴影框显示了截短的树形图和我们选择的子树。词云表明子树确实是由关于相似主题的帖子组成：子树 A 包含了与"指环王"（Lord of the Rings）相关的词条，B 则是关于"星际迷航"（Star Trek）系列的帖子。子树 C 很难被认为是与一个故事或者一部连续剧有关的东西，因为我们看到的都是一般的词，如"remember""book"和"alien"。如果查看这个子树中的具体帖子，我们会注意到其中很多实际上是用户在寻找他们看过或听过的书或故事。这些帖子的共同主题不是帖子的话题，而是用户的意图，表现出来就是文本中严重缺失可以被识别为特定主题的词汇。

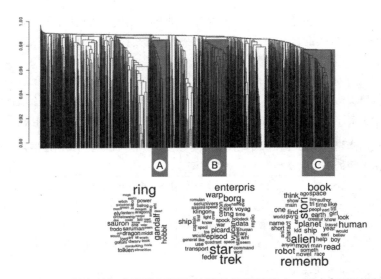

图 4-5   Stack Exchange 所有科幻小说类问题的帖子的簇凝聚层次，图中仅展示了距离大于等于 0.9 的合并。我们以这种方式展现了凝聚聚类算法的最后阶段，只对图中所示区域下方的大簇进行操作。使用程序清单 4-4，我们选择了树形图的三个子树，标记为 A、B 和 C，如图中阴影区域所示。每个子树下面我们还用词云展示了它们叶子帖子中最常出现的词条。词条的大小与它们在子树所包括帖子的并集中出现的次数成比例

在 Stack Exchange 中用户还可以为他们的问题打上标签，如图 4-1 所示帖子的左下角。图 4-6 展示了三棵子树对应的标签云：它们看起来非常符合我们所确定的主题。特别是标签支持我们对子树 C 的假设，即该子树中的问题是关于寻找用户想要回忆起来的故事。

图 4-6   在图 4-5 相同子树 A、B 和 C 中，用户为他们问题所打标签的词云

4.2.1   话题的流行度

读者已然看到，使用定义在用户所提问题的文本上的簇，可以在用户贡献的内容中找到主题。不过，我们还想知道，对用户而言什么主题是最有趣的，或者换句话说，是不是有些主题会比别的主题吸引更多的问题。我们将从有多少问题被提问的角度来看待这个问题，而不是从浏览或评论的角度。（不过，当然，这也是可以的，特别是如果我们有帖子的影响数据。）为此，最简单的办法是考虑用户为他们的问题所打的标签：它们是问题主题的良好近似。很多时候一个问题会有多个标签。此时，我们感兴趣的是了解主题的多样性（如标签所表现的）：我们将统计标签在帖子上出现的频率。是所有主题具有相同的流行度，还是有一

部分主题明显比其他的主题吸引更多的问题？

看到标签如何分布之后，就能对这个问题给出答案，如图 4-7 所示。

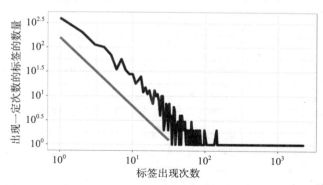

图 4-7　任意给定标签被打在任意问题之上次数的分布。我们再次看到幂律分布，幂指数为 −1.4

双对数坐标下的直线表明幂律分布的出现，这类似于对用户活动观察的结果。我们可以用下面方式与用户活动分布进行类比：如果我们将标签类比为用户，标签的"活跃"次数符合与用户在一个时间段内的活跃次数遵循同一类型的统计分布（见第 1 章）。神奇的是，我们能在两个看似无关的社交媒体活动领域发现这种相似之处。不过，它们的共同点是都源于人类的行为和兴趣。

这表明，如同之前我们在 1.1.1 节所见到的，会有一些标签在所有问题中都很流行：事实上，在 Stack Exchange 科幻小说类别中最常用的标签是 story-identification、harry-potter、star-trek、star-wars、movie 和 lord-of-the-rings。毫不奇怪，这些主题恰好属于我们在图 4-5 中确定的最清晰的簇。

除了查看问题被打上的标签，还有一种方法可以量化特定主题的"流行度"。因为已经进行了聚类（能被可视化为簇合并的树形图），我们也就可以在任意时刻停止聚类过程，并查看那时我们得到了什么类型的簇。特别是考虑到我们希望从主题下有多少问题来考察主题有多大，当我们停止聚类时，可以计算合并到任何给定簇中的帖子的数量。停止聚类过程也相当于从一定高度切断树形图，此时簇就是切断高度之下的单独分支。

因为，正如我们所说，我们停止聚类的点或切断树形图的高度是任意的，所以我们将选择三个不同的高度来确定簇大小的分布：采用我们前面所用的词袋距离概念来说，它们是 0.5、0.7 和 0.9。程序清单 4-5 是一段 R 代码，它会切断树形图并计算切断高度下的分支大小的分布。现在这些分支会包含彼此相似的帖子，如图 4-5 所示。

程序清单 4-5　此程序展示了我们运行层次凝聚聚类算法时，如何处理簇合并树形图来确定在一定时刻我们得到了什么类型的簇（stackexchange_text.R）

```
# Cut the full dendrogram at different heights, and determine the size
# distribution of the topic clusters under the cuts.
h.dendr = as.dendrogram(h)
cut.heights = c(0.5, 0.7, 0.9)
branch.size.distrib = data.frame()
for (cut.height in cut.heights) {
    # Cut the final dendrogram to see what clusters we had at that
    # point during the run of the hierarchical clustering.
    dendr.cut = cut(h.dendr, h=cut.height)
```

```
# The 'members' attribute of a branch is the number of leaves on
# the branch.
branch.sizes = sapply(dendr.cut$lower, function(b) attr(b,
        'members'))
# Calculate the size distribution on this branch.
size.distrib = ddply(data.frame(size=branch.sizes), .(size),
        summarize, count=nrow(piece))
# Store the distribution together with a column storing the height
# of cut.
branch.size.distrib = rbind(branch.size.distrib,
        data.frame(size.distrib, cut.height=cut.height))
}

# branch.size.distrib now has three columns: size, count, cut.height
# for the number of post counts in branches of size 'size', at a given
# height.
```

更进一步，如果从帖子数量方面考察这些分支有多大，我们得到如图 4-8 所示的分布。从图中可见，虽然对主题大小我们仍然得到幂律分布（只是大体上如此；对距离 0.9，小的主题开始消失），这些分布在性质上是不同的。当我们在树形图走得更高（让聚类过程继续进行更远），就会逐渐看到分布向更大的簇倾斜，而远离小簇。然而，这些分布看起来仍然保留其幂律的基本特征。这两个事实放在一起就意味着分布的指数必须向更"浅层"的方向变化，这样我们才能向更大的簇倾斜。

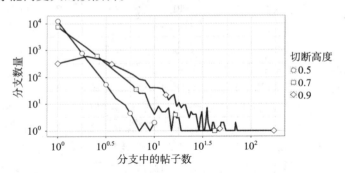

图 4-8　我们在距离为 0.5、0.7 和 0.9 处停止聚类过程，所得到簇中帖子（问题）的数量分布。实际上我们并没有在任何位置停止算法运行，只是用程序清单 4-5 根据簇合并历史来计算各簇中帖子数量

简要回顾一下，这一切意味着无论我们以何种粒度观察用户产生的主题，如果采用主题簇中帖子数量来度量的话，我们似乎都会看到"兴趣分布"呈现出长尾特性。

4.2.2　用户个体兴趣有多么多样化

本章到目前为止，我们已经根据用户发布的问题研究了主题吸引注意力的程度。从用户的角度可能给出同样有趣的问题：用户会对多少主题感兴趣？他们发布的问题是属于不同的类别，还是大多数用户只对一个限定的主题集合感兴趣？

有一件事是清楚的：用户的兴趣并不相同。从前面数据集来看，如果一个用户是"指环王"的粉丝，他不一定是"星球大战"的粉丝。然而，如果两个不同用户在这两个类别中只提出一个问题，我们可以认为他们只对各自问题所属类别感兴趣，对别的则没什么兴趣（至少，从数据只能这样推论）。然而，如果一个用户在"Comics"主题有4个帖子，在"Matrix"主题有1个，我们可以设想他对"Comics"的兴趣四倍于对"Matrix"的兴趣。衡量这种用户兴趣偏爱最好的方式是什么呢？

如果并不在意用户喜欢什么主题，而只想了解他们发帖的主题中兴趣的相对强度，那么我们可以对表明他们兴趣的标签进行排序，并使用我们按照降序得到的列表：他们发帖最多的兴趣排名第1，发帖第二频繁的兴趣排名第2，依此类推。在此，我们采用用户给问题打的标签来近似他们的兴趣。（类似地，也可以用4.2节中对文本聚类得到的簇，但是简单起见我们采用标签。）

在按照降序对用户标签频次进行排序之后，我们还需要对其进行归一化以使每个用户兴趣的权重之和为1：这是必要的，如此就可以对每个用户的主题的相对重要性使用相同的度量标准，而无论用户自身的活动程度如何。（我们已经看到，不同用户的活动水平有着巨大的差异，所以我们不希望其他的长尾行为支配统计结果。）最后，为了得到系统级的视角，我们可以只取所有用户相对兴趣强度的均值，并将其作为主题排名的函数。这个过程如程序清单4-6所示。

程序清单4-6　采用降序的归一化频次对用户的标签进的行排序，然后取所有用户相对兴趣强度的均值并将其作为主题排名的函数。我们最终对分布进行归一化处理（stackexchange_text.R）

```
0  # Create a list of tag vectors for all post tags.
1  all.tags = strsplit(posts$tags, ' ')

2  # Create a data frame where the user.id column is the poster's ID,
3  # and the tag column is all the tags they used on any of their posts.
4  users.tags = do.call(rbind, lapply(seq_along(all.tags), function(i)
5                    data.frame(
6                              user.id=posts$owner.user.id[i],
7                              tag=all.tags[[i]])))

8  # Convert factors to strings.
9  users.tags$tag = as.character(users.tags$tag)

10 # For each user, count and normalize their tag frequencies, and sort
11 # in decreasing order of normalized frequency so we get ranks.
12 users.ranked.tags = ddply(users.tags, .(user.id), function(df) {
13          # Count the tags.
14          tag.freqs = as.vector(table(df$tag))
15          # Normalize the frequencies.
16          tag.freqs = tag.freqs / nrow(df)
17          # Rank them.
18          tag.freqs = tag.freqs[order(tag.freqs, decreasing=TRUE)]
19          data.frame(rank=1 : length(tag.freqs), freqs=tag.freqs)
20      })

21 # Average the relative frequencies as a function of the tags' ranks.
22 mean.ranked.tags = ddply(users.ranked.tags, .(rank), summarize,
23          mean.freq=sum(freqs))
24 mean.ranked.tags = within(mean.ranked.tags, {
25          mean.freq = mean.freq / sum(mean.freq)
26      })
```

当对用户的主题进行重新排序并对所有用户取均值时，我们得到的是在总体意义上，用户对其最重要主题的感兴趣程度与第二重要的、第三重要的以及第四重要的主题的对比。表 4-1 给出了每个用户按照使用量排名的平均标签频次分布。

表 4-1 单个用户使用最多的前 5 个标签的相对频次的期望。总的来说，使用最频繁的标签出现在用户 52.1% 的帖子中，第二常用的标签的出现占 25.8%，等等

标签排名	每个用户的相对频次	标签排名	每个用户的相对频次
1	52.1%	4	4.2%
2	25.8%	5	2.1%
3	11.0%		

当然，不同的用户所使用的标签总数是不同的。在前面的计算过程中，我们隐含假设了如果用户使用的标签不足 5 个，前 5 个标签以外的任何标签出现次数为 0，程序清单 4-6 中 22 ~ 26 行的归一化体现了这点。扩展表 4-1，我们还可以更详细地看到排序的标签频次分布与其排序的关系，如图 4-9 所示。

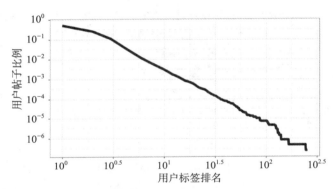

图 4-9 用户使用标签的预期相对频次与标签排名构成的函数。同样，我们必须对两个坐标轴进行对数缩放以查看函数的细节

我们能从图 4-9 中得到什么结论呢？看起来每个用户的兴趣分布也符合幂律分布（虽然与我们在图 4-7 中看到的总体主题分布的指数不同）。不过，我们可以肯定，并不是每个人都对同一主题感兴趣，这就是为什么我们对每个用户的标签频次重新排序的原因。不过，当我们考察用户兴趣的时候，说个体的兴趣与总体用户活动和内容流行度遵循相同的规律是恰当的。

4.3 从高维文本中抽取低维信息

在本章 4.1.1 节中，我们解释了如何表示文本以便在我们的算法中使用。本节讨论此类数据的高维性问题。

以 Tweet、博客帖子或状态更新形式存在的社交媒体文本通常在长度上很短但在维度上很高。对英语来说，当我们考虑前一百万个常用词并采用词袋方法表示文本时，一条像 "Good morning！" 这样简单的 Tweet 将被表示成一百万维的稀疏向量，其中只有 "good"

和 "morning" 两个词条是非 0 的，所有其他未使用的词条均为 0。人脑可以在考虑信息的时间和发送者等要素的同时，很容易从中抽取含义或者主题；然而，由于数据的高维性，对计算机而言这并不容易。所以，基于内容的文本摘要、分类以及相似度计算等任务是很有挑战性的。

高维性成为问题有两个主要原因：

- 抽取含义或主题在算法上具有挑战性。通常，在文本文档中的基本信息是低维的，就是说通常我们在阅读后能从文本中得到的只有隐藏在文本中的少数几个概念。例如，一篇新文章中的一段可能是关于某个主题的，比如体育、政治或者建筑，虽然我们读了成百上千的词汇，但我们可以很容易的抓住其中的一个含义。我们的大脑很简单地就把这些词映射到有意义的主题。而在这里，不是我们来阅读，而是由算法来执行这项映射任务。然而，将信息从数以百万计的词条或单词转换为这些少数的主题是一种多对一的映射，并且有多种方法来实现映射任务。计算机算法应当解决这个问题，以使来自某个用户的一些词被正确地解释，并使信息不被隐藏在数据的高维性之下。我们需要先进的算法处理这些问题。
- 高维度产生计算上的挑战。即使我们有先进的算法可以从文本中自动提取含义，但通常这些算法不能有效处理社交媒体领域常见的包含数百万维度以及数百万用户的大型数据集。

出于这些原因，我们需要降维。

我们可以对算法挑战进行如下解释。假设有两条 Tweet：

（1）"Today's soccer match was amazing！"

（2）"The right winger could have scored that goal."

让我们假设读者想计算这两条 Tweet 之间的相似度。如果只使用基于词条的方法，就像我们前面所做的那样，并且用字符串匹配工具比较这两个字符串，那么得到的相似度将会是 0，因为二者没有共同的单词。然而，我们可以很容易识别出这两条 Tweet 都是关于足球赛的，其中第二条讲到比赛中特定的位置。如果我们想要找到相似性，我们应当在两条 Tweet 中找到表示共同含义的潜在主题。我们提出的算法应当将第一条 Tweet 中的 "soccer" 和 "match" 与第二条中的 "right winger" "scored" 和 "goal" 联系起来，以给出两条 Tweet 之间非 0 的相似度。

主题建模

机器学习中对非结构化文本进行降维的领域称为主题建模。这一领域的算法家族以原始的非结构化文本以及其他元数据（如社交图、发送时间，或者标签）作为输入，从数据中的文本学习一组低维的主旨来代表文章——主题。图 4-10 和图 4-11 是本书一位作者的两条 Tweet，我们可以观察到它们在主题和含义方面有显著的不同。第一条是关于乐器和音乐活动的，并提到了可能同样对该主题感兴趣或相关的另一位用户。通过抓住如 "music" 或 "instrument" 这样的词，我们可以容易地识别出这条 Tweet 是关于音乐的。类似地，图 4-11 显示了另一个例子，其主题是关于奥运会的电视实况转播。

在执行这些动作的时候，我们的大脑简单地浏览这些词语并将它们关联到潜在的主题空间，如图 4-12 所示。主题建模的目标是使用计算机以算法的方式执行或近似这一操作，如图 4-13 所示。

从文本中抽取信息对社交媒体领域的许多计算问题都是至关重要的。例如，在用户分类问题中，我们可以基于用户生成的内容和用户参与的内容，使用用户的原始文本、状态更新或帖子来建模用户的兴趣。另一个例子是社交媒体搜索工具。通常与社交媒体平台关联的搜索引擎根据查询词返回最相关的用户或帖子。连接推荐（比如互连图中的好友推荐，或者有向社交图中"关注谁"的问题）是社交媒体平台的另一个重要问题，其中用户生成和参与的内容对高质量的推荐起着重要作用。在所有这些问题中，只使用原始单词对算法精度和计算复杂度而言通常不是最好的想法。我们需要紧凑地表示这一巨大的数据集并在潜在的低维语义结构上概括其含义，在这我们将这种语义结构称为主题。

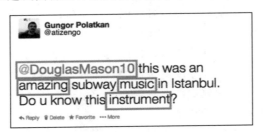

图 4-10　一条关于音乐的 Tweet。标签中的关键字意味着消息的线索。用户对音乐感兴趣，我们可以清晰地看到如"music"和"instrument"这样的词，这会帮助我们认定这条 Tweet 确实是关于音乐的

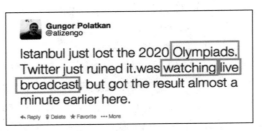

图 4-11　一条关于电视转播新闻的 Tweet。框中关键字告诉我们这条 Tweet 是关于一条电视新闻的

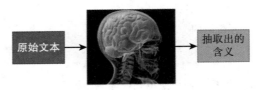

图 4-12　人脑处理原始文本并将其与潜在的语义主题关联

图 4-13　主题模型分析原始文本并找出与其最相似的主题

我们曾提到，从高维词空间到低维主题空间的映射是多对一的。这意味着通常有多个主

题表示可以解释现有数据集。虽然人的大脑足够聪明，可以使用其他协变量（如时间相关性和发送信息的用户）来选择正确的表示，但计算机算法只能按设定好的具体步骤来执行这项任务。以下三节将介绍基于社交媒体平台辅助信息的主题建模算法：

- 无监督主题建模
- 有监督主题建模
- 关系主题建模

下文将逐步对每种方法都进行详细的解释。

1. 无监督主题建模

此类算法只使用原始文本来学习文档中的主题。称其为无监督是因为除了文本之外不使用类标签或其他元数据。此类算法中最著名的是潜在狄利克雷分配（Latent Dirichlet Allocation，LDA）算法。LDA 以一组文本文档（例如：博客帖子、Tweet、消息或电子邮件）作为输入，输出一组主题以及每个文档中各个主题的比例，而算法仅通过使用原始文本来学习这些。

LDA 的基本想法是每个单独的文本文档都是由一个或多个可以用来概括它的主题构成，并且文本文档也可以表示为这些主题的混合体。我们可以看图 4-10、图 4-11 和图 4-14 中的例子。例如，图 4-14 展示了当 Tweet 文本中有两个主题（如 "blogging" 和 "technology"）时，这条 Tweet 可以被表示为这些主题的混合体。

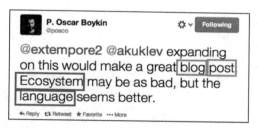

图 4-14　一条提议写一篇关于程序设计语言的博客的 Tweet。我们可以断言这条 Tweet 包含两个主题：（1）社交/博客（"blog post" 是一条线索）；（2）技术/计算机科学（"ecosystem" 和 "language" 是关键字）

LDA 建模数据的原理与此相同。每个单独的文本文档都是作为一组主题的混合体生成的，其中主题是在我们语料库任何地方都使用的整个词典上的概率分布。词典中单词在这些分布中的加权方式告诉我们该主题的特征。例如，一个关于体育的主题可能在这些词上具有较高的权重，如 "football" "basketball" 和 "defense"，而关于政治的主题可能在诸如 "democrat" "republican" 和 "government" 等词上具有较高权重。

对每个文档，首先生成一个主题比例。文档的主题比例表示每个主题在文档中被使用的量。例如，一篇新闻可能大致为 80% 的 "体育" 和 20% 的 "北美"。这些比例的生成远非均匀的，因为我们知道一个短的文本文档可能只包含少量主题。例如，一篇关于 "体育" 的新闻主要谈论体育，而一篇关于 "经济" 的文章谈论资金、市场、股票，等等。但是几乎不可能找到一篇同时谈论每件事情的文章，例如，政治、体育、经济和科学。

生成了主题的比例之后，根据这个比例为每个单词选一个主题，如果 "体育" 主题权重为 80%，大约 80% 的词将属于 "体育" 主题。这个过程定义了数据被建模的方法。下一个问题是，给定了具体的文本数据，我们如何推断其主题和主题的比例。

推断

为了说明如何确定 LDA 主题，下面几段将描述了它工作的基本原理。如果读者对该方法的实际应用更感兴趣，可以跳到下一节。

一种对方法中的实体和生成过程之间关系进行可视化的途径是采用概率图模型。图 4-15 展示了 LDA 的图模型。

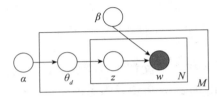

图 4-15　潜在狄利克雷分配（LDA）的一个图模型。阴影节点 W 表示在文本中观察到的词，无阴影节点表示潜在变量，如主题 β、主题比例 θ 以及每个词的主题分配 z，α 是模型固定参数。面板表示重复；比如，语料库中有 M 个文档，每个文档包含 N 个词

每个节点表示一个随机变量。阴影节点表示观察到的变量，无阴影节点表示潜在变量。有向边表示两个对应变量之间 "parent-of"（条件依赖于，conditionally-dependent-on）关系。例如，Θ 是 z 的父节点，z 是 w 的父节点。在解释推理过程时，我们将随机变量分成三组，而不是单独处理它们：

■ 观察到的变量（w）。

■ 潜在变量（主题 β、主题比例 Θ，以及每个词的主题分配 z）。

■ LDA 模型变量（α）。

不失一般性，令 $X=x_{1:N}$ 表示观察（在我们特定的 LDA 模型中表示文本中的单词，即图 4-15 中的 w），$Z=z_{1:M}$ 表示潜在变量（主题 β、主题比例 Θ，以及每个词的主题分配 z），以及一个集合 $Q=q_{1:T}$ 表示模型的固定变量。一个概率模型可以被定义为所有随机变量上的一组关系，及一组条件分布，组合起来可以定义联合分布 $P(X,Z|Q)$。一个给定的概率模型意味着联合分布 $P(X,Z|Q)$ 已经定义，并且随机变量之间的依赖关系已经指定。例如，图 4-15 中给定的 LDA 图模型定义了观察文本的联合关系、主题分配和主题比例。

下一个阶段是推断。这里我们总体目的是在给定模型参数和观察变量的条件下，学习潜在变量的后验分布。就是说，我们感兴趣的是计算后验分布

$$P(Z|X,Q) = \frac{P(X|Z,Q)P(Z|Q)}{\int_{Z} P(X|Z,Q)P(Z|Q)} \qquad (4\text{-}3)$$

其中，我们用贝叶斯定理重写了条件分布。右侧第一项 $P(X|Z,Q)$，称为似然，第二项 $P(Z|Q)$，称为先验，它表达了我们初始时候关于潜在变量先验分布的信念。

用似然和先验（它将数据和模型联系起来）来计算后验分布称为推断。这是从数据学习主题的算法。算法的输出是有多种用途的后验分布，可以用于如文本摘要、作为分类系统的特征，等等。计算公式（4-3）的数值很容易：只需把潜在变量的一些配置值代入到模型提供的概率分布中。然而，分母有些问题，因为随着数据集和维度的增长，对积分的计算变得困难，问题也就变的难以处理了。

为了解决这个问题，研究者提出了近似后验推断算法，这些方法可以在精确计算后验概率不可行的时候使用。总的来说，我们用马尔可夫链蒙特卡罗（MCMC）抽样或变分推理来

解决这个问题。

实验演示

本节主要讨论使用 R 语言进行 LDA 在真实数据上的实际应用。本节中，我们使用的 R 软件包 lda，可从 CRAN（Comprehensive R Archive Network）获得。lda 包还包括示例文档和语料数据，我们将在下一个示例代码中使用它们。

接下来，我们展示如何处理文本文档，并从中获得词条计数。正如本章 4.1.1 节中所解释的那样，我们需要首先将文本转换为向量，以便能够在其上运行数值算法。为此，我们在程序清单 4-7 中使用了 lda 包的 lexicalize 函数。例如，在例子中我们处理了一组存储为字符串数组的文本文档，其中包括三个文档。lexicalize 返回一个包括两个元素的列表：稀疏形式的文档－词条矩阵，以及一个单词列表，即语料库的词汇表（枚举了出现在任何文档中的所有词条）。

程序清单 4-7　在 R 中实现从文档生成词条和词汇表（create_tdm_small_example.R）

```
library(lda)
library(tm)

documents = c(
        'I love football and Messi is my favorite player',
        'The demonstration on the football field was spectacular',
        'This is just a demonstration for the LDA package'
)

corpus = lexicalize(documents)

# Use the stop words list from the `tm` package.
stop.words = stopwords('en')

# Get the list of words. This is a function in LDA package.
words = word.counts(corpus$documents)

# Specify which words in the vocabulary are stop words.
words.to.be.removed = as.numeric(names(words)[corpus$vocab %in%
 stop.words])

# Filter out those words from the corpus.
docs.filtered = filter.words(corpus$documents, words.to.be.removed)

corpus$vocab
 [1] "i"            "love"        "football"       "and"
 [5] "messi"        "is"          "my"             "favorite"
 [9] "player"       "the"         "demonstration"  "on"
[13] "field"        "was"         "spectacular"    "this"
[17] "just"         "a"           "for"            "lda"
[21] "package"

docs.filtered
[[1]]
     [,1] [,2] [,3] [,4] [,5]
[1,]    1    2    4    7    8
[2,]    1    1    1    1    1

[[2]]
```

```
      [,1] [,2] [,3] [,4]
[1,]    10    2   12   14
[2,]     1    1    1    1


[[3]]
      [,1] [,2] [,3] [,4]
[1,]    16   10   19   20
[2,]     1    1    1    1
```

在 corpus$documents 列表元素中，第一行表示词索引（从 0 开始），第二行告诉我们那个索引对应的词在文档中出现的次数。语料库的另一个要素是词汇表，其为出现在任何文档中不同的词的全集，使用与文档变量第一行相同的索引。这段代码中，我们还移除了停用词，如本章前面所做的那样。

社交媒体文本的一个主要问题是数据中的噪声。通常人们在发送电子邮件、Tweet 或发布消息时并不是很小心。文本中经常满是拼写错误。这会导致单词数量的膨胀，而许多这种额外的单词并没有什么意义。本章前面讨论过停用词移除和词干化如何缓解这个问题；在用主题模型拟合文本语料库时，我们绝不希望停用词支配了主题。

本节剩余部分将使用另一个例子：lda 包自带的 Cora 数据集。它包含 2410 篇科技文献，带有来自 Cora 搜索引擎的链接和标题。Cora 是一个计算机科学研究论文的原型门户（更多细节参加 R 的"cora"）。在程序清单 4-8 中，cora.documents 和 cora.vocab 的数据结构与程序清单 4-7 中 corpus$documents 和 corpus$vocab 的相同。

程序清单 4-8   了解示例语料库包含的内容（lda_analysis.R）

```
library(lda)

# Load the Cora data set.
data(cora.documents)
data(cora.vocab)
data(cora.titles)

# Inspect data, seeing explanation, top rows and length.
?cora.documents
head(cora.documents)
length(cora.documents)
head(cora.vocab)
length(cora.vocab)
```

程序清单 4-9 演示了如何拟合 LDA 主题模型。在本例中，我们希望将 10 个主题与我们的语料库进行拟合。可以观察到每个主题都有自己的特点。例如，主题 1 关于基因编程，而主题 3 关于贝叶斯模型。主题 10 大体上关于研究和大学，而主题 5 关于强化学习（机器学习的一个大的分支）。

程序清单 4-9   将 LDA 模型拟合到 Cora 语料，并查看最重要的词条（lda_analysis.R）

```
# The number of topics.
K = 10
# Setting the random seed for reproducibility.
set.seed(867101)

# Model fitting with the Gibbs sampler. It only takes the document-term
```

```
# matrix (with vocabulary).
result = lda.collapsed.gibbs.sampler(cora.documents,
      K,                          # The number of topics.
      cora.vocab,
      50,                         # The number of iterations.
      0.1,                        # Parameters.
      0.1,
      compute.log.likelihood=TRUE)

# Get the top words in the cluster. Top words are the characteristics of
# the relevant topic.
top.words = top.topic.words(result$topics, 5, by.score=TRUE)

top.words
      [,1]            [,2]          [,3]         [,4]           [,5]
[1,] "genetic"       "functions"   "bayesian"   "learning"     "reinforcement"
[2,] "programming"   "parallel"    "models"     "decision"     "learning"
[3,] "robot"         "function"    "data"       "inductive"    "algorithm"
[4,] "system"        "neural"      "markov"     "induction"    "methods"
[5,] "crossover"     "control"     "model"      "concept"      "state"
      [,6]            [,7]          [,8]         [,9]           [,10]
[1,] "algorithm"     "reasoning"   "network"    "genetic"      "research"
[2,] "learning"      "knowledge"   "neural"     "search"       "grant"
[3,] "error"         "design"      "networks"   "fitness"      "university"
[4,] "bounds"        "case"        "input"      "optimization" "report"
[5,] "classification" "system"     "training"   "selection"    "technical"
```

　　学习主题的同时，我们还学到每个文档的主题比例。这些比例是语料库在主题空间的低维表示。所以 LDA 也可以看作一种降维技术。使用主题比例和主要的主题词，我们能够概括文章含义并对学到的主题是否有意义进行完善地检查。下面，我们随机选择 10 个文档并将这些文章中的文本与它们的主题比例进行比较，如程序清单 4-10。

程序清单 4-10　对 10 个从 Cora 中随机选择的文档的模型结果进行抽查（`lda_analysis.R`）

```
# Number of documents to display.
N = 10

# This is a normalization for assignments in the Gibbs sampling.
topic.proportions = t(result$document_sums) /
      colSums(result$document_sums)

# Take 10 random samples.
index = sample(1 : dim(topic.proportions)[1], N)
topic.proportions = topic.proportions[index,]

# There might be empty documents.
topic.proportions[is.na(topic.proportions)] = 1 / K

colnames(topic.proportions) = apply(top.words, 2, paste, collapse=" ")

# Prepare the data for ggplot.
topic.proportions.df =
      melt(cbind(data.frame(topic.proportions), document=factor(1 : N)),
      variable.name="topic",
      id.vars="document")
```

```
ggplot(data=topic.proportions.df, aes(x=topic, y=value)) +
        geom_bar(stat='identity') +
        coord_flip() + facet_wrap(~ document, ncol=5) +
        theme(axis.text.x=element_text(angle=90, hjust=1))
```

```
cora.titles[index]
 [1] "Using dirichlet mixture priors to derive hidden Markov models for
     protein families."
 [2] "Incremental self-improvement for lifetime multi-agent
     reinforcement learning."
 [3] "Stochastic pro-positionalization of non-determinate background
     knowledge."
 [4] "Linden (1998). Model selection using measure functions."
 [5] "On the informativeness of the DNA promoter sequences domain
     theory."
 [6] "(in preparation) \"Between MDPs and semi-MDPs: learning, planning,
     and representing knowledge at multiple temporal scales.\""
 [7] "\"Gambling in a rigged casino: the adversarial multi-armed bandit
     problem,\""
 [8] "The Pandemonium system of reflective agents."
 [9] "\"The weighted majority algorithm\","
[10] "\"The Complexity of Real-time Search.\""
```

图 4-16 中，我们展示了文档的主题比例。通过对应的索引与图中权重最高的主题相对照，可以看到，标题是很有道理的。例如，第一篇文档是关于狄利克雷混合模型和马尔可夫模型的；图中同一文档在贝叶斯模型主题具有最高权重，这正是这两个主题领域所属的更大的领域。类似地，第二个文档是关于强化学习的，图中我们可以看到相应的主题标签确实被识别出来了。

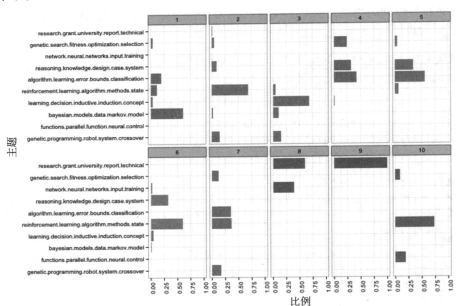

图 4-16　语料库中 10 个样本的主题比例。为了表征主题，我们从中选择前 5 个单词并用句点将它们连接成串。每个子图中主题的条形高度表示该主题在对应文档中的权重。每个子图中主题比例之和为 1

　　主题建模的另一种解释是聚类，就像本章前面我们分析 Stack Exchange 上的问题中出现的主题时所演示的。主题可以看作运行在文本数据上的无监督聚类算法生成簇的中心。就 LDA 而言，将文档分配到这些簇是柔性的，因为我们还有主题比例，这样做是切实有价值的。当然也可以采用阈值方法进行硬性分配，例如取权重最大的主题作为相应文档的簇进行分配。

2. 有监督主题建模

　　在基本的 LDA 中，只是以无监督的方式使用原始文本来学习主题和主题比例。而在社交媒体处理问题中，用户的文本或消息通常带有元数据或相关的协变量。这种附加信息可以在主题建模过程起辅助作用。反过来，也可以使用用户生成的内容来预测这种附加的响应变量，例如，识别用户是滥发消息者还是正常用户。实际上，我们可以基于用户生成的数据进行任何类型的用户分类和建模。在这些类型的问题中，除了原始的非结构化文本，我们可以使用响应（标签）数据（例如，用户生成的内容是否为垃圾信息、用户的年龄和性别，等等）作为主题建模算法的监督。因为我们为算法提供了基础事实输入，考虑此类附加数据的算法称为有监督主题模型。我们将特别地把有监督的潜在狄利克雷分配模型作为在上一节中研究的 LDA 模型的更高级版本。

　　用户或帖子的响应变量在社交媒体平台是很常见的。如前所述，一些例子包括用户的协变量，如性别、年龄或收入。在试图确定文本文档的深层意义时，这些信息会很有用。在上一节曾提到，从词条或文本到主题的映射是多对一的操作，就是说可能会有多个主题集合，每个集合具有不同的质量和可解释性，但都以某种方式符合观察数据。对主题建模算法而言，找到一个高质量的主题集合可能很有挑战性，而以这些附加协变量形式存在的监督信息能让结果主题更准确。sLDA（有监督 LDA）的主要想法，也即与无监督 LDA 的基本区别，正是这点。这不仅有助于学习更高质量的主题，还有助于提供有关响应变量的更多可解释性和认识。

　　认识在这里是一个关键组成部分。在社交媒体问题中，就什么内容与特定用户行为相关进行提问是很常见的。某些类型的人谈论什么类型的事情？内容如何随着用户的人口统计信息而变化？回答这类问题时，考虑内容（用户生成的文本）与考虑响应变量（性别、年龄、政治倾向，等等）同样重要。sLDA 算法为这类问题提供了一个解决方案。

　　图 4-17 中，我们给出了 sLDA 的概率图模型。与图 4-15 中的 LDA 模型不同，这里增加了一个响应变量 Y 表示附加信息（年龄、性别、滥发信息者或普通用户）。我们引入了用于监

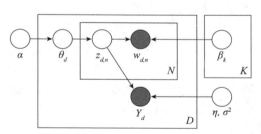

图 4-17　一个有监督潜在狄利克雷分配（sLDA）图模型。阴影节点 W 的含义与 LDA 中相同，表示从文本中观察到的词，Y 表示响应变量（例如，用户的年龄和性别）。无阴影的节点表示潜在变量：主题 β、主题比例 Θ、每个词的主题分配 Z，均与 LDA 相同。此外，我们增加了监督参数 η 和 σ^2。与 LDA 类似，α 是传递到模型的固定参数（了解参数含义，参见 https://arxiv.org/abs/1003.0783。本图最初也出现在该论文中。）面板表示重复。具体而言，语料库中有 D 个文档，每个文档包含 N 个单词，要学习的主题有 K 个。

督的潜在变量 η，以解释学习到的主题如何影响监督。

在经典的回归问题中，对模型进行拟合，得到回归权重来解释协变量（也称为属性或特征）与响应变量之间的关系。sLDA 遵循类似的路线来学习主题比例和响应变量之间的关系。除了 LDA，模型中嵌入了一个回归部分，以使主题比例起到协变量的作用，而响应变量则是我们要使用协变量来预测的。建模响应变量的公式如下：

$$P\left(Y \mid z_{1:n}, \eta, \sigma^2\right) \propto \exp\frac{\eta^T \bar{z}}{\sigma^2} \tag{4-4}$$

其中，$\bar{z} = \dfrac{1}{T}\sum_{t=1}^{T} z_t$ 是经验主题比例，在通过吉布斯采样得到的 T 个主题分配样本上计算得到。拟合观察数据的模型（给定 Y 和 W）将学习潜在变量 η。η 是长度为 K 的向量，表示主题比例的回归系数。因为主题比例是值在 0 和 1 之间的变量，其值越高，主题 k 对响应变量所起的作用越重要。

这个参数很重要，原因有二：

- 可以在没有响应变量的新文档上使用 η，并用主题比例预测响应变量。例如，仅通过查看生成的内容来预测用户的性别是男还是女。
- η 是归纳内容与响应变量关系的好方法。例如，可以归纳特定年龄或性别的用户组生成的内容。接下来我们会看到二者的实际演示。

推断

sLDA 的推断是对 LDA 推断的简单修改。二者之间主要有以下两点区别：

- 主题分配不再以无监督的形式进行。根据分配与文档响应变量的匹配程度对分配进行加权。假设要决定将某个词分配给主题"体育"还是主题"居家/园艺"，响应变量是生成此内容的用户是男性还是女性。假设 η 的当前状态表明"体育"与男性高度相关；"居家/园艺"与女性高度相关。那么，如果一个文档属于男性用户，它更有可能被分配到主题"体育"；如果文档属于女性用户，那么它更有可能被分配到主题"居家/园艺"。
- 从另一方面看，给定分配，需要找出 η。照例，对 η 的推断从某个随机的初始化值开始。通过当前的主题分配来估计后验主题比例，而后更新 η。在这种情况下，η 的更新公式与此情形下经典的回归公式没有区别。推断过程持续迭代，固定 η 来进行采样主题分配，然后用给定的主题分配解一个简单的回归问题来更新 η。

实验演示

本节继续使用 R 语言的 `lda` 包。然而，为了让事情有一点不同，这次我们将使用一个包含 773 篇政治博客的数据集作为语料库。响应变量将为博客作者的政治主张是保守的还是自由的。

所以，在程序清单 4-11 中，除了文档和词表文件，我们还加载了表示响应变量的评分文件。数据集由 309 位保守派用户和 464 位自由派用户组成。

程序清单 4-11　我们用来演示 sLDA 主题发现的政治博客数据集（`slda_analysis.R`）

```
library(lda)

# Load the data.
data(poliblog.documents)
```

```
data(poliblog.vocab)
data(poliblog.ratings)        # It is important--we also have ratings per
                              # document.

?poliblog.documents

table(poliblog.ratings)
poliblog.ratings
-100   100
 464   309
```

接下来，程序清单 4-12 中，我们初始化参数并开始拟合模型。

程序清单 4-12   在政治博客数据集上训练 sLDA 模型（`slda_analysis.R`）

```
num.topics = 10

# Initialize the parameters.
params = sample(c(-1, 1), num.topics, replace=TRUE)
result = slda.em(documents=poliblog.documents,
        K=num.topics,
        vocab=poliblog.vocab,
        num.e.iterations=10,
        num.m.iterations=4,
        alpha=1.0,
        eta=0.1,
        poliblog.ratings / 100,
        params,
        variance=0.25,
        lambda=1.0,
        logistic=FALSE,
        method='sLDA')

# Pick the top words for each topic.
topics = apply(top.topic.words(result$topics, 5, by.score=TRUE), 2,
        paste, collapse=' ')

topics
 [1] "wright hes people said just"
 [2] "tax money oil new make"
 [3] "mccain said president john mccains"
 [4] "clinton obama voters vote percent"
 [5] "obama barack hillary obamas clinton"
 [6] "democratic race election party primary"
 [7] "senator like media dont debate"
 [8] "war house iraq bush law"
 [9] "government just people political federal"
[10] "senate district republican candidates house"
```

这里，我们用文档和词表作为算法的输入，它们都是博主生成的内容，此外，输入还包括评分数据。num.e.iterations 是指定更新 η 之前收集多少样本的参数，num.m.iterations 是指定 η 更新次数的参数。当 num.e.iterations=10 并且 num.m.iterations=4 时，η 会被更新 4 次，每次我们会收集 10 个主题分配的样本。

sLDA 输出三个主要变量：

- 主题，在模型中以 β 表示。
- 主题比例和分配（Θ 和 Z）。
- 监督权重（η）。

在程序清单 4-12 中，还展示了每个主题权重最高的 5 个单词。我们观察到，主题包括不同的垂直辩论，如正义、金钱和经济，以及围绕民主党和共和党的政治两极分化。

正如前面提到的，主题建模的一个重要方面是它提供的探索能力。特别是与 LDA 相比，sLDA 对文本数据的解释更为丰富。我们可以回答这样的问题："支持奥巴马的人生成什么类型的内容，支持麦凯恩的人生成何种不同的内容？""给定性别的情况下，人们在新年夜谈论什么？"这些问题全都可以概括位一个问题："与 B 组的人相比，A 组的人谈论什么类型的事情？"sLDA 可以回答类似这样的问题。具体而言，在程序清单 4-13 中，我们分析了先前拟合的模型的回归系数 η，这将告诉我们使用哪些主题更能分别代表保守派和民主派。我们首先提取系数并按大小排序，然后绘制权重与主题的关系，如图 4-18 所示。

程序清单 4-13　这里我们抽取出 η 系数，它将主题与响应变量联系起来（slda_analysis.R）

```
# Get the coefficients for the regresssion.
coefs = data.frame(coef(summary(result$model)))
coefs = cbind(coefs, Topics=factor(topics,
        topics[order(coefs$Estimate)]))
coefs = coefs[order(coefs$Estimate),]

qplot(Topics, Estimate, colour=Estimate, size=abs(t.value),
    data=coefs) +
    geom_errorbar(width=0.5,
            aes(ymin=Estimate - Std..Error, ymax=Estimate+Std..Error)) +
    coord_flip()
```

高的正权重与保守派的博客相关，高的负权重则与自由派的博客相关。根据这一分析，如图 4-18 所示，保守派谈论的是"税收、金钱和石油"，还有反对"贝拉克·奥巴马"和"希拉里·克林顿"。然而，自由派的博主谈论"共和党候选人""麦凯恩"和"伊拉克战争"。本图对获得认识很重要，因为只用这一幅图，我们就可以总结主题以及主题与生成内容的用户组之间的关系。而直接查看数以千计的（在真实社交媒体场景下，或者数以百万计）帖子来获得这样的见解几乎是不可能的。

我们也可以检查博主使用的主题是否表明其政治倾向。为此，程序清单 4-14 中，我们使用 predict 函数来观察响应变量的预测与基础事实的对比情况。该函数首先根据拟合模型中的主题找到主题比例，然后估计响应变量，如本章前面公式（4-4）所示。然后通过基础事实计算预测部分的密度。例如，可以使用决策阈值将每个博主分配到政治图谱的两端。本例中，图 4-19 中的分值交叠区域表示潜在的预测错误，因为在这种情况下，数据集之中的保守派和自由派在此处都出现相同的分值。

3. 关系主题建模

在前面小节中，我们研究了如何将响应变量纳入到主题建模，并用它来提高主题质量，也为响应变量学习了一个预测模型。主要动机是从词或原始文本到低维语义或主题空间的转换是多对一的（有多个候选主题能够拟合观察数据），并且学习过程中任何进一步的监督能够让我们的算法获得更有意义、质量更高的主题。在本节中，我们将走一条类似的路径，但这次我们准备将关系信息纳入到主题建模。

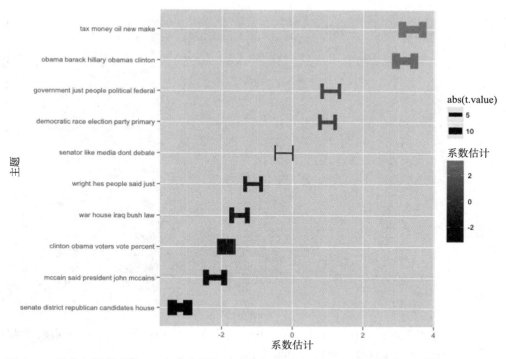

图 4-18　每个主题的系数 η，它将主题与政治意识形态连接起来。x 轴的主题系数越高，保守派博主谈论它的可能越大，而系数越低，自由派博主谈论主题的概率越大

程序清单 4-14　我们使用之前拟合好的模型对博客的政治观点进行预测，然后检查预测结果与实际标签的对比情况（slda_analysis.R）

```
predictions = slda.predict(poliblog.documents,
        result$topics,
        result$model,
        alpha=1.0,
        eta=0.1)

qplot(predictions,
            fill=factor(poliblog.ratings),
            xlab='predicted rating',
        ylab='density',
        alpha=I(0.5),
        geom='density') +
geom_vline(aes(xintercept=0)) +
theme(legend.position='none')
```

关系信息在现代数据集中广泛存在，但在社交媒体中它通常是数据的中心。任何社交图（无论有向或无向）都可以被认为是关系信息，如网页之间的超链接、电子邮件之间的连接或研究论文之间的引用。在本节中，我们研究如何将这种关系信息纳入主题建模。例如，当我们从 Tweet 数据学习主题时，如何纳入关注图信息？或者当我们从研究论文中学习主题时，如何纳入引用网络？这些就是我们将要试图回答的问题。

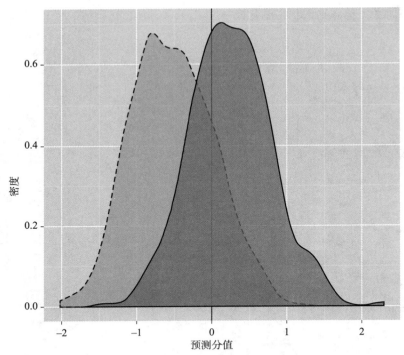

图 4-19   每组用户的预测密度。实线代表保守派，虚线代表自由派。交叠区域表示潜在错误，
可能是假正也可能是假负，具体取决于决策阈值

类似于我们对有监督主题建模的研究，本节中，我们对 LDA 进行改进。本模型称为关系主题建模（RTM）。与 LDA 不同，RTM 用关系信息（例如社交图）作为模型输入，除了一般 LDA 的输出，它还生成一个用于连接预测的模型。RTM 的动机主要有两点：

- 从词到主题的映射不是唯一的。为了辅助主题建模，我们想要使用社交图（图一般包含了丰富的信息）。例如，对社交媒体而言，人们谨慎地相互关注或成为朋友，这会告诉我们许多关于用户之间关系的信息。更进一步，他们生成的内容可能也是相关的。例如，对于单向公开图，网络中的关系主要是基于兴趣的。所以，如果用户 A 关注了用户 B，这是一个 A 对 B 生成的内容感兴趣的强烈信号，同时，A 生成的内容也可能与之相关。另一个例子是科技出版物的引用网络。对这样的图，人们在新论文中生成内容时会分享他们用到的论文。所以，了解这种信息对于理解文本中潜在的主题结构至关重要。

- 连接预测是图数据挖掘的一个重要问题。RTM 给出了一个使用图中节点生成的内容来预测图中连接的解决方案。这隐含地假设了连接的生成有一根植于两个节点所生成的内容的动态性。通过使用这个工具，我们可以预测任何关系图中不存在（但可能存在）的连接，例如社交图。

与 sLDA 类型相似，获得认识是 RTM 的一个重要组成部分。挖掘社交媒体内容的目的不仅是学习主题和连接预测的模型，我们还想要理解并概括数据。找出什么内容在连接生成过程起重要作用是一个很有价值问题。例如，谈论政治的人会互相关注吗？在体育或政治方面的共同兴趣是否分别在社交图形成中起重要作用？我们可以使用 RTM 来回答诸如此类的问题。

我们在图 4-20 给出了 RTM 的概率图模型。与图 4-15 中的 LDA 不同，我们使用关系变量 $y_{d,d'}$ 表示附加信息，如社交图中或引用网络中的连接，我们还使用潜在变量 η 来建模关系信息与两个节点间主题匹配的相关性。

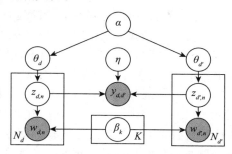

图 4-20　关系主题建模（RTM）的一个图模型。d 和 d' 分别表示图中的两个节点。阴影节点 w_d 和 $w_{d'}$ 表示在用户 d 和 d' 生成的内容中观察到的词，$y_{d,d'}$ 表示连接变量（如，社交图中的好友、文档之间的引用）。非阴影节点表示潜在变量，如主题 β、主题比例 Θ_d 和 $\Theta_{d'}$、每个词的主题分配 z_d 和 $z_{d'}$，以及关系参数，如 η，均与 LDA 中相同。与 LDA 类似，α 是模型的固定参数；面板表示重复，例如，在每个文档中有 $N_{d'}$ 个词、要学习 K 个主题。本图和更多解释可在这篇文章中找到：http://proceedings. mlr.press/v5/chang09a/chang09a.pdf

关系信息的建模与 sLDA 中的方法类似：用指数函数将主题比例间的匹配与连接联系起来。主题比例间的匹配形式化为经验主题比例的点积 $\bar{z}_d \cdot \bar{z}_{d'}$，其中 $\bar{z} = \frac{1}{T} \sum_{t=1}^{T} z_t$ 是通过吉布斯采样得到的 T 个主题分配样本之上的经验主题比例，"·"对应两个长度为 K 的向量的点积。只有两个文档都在第 k 个主题具有高比例时 $\bar{z}_d \cdot \bar{z}_{d'}$ 的第 k 个分量才会有高的值，这意味着兴趣在主题 k 上成功匹配。对连接变量

$$P\left(y_{d,d'} \middle| z_d, z_{d'}, \eta\right) = \exp\left(\eta^T \left(\bar{z}_d \cdot \bar{z}_{d'}\right)\right) \tag{4-5}$$

在观察数据（$y_{d,d'}$ 和 w 是给定的）上拟合模型会学习潜在变量 η。与 sLDA 相似，η 是长度为 K 的向量，表示主题比例上的回归系数。因为主题比例是取值在 0 和 1 之间的变量，权重越高，主题 k 起的作用就越大。

这个参数很重要，它从两个方面使 RTM 区别于 LDA：

- η 可以应用于两个没有连接的新文档，并使用主题比例预测社交图中的两个用户或引用网络中的两篇论文之间产生连接的概率。例如，只通过观察产生的内容，可以预测社交图中用户 A 是否会对连接到用户 B 感兴趣。
- η 是一种概括连接的存在与两个用户产生的内容相匹配之间相关性的好办法。例如，我们可以概括内容匹配在预测两个节点之间连接存在时起到什么作用。

推断

RTM 推断是对 LDA 推断的简单修改，sLDA 也是如此。这里不会给出完整的推导，但我们将解释算法背后的主要思想。其中有两个不同于 LDA 的主要方面：

- 主题分配不再以无监督的形式进行。分配根据其与图结构或关系信息的一致程度进行加权。比如说我们想要决定将文档 d 中的词 w_i 分配给主题"体育"还是主题"居家 /

园艺"。假设 η 的当前状态表明该网络中对主题"居家 / 园艺"的共同兴趣与连接生成高度相关。那么，如果 w_i 所属用户有许多朋友对"居家 / 园艺"很感兴趣，则它很可能应该被分配给主题"居家 / 园艺"，因为来自关系信息的监督告诉算法这么做。

■ 给定主题分配，我们希望找出 η。照例，对 η 的推断过程从某个随机的初始化值开始。RTM 使用当前主题分配估计经验主题比例。在 sLDA 中，如果响应是二值的（例如，垃圾信息、非垃圾信息），那么 η 的更新与经典的逻辑回归问题相似，因为它们都有正例和负例。在 RTM 中，关系信息通常是图的形式，这种情况下图中或者有一条边或者没有。这意味着没有负例——在图中并不存在类似于非边（non-edge）的东西。为了解决这个问题，RTM 使用假设图中存在一些非边的参数的正则化。这符合直觉，因为我们知道社交图中的用户不会想要和每个人成为朋友。所以，排除一些用户并假定他们对所有主题具体相同兴趣是合理的。考虑到这一点，在这种情况下，η 的更新公式也是一个正则回归。推断持续迭代，η 固定时进行采样主题分配，然后用给定的主题分配通过解正则回归问题更新 η。

实验演示

本节继续使用 CRAN 的 lda 包。我们再次使用 lda 包附带的、经过预处理的 Cora 数据集，在 LDA 模型的无监督主题建模中也使用了该数据集。在这里，我们还使用文档之间的连接表示引用其他的论文。

在程序清单 4-15 中，我们用 LDA 和 RTM 拟合这个数据集。与 LDA 相比，RTM 还使用研究文章之间的引用连接作为附加数据。LDA 和 RTM 生成的主题看起来很相似。不过，索引是不同的。这是由于可识别性问题（即关于神经网络的主题在 LDA 中索引为主题 1，而在 RTM 中索引为主题 7）。虽然查看表示主题的主要单词可以让我们对主题的质量有所了解，但很难量化两种模型之间的差异。

程序清单 4-15　将 RTM 模型拟合到 Cora 数据集，将引文网络视为出版物之间的关系（rtm_analysis.R）

```
library(lda)

# Load the data.
data(cora.documents)
data(cora.vocab)
data(cora.titles)
data(cora.cites)                    # Now we also have citations.

# Inspect the data and seeing the explanations.
?cora.documents
head(cora.documents)
length(cora.documents)
head(cora.vocab)
length(cora.vocab)

# The number of topics.
K = 10

# Fit an RTM model.
rtm.model = rtm.collapsed.gibbs.sampler(cora.documents,
        cora.cites,                # Links are input to the model.
        K,
        cora.vocab,
```

```
        35,
        0.1, 0.1, 6)
# Fit an LDA model to the topics.
lda.model = lda.collapsed.gibbs.sampler(cora.documents,
        K,                      # The Number of topics.
        cora.vocab,
        50,                     # The number of iterations.
        0.1,
        0.1,
        compute.log.likelihood=TRUE)


top.words.rtm = top.topic.words(rtm.model$topics, 5, by.score=TRUE)
top.words.lda = top.topic.words(lda.model$topics, 5, by.score=TRUE)


top.words.rtm
      [,1]          [,2]            [,3]          [,4]         [,5]
[,6]
[1,] "learning"    "genetic"       "bayesian"    "decision"   "research"
"markov"
[2,] "networks"    "optimization"  "data"        "tree"       "grant"
"chain"
[3,] "training"    "control"       "belief"      "trees"      "university"
"sampling"
[4,] "network"     "neural"        "model"       "crossover"  "science"
"distribution"
[5,] "features"    "design"        "regression"  "examples"   "supported"
"error"
      [,7]          [,8]            [,9]          [,10]
[1,] "network"     "reinforcement" "algorithm"   "knowledge"
[2,] "neural"      "genetic"       "queries"     "design"
[3,] "networks"    "algorithm"     "time"        "reasoning"
[4,] "visual"      "fitness"       "learner"     "system"
[5,] "recurrent"   "population"    "query"       "planning"


top.words.lda
      [,1]          [,2]         [,3]            [,4]             [,5]
[,6]
[1,] "neural"      "visual"     "logic"         "theory"         "knowledge"
"bayesian"
[2,] "networks"    "network"    "instruction"   "error"          "learning"
"models"
[3,] "network"     "model"      "clauses"       "generalization" "system"
"model"
[4,] "learning"    "neural"     "processor"     "belief"         "reasoning"
"data"
[5,] "recurrent"   "system"     "programming"   "learning"       "planning"
"networks"
      [,7]          [,8]            [,9]          [,10]
[1,] "search"      "genetic"       "algorithm"   "research"
[2,] "algorithm"   "evolutionary"  "algorithms"  "grant"
[3,] "decision"    "programming"   "bayesian"    "university"
[4,] "trees"       "fitness"       "decision"    "science"
[5,] "genetic"     "population"    "data"        "report"
```

为了更好地比较我们进行下面的实验：从图中抽取 100 条边。然后使用 LDA 和 RTM

生成的主题和主题分配来预测边存在的概率。程序清单 4-16 执行此项操作。

程序清单 4-16   在引用图中使用 LDA 和 RTM 预测抽样边的存在（`rtm_analysis.R`）

```
# Randomly sample 100 edges.
edges = links.as.edgelist(cora.cites)

# Sample the edges and find the probabilities.
sampled.edges = edges[sample(dim(edges)[1], 100),]
rtm.similarity = predictive.link.probability(sampled.edges,
        rtm.model$document_sums, 0.1, 6)
lda.similarity = predictive.link.probability(sampled.edges,
        lda.model$document_sums, 0.1, 6)

# Compute how many times each document was cited.
cite.counts = table(factor(edges[, 1],
                levels=1 : dim(rtm.model$document_sums)[2]))

# Which topic is most expressed by the cited document.
max.topic = apply(rtm.model$document_sums, 2, which.max)

qplot(lda.similarity, rtm.similarity,
                size=log(cite.counts[sampled.edges[, 1]]),
                colour=factor(max.topic[sampled.edges[, 2]]),
                xlab='LDA predicted link probability',
                ylab='RTM predicted link probability',
                xlim=c(0, 0.5), ylim=c(0, 0.5)) +
        scale_size(name='log(Number of citations)') +
        scale_colour_hue(name='Max RTM topic of citing document')
```

在图 4-21 中，我们绘制了由 LDA 和 RTM 分别预测的 100 条抽样边的存在概率。如果两个模型产生了完全相同的概率，100 条抽样边对应的点将整齐排列在对角线上，与两个坐标轴都成 45 度角。然而，两个模型几乎对所有边都产生了不同的预测分值，而 RTM 给出的分值更高，这表明主题比例允许 RTM 进行更好的预测。（注意，由于样例的原因，我们在相同数据集上进行训练和预测，但是这在其他情形下是应该避免的。）这表明在主题建模中使用关系信息会帮助我们学到反过来对连接预测更有用的主题。

4.4   总结

尽管内容应该比用户贡献的文本更丰富（将图片、视频、音乐作为其他类型的内容），但我们仍将注意力转向文本的建模和简化，从而发现了一些关于社交媒体中用户对什么感兴趣的东西。读者看到了如何将一串词映射到主题，以及这些主题在一系列帖子中是如何表示的。

- 一项最基本的收获是，我们可以将文本视为一组单词进行处理，并使用词的频次和共现（co-occurrence）来找到相关的文档。
- 就主题流行程度而言，我们看到一些主题比其他主题唤起了用户更大的兴趣，具体而言，流行程度符合长尾分布。这符合预期，因为人类活动的结果显示了类似的特性。这里同样存在大量不同的主题，只有少数用户对其感兴趣。
- 我们找到了一种将单个文档聚合在一起并描述主题的层次结构的方法。此外，读者还了解到如何使用不同的方法将文档柔性分配给主题，因为实际文本（特别是长文本）可能同时涵盖多个主题。

■ 用户谈论的内容可以被用于预测这些用户进一步的特征，读者在本章后半部分已经看到了这一点。此外，使用社交连接和进一步的协变量也可以帮助改进我们对用户的交流内容和他们对社交媒体的文本贡献的预测。

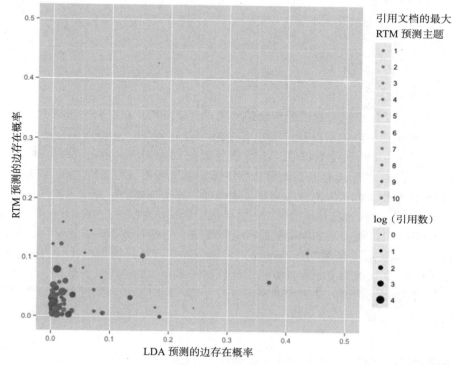

图 4-21　对 100 条存在的边构成的样本，RTM 和 LDA 分别进行连接预测所得到概率的对比

到目前位置，我们已经考察了用户特征、用户间网络、时间的角色，以及用户在社交媒体生成的文本的特性。下面我们转向如何处理海量的实际数据（这些数据通常与社交媒体使用有关），以及使用哪些算法能够使得这些大规模任务在计算上成为可行。

第 5 章

处理大型数据集

最受欢迎的社交站点拥有数亿到十余亿的用户。记录用户在平台上进行的活动（例如消息发布、添加和移除网络关系以及点击），数据将迅速达到 TB（1000 GB）到 PB（百万 GB）的量级。大致估计一下：假设 1000 万用户每人每天花 10 分钟在站点上，每分钟查看 10 个内容项，那么每天需要记录 10 亿条目到日志中。若记录每个条目需要约 1000 字节，那么每天就会产生 1TB 的数据。如果考虑服务系统日志的话，这个粗略的估计很可能低估了 1 个数量级甚至更多。显然，持续进行任何能够跟上这种数据增长速度的分析需要可观的计算资源。

单个处理器不可能跟上互联网规模的社交数据流。对这种数据的分析必须依靠抽样、近似或并行算法。本章重点介绍 MapReduce，它是一种并行计算模型，让我们能够系统地组织问题，以便可以利用成百上千台计算机以比数据积累更快的速度处理数据。本章还将介绍一些算法，它们使用比传统方法更少的资源进行计算，同时所得到的近似结果在实际值的保证范围内。

5.1 MapReduce：组织并行和串行操作

MapReduce 以函数式程序设计文献中的两个函数命名：map 和 reduce。这两个函数表示计算中的纯并行（map）和串行（reduce）操作。传统上，它们是高阶函数或者说是以函数作为参数的函数。这两个函数在 Python 中也有标准版本，如程序清单 5-1 所示。

程序清单 5-1　用一个简单的 Python 示例来说明 MapReduce 范例（`mapreduce_def.py`）

```
def map2(fun, items):
    '''The Map operation in MapReduce.

    Slightly different from Python's standard "map".
    '''
    result = []
    for x in items:
        result.extend(fun(x))
    return result


def reduce(fun, items):
    '''The Reduce operation in MapReduce.'''
    result = None
    for x in items:
```

```
        if result is not None:
            result = fun(result, x)
        else:
            result = x
    return result


def times2(x):
    yield 2 * x


def add(x, y):
    return x + y


if __name__ == '__main__':
    print map2(times2, [1, 2, 3])
    # Prints [2, 4, 6]

    print reduce(add, [1, 2, 3])
    # Prints 6
```

Google 基于这两个函数开发了一个称为 MapReduce 的系统。Yahoo 用 Java 建立了一个类似的实现，称为 Hadoop，它作为这种方法的开源实现非常受欢迎。MapReduce 和 Hadoop 不同于前面代码中简单示例的一点是，map 函数的输出是键和值的对。此外，对于每个键，reduce 函数作用于具有相同键的记录组，而不是单个 reduce 函数处理所有 map 输出。

这些系统驾驭成百上千台计算机，每台机器的本地磁盘都保存了全局文件系统的某个子集。于是，第一阶段，或者说操作的 map 阶段，能够在已经存储了输入数据的计算机上执行。map 任务运行之后的输出为键 – 值对，所有具有相同键的对被发送到同一个 reduce 任务。

程序清单 5-2 给出了一个类似于 MapReduce 或 Hadoop 模型的简单应用。

程序清单 5-2　用一个简单的 Python 示例来说明 MapReduce 范例（ `keyed_mapreduce.py` **）**

```
from mapreduce_def import map2


def keyed_mapreduce(items, mapfn, redfn):
    # Do the Map phase.
    mapped = map2(mapfn, items)
    # Partition values by key.
    keyed_values = {}
    for (key, value) in mapped:
        values = keyed_values.get(key, [])
        values.append(value)
        keyed_values[key] = values
    # Do the reduce phase.
    for (key, values) in keyed_values.iteritems():
        for out in redfn(key, values):
            yield out


def map1(x):
    '''A sample map function.
```

```
    Notice that we return something iterable. We can use this to filter,
    or expand the input by returning 0 or more than 1 items, respectively.
    '''
    key = x % 3
    value = x
    yield (key, value)
def red1(key, values):
    '''A sample reduce function.

    Again, we return something iterable for flexibility.
    '''
    yield (key, sum(values))


if __name__ == '__main__':
    print dict(keyed_mapreduce(range(0, 100), map1, red1))
    # Prints {0: 1683, 1: 1617, 2: 1650}

    print {
        0: sum([x for x in range(0, 100) if x % 3 == 0]),
        1: sum([x for x in range(0, 100) if x % 3 == 1]),
        2: sum([x for x in range(0, 100) if x % 3 == 2])
    }
    # Prints the same as above
```

这段代码包括三个阶段：map 阶段、partition 阶段（也称为 shuffle 阶段），以及最后的 reduce 阶段。本例中，我们使用 MapReduce 方法将从 0 到小于 100 的整数分到三个桶中：除以 3 时余数为 0 的数、余数为 1 的数，以及余数为 2 的数。最后，我们将每个键控桶中的所有值相加。这不是一个令人激动或直接可用的计算，但它应该是足够简单易懂的。当这个示例和代码产生了它应有的效果时，读者会问在这个模型中还能计算其他什么任务。

5.1.1 单词计数

经典的算例是单词计数。在这个问题中，给定包括许多行的文本，每行有一定数量的单词。要得到的结果是每个单词出现的次数。这个简单的问题展示在程序清单 5-3 中。

程序清单 5-3 MapReduce 的经典单词计数示例（`word_cound.py`）

```
import sys

from keyed_mapreduce import keyed_mapreduce


def mapfn(line):
    '''Split up a line into words.'''
    return [(word, 1) for word in line.split()]
def plus(key, values):
    '''Add up the values for the given key.'''
    yield (key, sum(values))


for wordcount in keyed_mapreduce(sys.stdin, mapfn, plus):
    print wordcount
```

　　因为 map 阶段是纯并行的，所以可以利用任意数量的处理器。设想一下，如果待处理对象列表包含数十亿的元素，这些数据分布在数百台机器上。只要每台机器都有事做，这个示例程序就会工作得很好！这是非常强大的。尽管这并不总是组织计算任务最自然的方式，特别是最初的时候，但我们这样做了之后，就可以轻松地以允许 Hadoop 这样的系统发挥并行优势的方式表达并行算法。

　　在描述这样的计算时，我们通常根据词进行分组，然后计算每个组的大小，这里的计算任务可以通过将值设为 1 并在 reducer 中对这些值求和来实现。map 阶段通常准备好键和值，其中键是分组的依据，而值是我们在 reducer 中聚合的对象。

　　虽然看起来单词计数并不是一个令人激动的任务，我们要做的是发挥想象力来认识这个简单算法的实质：将单词的每次出现都视为一次投票并将单词计数视为计票，这就是一种排名的形式。如果要做的不是单词计数，我们可能希望统计指向网页的链接。（链接通常以不包含空格的字符串表示，称为统一资源定位符（URL，uniform resource locator），一般以"http"开头。）程序清单 5-4 是一个 URL 计数任务。

程序清单 5-4　单词计数示例的一个变体，统计给定目录下 HTML 文件中的不同 URL 数（`url_count.py`）

```
'''
Count the distinct URLs in all the HTML files in a directory.

Run as
python src/chapter5/url_count.py data/mapreduce/url_counting
'''

import sys
from os import listdir
from os.path import isfile, join
from HTMLParser import HTMLParser

from keyed_mapreduce import keyed_mapreduce


# Create a subclass and override the handler methods.
class UrlParser(HTMLParser):
    def __init__(self):
        HTMLParser.__init__(self)
        self.__urls__ = []

    def urls(self):
        '''Get the URLS from the last feed, and empty the list.'''
        for url in self.__urls__:
            yield url
        self.__urls__[:] = []

    def handle_starttag(self, tag, attrs):
        '''Get the links, which are in anchor <a href=""> tags.'''
        if tag == 'a':
            self.__urls__.extend(
                [url for (href, url) in attrs if href == 'href'])


def urls(fileline):
```

```
        '''Return 1 as the value for every URL appearing in the line.'''
        (filename, line) = fileline
        parser.feed(line)
        return [(url, 1) for url in parser.urls()]


    def plus(key, values):
        yield (key, sum(values))


    def filesource(files):
        '''Creates an iterator of (filename, line) pairs.

        Allows us to operate on many files.
        '''
        for fname in files:
            with open(fname, 'r') as f:
                for line in f:
                    yield (fname, line)


    if __name__ == '__main__':
        # Each mapper will need an html parser to read the anchor tags.
        parser = UrlParser()

        path = sys.argv[1]
        htmlfiles = [join(path, f) for f in listdir(path)
                        if isfile(join(path, f)) and f.endswith('html')]
        for urlcount in keyed_mapreduce(filesource(htmlfiles), urls, plus):
            print urlcount
```

关于这个 URL 计数任务，有几点需要注意。首先，大多数代码都花在准备数据和识别 URL 上，MapReduce 在形式上淡入了背景之中。实际上，这里的 reduce 操作与单词计数示例中所用的完全相同。称为 `urls` 的 maper 函数看起来并不复杂，但这是因为把工作交给了解析器，解析器代码中除了使用本地定义的逻辑之外，还依赖于来自 Python 标准库 `HTMLParser` 的基本功能。简而言之，这个算法首先基于 URL 进行分组，然后统计每个组的大小。

除了 map 函数和 reduce 函数，一个新的概念出现在前面的例子中，那就是输入函数。这个概念在 Hadoop、Pig、Cascading 和 Scalding 中分别称为 InputFormat、Loader、Tap 和 Source。无论名字是什么，概念都是相同的：它提供了一种划分和读取输入数据的方式，这样多个独立任务可以同时读取整个数据集。本例中，`filesource` 函数列出了所有用户传入参数指定目录下的 `.html` 文件，而后，对每个文件每一行，生成一个由当前文件名和当前行组成的对。我们需要知道正在读取哪个文件以便确定计算的输出。例如，如果我们的 URL 计数器不仅只是做个演示用的玩具，它需要能够理解相对链接。为此，它就必须知道标签中 `href` 属性来自哪个文件。考虑 "`blog/2014/01/01.html`"，看起来这并不是一个 URL，但是如果知道它出自从 URL "`http: //example.com`" 处获取的文件，我们就会明白完整的 URL 是 "`http: //example.com/blog/2014/01/01.html`"。

记住，虽然单词计数看起来像是一个无聊的计算，然而许多有趣的大数据计算只是单词计数在大型数据集上的变体。

5.1.2 偏斜：最后一个 Reducer 的诅咒

如 MapReduce 模型所示，reduce 阶段的并行性是通过对键空间进行划分来实现的。除非 reduce 操作满足结合律，否则通常情况下单个 reducer 所承担的任务是不能并行的。而显然，完整的 MapReduce 作业直到最后一个 reducer 完工才能结束。如果与一个或几个键相关联的值比与其他键关联的值多很多，会怎么样呢？结果是，整个作业会因为几个 reduce 任务要处理大量的值而需要很长时间才能完成，而我们只能等待。

为什么会发生这种情况？如我们所见，网络系统中常见的幂律分布会产生一些值，它们远远大于其他值。考虑 Twitter 上关注贝拉克·奥巴马的用户数（本书写作时是受欢迎程度排名第三的账号，拥有超过 1 亿粉丝），而你我可能只有不到 100 或者 1000 的连接。如果我们运行一个作业，返回每个用户的粉丝中拥有粉丝最多的一位，会怎么样呢？

假设数据包括三列：user、follower、FFC（followers' follower count）。这个 MapReduce 作业很容易实现。在 map 阶段只需将 user 作为键，将（follower，FFC）对作为值。在 reduce 阶段对每个键遍历所有的值并返回第一个粉丝数大于等于其他粉丝数的粉丝。对 @BarackObama，需要检查一个包含 1 亿多粉丝的列表，处理这个列表的 reducer 要比处理只有 100 个粉丝的用户的 reducer 花费长得多的时间。在这个上下文中可以称 @BarackObama 为 "热键"（hot key）。有两种常用方法来处理热键。现在都看一下。

如果 reduce 操作满足结合律，即：

$$reduce(reduce(a,b), c)=reduce(a, reduce(b,c))$$

并且满足交换律：

$$reduce(a, b)=reduce(b, a)$$

那么，在 mapper 上，在发送给 reducer 之前，可以对驻留在该 mapper 的那部分记录进行 reduce 操作。这会保证对每个 mapper 上的每个键，只需要向每个 reducer 发送一个值，而不是每个记录发送一个值。有两种在 mapper 上进行 reduce 操作的常用方法。第一种方法是复制 reduce 的行为并按 "键" 对数据进行划分，然后对每组键进行 reduce 操作。这种方法没有利用这样一个事实，即由于结合律和交换律，可以每次归约（reduce）掉一个值。

第二种方法是为每个键在内存中维护一个哈希表。当一个新值到来时，直接将其与对应键已有的值合并。这样做会产生与每个 mapper 上键空间的基数成比例的内存开销。如果无法将所有键保存在内存中，那也没关系。请注意，我们不必归约给定键所有的值，因为 reducer 仍会将来自多个 mapper 的数据合并起来。因此，在不耗尽内存的情况下保持尽可能大的缓存并简单地从中排除最不常用的键就足够了。处理完 mapper 中的所有数据之后，可以将整个缓存刷新到 reducer。

哪种方法速度更快在一定程度上取决于数据，但许多应用（如 Pig、Cascading 和 Scalding）选择了基于内存缓存的方法。故而，在设计定期调度和运行的数据管道时，确保在 mapper 上运行可交换的 reduce 操作可以显著提高性能。而当使用更高级别的系统（Scalding、Spark、Pig、Impala 和 Hive）时，通常不需要为采用哪种方法而烦恼。

5.2 多阶段 MapReduce 流

虽然许多情况可以通过一个 map 阶段和一个 reduce 阶段进行处理，但通常需要多个

MapReduce 阶段才能完成作业。如果使用处于类似于 MapReduce 的系统之上的库，我们无须手工打造这个多阶段处理方案。然而，对于编写高效代码和调试问题来说，理解多阶段流中的高级操作如何执行是非常有益的。

　　MapReduce 的优点之一是只有三个原语：mapping（一次一个对象）、partitioning（通过键识别数据），以及 reducing（对给定划分，处理其中所有值来生成一组新的值）。这些原语非常适于在分布式环境中使用，因而这种系统很受欢迎。下面这个最简单的例子是 MapReduce 单阶段计算图，它使用了我们前面的 Python 库：

```
from keyed_mapreduce import keyed_mapreduce

# Logically: Map -> Partition -> Reduce
result = keyed_mapreduce(load(), mapFn, redFn)
```

　　要建立更复杂的处理流程，则需要考虑更复杂的图。当然，某些操作不需要 reduce 操作。考虑将数据从一种格式转换到另一种，这只需要将类型 A 的记录映射（map）到类型 B。

```
# Here is an identity reduce operation.
# Logically: Map
def identity_reduce(key, values):
    for value in values:
        yield (key, value)

result = keyed_mapreduce(load(), mapFn, identity_reduce)

# We could have skipped the shuffle entirely such as this:
result = (mapFn(x) for x in load())
```

　　Hadoop 支持这种只有 map 阶段而无须为 reducer 进行基于键的划分的作业。我们计算图的另一个扩展是在一个作业中输出数据并在下一个作业中读取。这样可以有效创建以下内容：

```
# Map -> Partition -> Reduce -> Map -> Partition -> Reduce
result1 = keyed_mapreduce(load(), mapFn1, redFn1)
result2 = keyed_mapreduce(result1, mapFn2, redFn2)
```

　　这样程序就更加强大了，但仍是一个线性操作序列。这种计算的一个很好例子是创建频次直方图。假设我们想知道的是对于所有的 N 值，有多少单词出现了 N 次，而不是对单词进行计数。例如，这条曲线看起来像指数分布或者是幂律分布吗？程序清单 5-5 中的代码片段展示了如何在 MapReduce 中创建单词频次直方图。

程序清单 5-5　在 MapReduce 中创建频次直方图（word_freq_hist.py）

```
import sys

from keyed_mapreduce import keyed_mapreduce


def mapfn(line):
    return [(word, 1) for word in line.split()]


def plus(key, values):
```

```
    yield (key, sum(values))


def get_count(word_count):
    yield (word_count[1], 1)


# Read the words from stdin.
word_counts = keyed_mapreduce(sys.stdin, mapfn, plus)
# Calculate the histogram of word counts.
histogram = keyed_mapreduce(word_counts, get_count, plus)

# Print the histogram in decreasing order of the frequencies.
for (freq, count) in sorted(histogram, key=lambda x: x[1],
reverse=True):
    print "%i\t%i" % (freq, count)
```

这个计算实际上是单词计数计算应用于其自身：先通过单词分组，然后进行计数以获取频次，最后通过频次分组并计数。它回答了这个问题：如果在样本所有单词中均匀随机选择一个，该词在语料库中出现的频次如何？分析这样的问题在自然语言处理任务中是非常有用的。

下面，考虑两种最常用的（并且相关）创建非线性计算流的方法。

5.2.1　扇出

第一个几乎微不足道的构造是通过两个而不是一个后续作业来读取单个 MapReduce 作业先前的输出。称之为分叉或扇出：

```
# We have to save this result (in a list here, but on Hadoop we write to
# disk) to read it twice.
result1 = list(keyed_mapreduce(load1(), mapFn1, redFn1))

# Now that we have saved the output of the first job, read it in two
# different ones.
result2 = keyed_mapreduce(result1, mapFn2, redFn2)
result3 = keyed_mapreduce(result1, mapFn3, redFn3)
```

对应的实例很容易想到。如本章前面的 5.1.1 节所示，许多有趣的计算本质上与单词计数是一回事。假设第一个作业是计算每个页面上每小时的点击量。这实际上就是一个单词计数任务，其中单词是网站上的页面 – 时（page-hour）。例如，一个词可能是" home-20180201T1200"，意为在 UTC 时间 2018 年 2 月 1 日中午有用户点击了网站的主页。如果给定足够多的访问日志，这将是一个大数据问题。在统计了每个页面 - 时的访问者之后，可能还需要对这些数据进行其他的归约。假设我们想知道每个页面排在前 10 的小时，以及每个小时访问量最大的页面。后两个计算任务都是从第一个派生出来的，而且可以并行进行。

5.2.2　归并数据流

归并是与扇出相反的情形。此时两个作业独立运行，而我们希望在一个作业中同时使用它们两个的输出，这就是归并。

```
def merge(first, second):
    for item in first:
        yield item
    for item in second:
        yield item

result1 = keyed_mapreduce(load1(), mapFn1, redFn1)
result2 = keyed_mapreduce(load2(), mapFn2, redFn2)
merge(result1, result2)
```

在构建一个系统时，如前面的代码片段所示，归并的实现并不困难。在 Hadoop 中，归并在类 MultipleInputs 中实现。在大多数高级系统中，它通常是一个单独的函数。

一个常见场景是运行每天例行作业来统计每个页面每小时的点击次数。我们可能每天都在所有日志就绪之后运行这个作业一次，于是每个页面–时得到一个输出。现在，我们需要查看每月每天同一个小时的点击总数。但我们不想再一次在所有日志数据上运行例程，而是将聚合的页面–时计数归并为一个输入并移除日期部分，然后汇总计数，如程序清单 5-6 所示。

程序清单 5-6　给定月份所有日期中每天同一个小时的点击总数（aggregate_month.py）

```
import sys

from keyed_mapreduce import keyed_mapreduce


# Assumes the input is a pair (page-datetime, count).
def mapfn(pagedatehour_count):
    (pagedh, count) = pagedatehour_count
    (page, dh) = pagedh.split('-')
    (date, hour) = dh.split('T')
    yield ('%s-%s' % (page, hour), count)


def plus(key, values):
    yield (key, sum(values))


def merge(inputs):
    for inp in inputs:
        for item in inp:
            yield item


input_data0 = [('home-20180201T01', 100)]
input_data1 = [('home-20180203T01', 10)]
input_data2 = [('home-20180214T13', 127)]
input_data3 = [('home-20180222T13', 1)]
input_data4 = [('home-20180228T23', 42)]

# Get the page-hour counts.
mergedin = merge(
    [input_data0, input_data1, input_data2, input_data3, input_data4])
pagehourcounts = keyed_mapreduce(mergedin, mapfn, plus)

for phc in sorted(pagehourcounts, key=lambda x: x[1], reverse=True):
```

```
    print '%s\t%i' % phc

# Outputs:
# home-13 128
# home-01 110
# home-23 42
```

现在，读者已经了解了 MapReduce、MapReduce 作业的扇出，以及 MapReduce 作业的归并。接下来将看到一个有趣的归并应用，它使用一种特殊的 reduce 来进行查找或连接。

5.2.3　连接两个数据源

连接是数据库世界的常见操作。考虑两个键 – 值对列表。对每个键内连接是生成与该键关联的值的叉乘。例如，[(0,1),(0,2)] 和 [(0,3),(0,4)] 的内连接结果为

$$[(0,(1,3)),(0,(2,3)),(0,(1,4)),(0,(2,4))]$$

程序清单 5-7 展示了 Python 中如何实现这一操作。

程序清单 5-7　以 MapReduce 操作定义内连接（`join_definition.py`）

```python
from itertools import groupby


def get_0(item):
    return item[0]


def get_1(item):
    return item[1]


def to_dict(key_values):
    '''Build a dict of key, and the list of all values for that key.'''
    return dict([(k, list(v)) for (k, v) in
                    groupby(sorted(key_values, key=get_0), get_0)])


def concat_map(f, xs):
    '''Map each element x to f(x), which is itself a list, then
    concatenate.'''
    return [y for x in xs for y in f(x)]


def cross_product(list1, list2):
    return [(x, y) for x in list1 for y in list2]


def innerjoin(list1, list2):
    '''Return a list of (k, (v, w)) for all k, v, w such that
    k, v is in list1, and k, w is in list2.'''
    table1 = to_dict(list1)
    table2 = to_dict(list2)

    # Here's is the cross product for each key.
    def key_cross(k):
```

```
        return map(lambda v: (k, v), cross_product(map(get_1, table1[k]),
                                                    map(get_1, table2[k])))

    both_keys = set(table1.keys()) & set(table2.keys())
    return concat_map(key_cross, both_keys)


if __name__ == '__main__':
    print innerjoin(map(lambda x: (x / 2, 2 * x), range(0, 5)),
                    map(lambda x: (x / 2, 3 * x), range(0, 3)))
# Prints:
# [(0, (0, 0)), (0, (0, 3)), (0, (2, 0)), (0, (2, 3)), (1, (4, 6)),
# (1, (6, 6))]
# because 0 / 2 == 1 / 2 == 0, etc.
# so the first list is  [(0, 0), (0, 2), (1, 4), (1, 6), (2, 8)]
#    the second list is [(0, 0), (0, 3), (1, 6)]
# cross product for key 0 = [0, 2] x [0, 3] = [(0, 0), (0, 3), (2, 0),
# (2, 3)]
# cross product for key 1 = [4, 6] x [6] = [(4, 6), (6, 6)]
# cross product for key 2 = [8] x [] = []
```

如果每个键只有一个与之关联的值，则连接等同于对该键进行查找。对每个键，将来自不同列表（list）或表（table）的两个值组合到一起。例如，一个列表是用户 ID 本周点击次数，另一个列表是前一周的相同数据。如果在用户 ID 上进行连接操作，我们可以看到本周哪些用户的点击次数比上一周多或少。

另一个例子来自数据分析。假设我们已有用户点击日志。在登录时，我们可能只知道用户 ID。此前，用户可能已经向平台提供了一些信息，例如他们的兴趣或他们希望从谁那里看到更新。假设我们想知道，对每个兴趣，在给定页面上收到多少次点击。如果知道了这一点，我们就可以开始寻找一些变量之间的相关性和交互信息。内连接正好提供了这个功能：在用户 ID 上连接，然后按兴趣－页面对进行分组，最后求和。顺便说一句，这种先连接，然后忽略键，最后按组合并的模式正是用户 × 页面矩阵和用户 × 兴趣矩阵之间的矩阵乘法，这是一个能确认读者理解上述内容的很好的练习。

现在我们已经清楚了连接的含义、用 Python 如何实现以及在分析任务中如何使用，但是如何在 MapReduce 中实现它呢？尽管由于所有常用框架都已经内置了连接操作，读者可能永远都不需要在 MapReduce 中亲自实现，但是了解在调试性能问题时如何实现连接操作是很有帮助的。

排序－归并连接（sort-merge join）是一个常用的算法。该算法通过对两个值的集合进行排序，在每个键的 reducer 中执行叉乘。这可能看起来绕了远路，但请记住，我们仅有的基本操作是 map、shuffling 和 reduce。我们首先用 decorate 函数对这些值进行处理，以便之后可以分清它们是来自左边还是右边。然后在 reducer 中，对它们进行排序。虽然从左边开始处理各个项，但是我们先把它们保存在内存或磁盘中。对于右边的每一项，我们生成该项与左边所有项的叉乘。程序清单 5-8 中的代码片段显示了算法的一个实现。

程序清单 5-8　用 MapReduce 操作实现排序－归并连接（mapred_join.py）

```
from keyed_mapreduce import keyed_mapreduce


def innerjoin_mr(list1, list2):
```

```python
# First do the map-only operation to add the decorator to tell
# right from left.
def decorate(index):
    '''Return a function that we can use to map and add a
    decorator.'''
    def __dec__(kv):
        (key, value) = kv
        yield (key, (index, value))
    return __dec__

def identity_reduce(key, values):
    for value in values:
        yield (key, value)


decleft = keyed_mapreduce(list1, decorate(0), identity_reduce)
decright = keyed_mapreduce(list2, decorate(1), identity_reduce)

# Now do the reduce-only operation to cross product on each key.
def identity_map(x):
    yield x

def merge(left, right):
    for l in left:
        yield l
    for r in right:
        yield r

# Here is the cross product algorithm as a reduce function.
def sort_merge(key, leftandright):
    left_first = sorted(leftandright, key=lambda v: v[0])
    lefts = []
    # We only go through this once:
    for item in left_first:
        value = item[1]
        if item[0] == 0:
            lefts.append(value)
        else:
            # We have all the lefts, start emitting on the right.
            for left in lefts:
                yield (key, (left, value))

    return keyed_mapreduce(merge(decleft, decright), identity_map,
        sort_merge)


if __name__ == '__main__':
    print list(innerjoin_mr(
        map(lambda x: (x / 2, 2 * x), range(0, 5)),
        map(lambda x: (x / 2, 3 * x), range(0, 3))))
# Prints:
# [(0, (0, 0)), (0, (0, 3)), (0, (2, 0)), (0, (2, 3)), (1, (4, 6)),
# (1, (6, 6))]
```

如果仔细观察，读者会发现这个算法有一个潜在的问题。请注意，reduce 阶段的并行性来自于这样一个事实：每个键都是并行处理的。只有在所有 reducer 都完成后，作业才算完成。因此，如果某个键有许多值，它就会成为整个作业的瓶颈。然而，在连接操作时，情况会更加糟糕：我们在使用一个平方复杂度的算法计算叉乘！考虑查找所有关注有共同用户的用户对的问题，也就是说他们是某个社交图上的第二邻居。我们可以通过将边列表与其自身连接来解决这个问题，其中边（A，B）表示 A 被 B 所关注。这会产生形如 [(A,(B,C)), (A,(B,D)),…] 的列表。如果 A 被 N 个用户关注，那么连接的叉乘会有 N^2 对！对于一个像 Twitter 这样的系统，对于 @BarackObama 这样被超过 1 亿人关注的用户，会产生 10 000 万亿的用户对。这有可能使处理连接所需的时间产生巨大的偏斜。需要注意的是，当我们看到一个或几个 reducer 在连接中花费的时间比其余 reducer 长得多时，通常无法通过简单地加入更多的 reducer 来解决问题。在这种高度偏斜的情况下，需要对连接算法进行修改。

5.2.4 连接小数据集

上节之中介绍了一个连接算法，该算法是大多数 MapReduce 系统的默认实现，它使用基于键的划分以及排序－归并来实现连接操作。这个算法在有许多键并且每个键具有大致相同数量的值时工作得非常好。让我们看下排序－归并连接的通信代价。如果左侧有 L 个记录，右侧有 R 个记录，在 reduce 阶段我们需要对所有 $L+R$ 个记录进行划分。但是如果一个数据集比另一个小很多会怎么样呢？让我们考虑一下。

连接操作遵循一个特定的代数公式。如果我们考虑单个键，则连接是列表上的叉乘：

```
def cross_product(list1, list2):
    return [(x, y) for x in list1 for y in list2]
```

如果我们定义列表上的加法操作为串接（concatenation），也就是当我们写下 [1,2]+[3,4] 时 Python 所做的，那么这两个操作符满足分配律：

$$\text{cross\_product}(a+b, c) = \text{cross\_product}(a, c) + \text{cross\_product}(b, c)$$
$$\text{cross\_product}(a, b+c) = \text{cross\_product}(a, b) + \text{cross\_product}(a, c)$$

如果我们记 L_i 为 mapper i 可以访问的左侧数据划分，那么要得到叉乘：

$$\text{cross\_product}(L, R) = \text{cross\_product}\left(\sum_i L_i, R\right) = \sum_i \text{cross\_product}(L_i, R)$$

这个公式表明，如果将所有的 R 复制到每个 mapper 上并在本地进行连接，尽管在不同的机器上分布不同，我们可以得到相同的逻辑结果。但是这样做的代价如何呢？

排序－归并连接对数据进行 shuffle 操作的代价为 $L+R$。假定我们有 M_L 个 mapper 保存了 L 个记录，map 侧的连接需要 $M_L \times R$ 的通信代价。所以，这表明当 $M_L R<L+R$ 时，或者等价的 $R<L/(M_L-1)$ 时，我们应当选择 map 侧的连接。因为即使在大的集群中，mapper 的数量一般在 100 到 1000，根据经验，如果数据的一侧大于另一侧的 100 ～ 1000 倍，则应考虑在 map 侧进行连接。

5.2.5 大规模 MapReduce 模型

到目前为止，读者已经看到了 MapReduce 作业、仅包括 map 的作业、归并（在一个作业中读取多个输入）、扇出（多次读取单个输出）和连接（带归并 MapReduce 的应用）。描述和组织大量 MapReduce 作业可能很乏味。如果流程中的一个步骤失败，则应将整个流程视为失败。因此，除非作业很简单，现在很少有人用 Hadoop API 直接编写 MapReduce 作业。

尽管如此，如果不了解底层实现，则很难理解如何设计和调试大型流程。

有两种主要的 MapReduce 程序设计模型。一种是创建类似 SQL 的语言供用户使用，然后将查询规划为在集群上运行的一系列 MapReduce 作业。这种风格被 Pig、Hive、Impala、Spark SQL、Cascading-Lingual 以及其他一些应用采用。另一种可以称为分布式集合（distributed collection）模型。该模型使用集群来保存分布式的项目（item）集合，就像成员存储在多台机器上的列表那样。Reduce 操作就像构建分布式的 map，其中每个键都有一个值的列表。相应库提供了许多熟悉的集合操作。Scalding、Spark、Scoobi、Crunch、Scrunch 以及其他一些应用采用了这一模型。

5.3 MapReduc 程序设计模式

上一节讨论了 MapReduce 流程的基本构成模块；本节将它们结合起来，以便读者领会如何实现有趣并且有用的计算。首先，我们讨论静态计算。这里的静态表示输入是给定的，并且计算只产生单个输出。例如，给定一个图，它有多少条边？多少节点有超过 1000 条边？边最多的 1000 个节点是哪些？

其次，除了这样的静态计算，我们通常要处理时间相关的任务。在这些情况下，我们进行一些计算，然后会有更多的输入到来，这时我们希望对已经得到的结果进行增量更新。大量的分析任务都可以归入此类。这里一个常见例子是计算较长时间段（如周）内的点击次数。若给定昨天计算的本周点击次数，我们可以把今天的点击次数加到已有结果上来生成新的结果。一个更复杂的例子是为了节省从头开始的工作量，使用昨天的结果作为今天结果的近似值对 PageRank 进行增量更新。此类问题的极端情形是实时计算，这样的任务中每次到来一个新的事件都要对计算结果进行更新。为了得到实时结果，我们需要使用 Hadoop 之外的平台，如 Storm 或 Spark，但 MapReduce 风格的思维方式依然有用。

本节将走出基本 MapReduce 的简单实现，并改为使用 Scalding 和 Scala 语言，这是一个 Hadoop 程序设计的分布式集合模型库。本节所有示例都是可执行的。

5.3.1 静态 MapReduce 作业

许多有趣的机器学习和排序算法可以表示为矩阵操作。这些矩阵的列和行通常是用户 ID、页面 ID、主题 ID、动作 ID 等事物。矩阵元素的值有时是 0/1 布尔值，有时是表示概率的浮点数。我们考虑的第一种算法是矩阵数学算法。

我们如何存储大型矩阵呢？存储矩阵的一种简单方法是将矩阵的每一行写为文本文件的一行，在该行的列之间用逗号、空格、Tab 符之类的分隔符分开。因为我们希望逐行地处理文件，所有只要能够将所有列同时放入内存这种方式就工作得很好。通常情况下，如果列数超过几千，则最好采用其他方法。一个备选方案是每行写入三个值：行号、列号和矩阵元素值，我们称之为稀疏表示。这样做可能增加近 3 倍的存储代价，因为现在我们不再是每个元素写一个值，而是三个。然而，无论矩阵多么巨大，文件每行的大小都是常数。这个每行数据大小为与总的数据大小无关的常数的特性在我们的算法需要处理 Web 规模的数据时是很有价值的。另一方面，在实践中，许多矩阵绝大多数位置都是填充的 0。而在稀疏表示中，值为 0 的位置会被忽略。于是，对许多常见矩阵，使用稀疏表示会节省巨大的存储空间。考虑 Twitter 的社交图。让我们把用户 ID 放在行和列的位置。如果 R 关注 C，我们将矩阵 R

行 C 列位置的值置为 1，否则置为 0。这个矩阵有数以亿计的行和列，但是对每一行和列，几乎所有的值都是 0，这是因为绝大多数人只关注少量的其他用户。假设平均每个用户的关注数量为 100：这意味着我们每列只需存储 100 个值。如果我们考虑采用稀疏矩阵存储 Web 页面的链接结构、产品 – 购买者矩阵或 Wikipedia 页面 – 编辑矩阵，同样会出现存储空间的巨大节约。

让我们考虑一下如何利用这样的表示进行数学运算。矩阵加法很容易表达：对于每一行和列，我们将位于该位置的值相加以生成新的值。程序清单 5-9 中的程序片段显示了实现此功能的代码。

程序清单 5-9　Scalding 实现的稀疏矩阵加法运算（`MatrixSum.scala`）

```
0 def job: Execution[Unit] = Execution.getConfig.flatMap { config =>
1   def input(name: String) =
2     TypedPipe.from
        (TypedTsv[(Long, Long, Double)] (config.get(name).get))

3   val leftInput = input("smdma.left")
4   val rightInput = input("smdma.right")
5   val output =
      TypedTsv[(Long, Long, Double)] (config.get("smdma.output").get)

6   (leftInput ++ rightInput)
7     .map { case (row, col, value) => ((row, col), value) }
8     .sumByKey
9     .map { case ((row, col), value) => (row, col, value) }
10   .writeExecution(output)
11 }
```

在这个程序片段中给出了以 Scalding 实现的矩阵加法运算源码，其中矩阵来源为 tab 分隔的输入文件。让我们看下代码的每个部分。`Execution` 是围绕一组操作的一个框，这些操作作为一系列 MapReduce 作业运行并产生一个最终结果。代码的第一行声明了一个方法 `job`，该方法返回一个 `Execution`，它运行时从磁盘读两个矩阵，执行算法，并将结果写到磁盘。为了知道要读哪个文件，我们从用户处获取输入参数。这些参数在 `Execution` 最终运行时从 `Config` 中传递。

代码第 0 行的含义为在将 `Config` 读入一个称为 `config` 的值中之后，正在生成一个新的 `Execution`。第 1 ～ 2 行定义了一个要重用的简短函数。这个函数定义了如何从 tab 分隔的值文件生成输入 `TypedPipe`。`TypedPipe` 在 Scalding 中称为虚拟值集合（可以想象这些值在我们的计算中流动）。它就像一个无序的列表，但是这个列表的各个部分存在于不同的计算机上。第二行从 `config` 获得名字并生成一个 `TypedTsv`，它是一个 tab 分隔的值文件，其中包含三列，两个 `Long` 型（不超过 64bit 的有符号整数）和一个 `Double` 型（64bit 存储的浮点数）。我们在第 3 和第 4 行调用这个输入函数两次来生成左右矩阵。用户必须传递我们选择并称为 `smdma.left` 和 `smdam.right` 的参数，但是它们可以是任何的值。在第 5 行我们生成了一个输出文件来存储结果。

处理逻辑从第 6 行开始。目的是对一个行和列所确定的位置同时从左右两侧获取值，然后将它们相加。为实现这一目的，我们归并两个管道，通过行和列分组并将值相加。注意，如果对给定的行和列在右侧没有对应项，分组时我们会得到一个只包含单独值的组。如果两侧都没有相应项，我们将不会生成具有相应行和列的组，那么就会继续保留稀疏格式。看具体代码，第 6 行使用 ++ 处理两个 TypedPipe 之间的归并。第 7 行将行和列放到对中键的位置，并将值移动到值的位置。第 8 行调用 sumByKey，就像这个名字所表示的，它基于键（此例中是行和列构成的对）进行分组，然后对每个组中的值求和。在第 9 行中，将 pair 格式拆开转换回三元组进行输出。在第 10 行我们通过将三元组写入输出文件来创建结果 Execution。

在 scalding_examples 目录下，我们可以在本地机器上运行这个示例代码：

```
cd src/chapter5/scalding_examples
./sbt "run --local " \
      "-Dsmdma.left=data/small_matrix1.tsv " \
      "-Dsmdma.right=data/small_matrix2.tsv " \
      "-Dsmdma.output=test"
# Select the "MatrixSum" class to run.
```

现在，如果读者检查新生成的名为 test 的文件的行，则它应该是两个输入文件中对应值元素的和。在本地小数据集上运行作业是将其扩展到在几十或数百台计算机上处理 GB、TB 数据之前，一种检查算法正确性和抽查性能的很好的方法。

此时，即使对读者而言还没有完全搞清楚所有 Scala 代码，也应该能够看到算法的结构如何对应我们在简单的 MapReduce 实现中所开发的内容。我们使用了归并、分组和最常见的 reduce 操作（数值求和）。下面将使用前面算法中没有用到的概念：连接。

在矩阵加法之后，我们还需要实现矩阵乘法。乘法的基本方法与下面这些有趣的图应用有关，例如查找第二个邻居、查找三角形以及计算 PageRank。让我们看看在 Scalding 中，矩阵乘算法是如何实现的。为了理解矩阵乘法，读者需要首先理解点积。两个向量的点积是各个对应元素乘积的和。例如，$dot([1,2,3],[4,1,2]) = 1 \times 4+2 \times 1+3 \times 2=12$。两个矩阵 A、B 的矩阵乘积返回一个矩阵，该矩阵位于 i 行 j 列的值正是 A 的第 i 行与 B 的第 j 列的点积。

这个公式可以写为 $M_{i,j} = \sum_k A_{i,k} B_{k,j}$。下面讨论如何转换为 MapReduce。显然前面公式是对每个 k 做一次乘法，然后对每个 i 和 j 求和。我们已经看到了求和操作的实现方法，下面使用连接操作来实现乘法。我们像前面例子中那样建立输入和输出，在程序清单 5-10 中则专注于作业的其他部分。

程序清单 5-10　在 Scalding 中使用连接操作实现矩阵乘法（MatrixProduct.scala）

```
0 val leftByCol = leftInput.map { case (r1, c1, v1) => (c1, (r1, v1)) }
1 val rightByRow = rightInput.map { case (r2, c2, v2) =>
    (r2, (c2, v2)) }

2 leftByCol.join(rightByRow)
3   .map { case (joiningKey, ((r1, v1), (c2, v2))) =>
    ((r1, c2), v1 * v2) }
4   .sumByKey
5   .map { case ((row, col), value) => (row, col, value) }
6   .writeExecution(output)
```

第一步是从前一个示例中获取三元组并将它们准备为键–值对。我们首先需要的键是左右之间的连接键。如公式所示，我们要将左边的第 k 列与右边的第 k 行联系（connect）起来，可以通过将连接键分配给左边的列和右边的行来实现这一点。我们将其余的数据移动到键值对中值的位置，如第 0 行和第 1 行所示。我们在第 2 行执行连接操作。Scalding 默认的连接操作是内连接，这正是我们想要的，因为如果一个值或者别的什么是缺失的，其含义与为 0 相同，而 0 乘以任何数都是 0。第 3 行是我们做乘法的地方。此时 TypedPipe 的每个元素都带有连接键（我们在上面称为 k），于是来自左边的值与来自右边的值乘到一起。我们希望分别保留左侧的行号 r1 和右侧的列号 c2，以及两个值的乘积。回想一下，连接是一种可以极大地扩展数据大小的叉乘。本例中，r1、c2 对中的值可能重复出现多次。我们需要将它们加起来。第 4 行到第 6 行与程序清单 5-9 中前一个示例的第 8 行到第 10 行相同。

可以使用下面命令在本地机器上运行这个例子：

```
cd src/chapter5/scalding_examples
./sbt "run --local " \
        "-Dsmdma.left=data/small_matrix1.tsv " \
        "-Dsmdma.right=data/small_matrix2.tsv " \
        "-Dsmdma.output=test"
# Select the "MatrixProduct" class to run.
```

在我们运行此命令时，如果我们仔细观察，能够看到在乘法源码中有两个 MapReduce 作业：第一个进行连接操作而第二个进行求和操作。

现在让我们将注意力转向网络或图。像单词计数这个经典的 MapReduce 范例一样，假设我们要进行粉丝计数，那么该如何统计每个用户有多少粉丝呢？然而我们为什么想要知道这个呢？一个常见的原因是排序和推荐的需要。一个简单的推荐方法是推荐最受欢迎的项。了解粉丝数量的第二个原因是向用户报告他们拥有的粉丝数量，这对使用社交系统发布状态的人而言是一个重要指标。

让我们假设输入数据使用了一种稀疏格式，像我们处理的矩阵一样。对一个图而言，这意味着有一个文件，其中包含两个值：边的源节点和目的节点。换言之，粉丝在第一列，被关注者在第二列。这是经典的 MapReduce 问题，现在我们已经非常熟悉了（程序清单 5-11）。

程序清单 5-11   确定社交关注图中用户的度（粉丝的数量）（DegreeCount.scala）

```
0 edges.map { case (from, to) => (to, 1L) }
1   .sumByKey
2   .writeExecution(output)
```

我们所做的第一件事是丢掉粉丝 ID。当统计粉丝数时，需要知道的只是数量，而无须识别具体节点。第 0 行丢弃粉丝并将被关注者置于键的位置。在值的位置，我们将指示 Scala 使用 64 位数的数值 1L 放在这里。（提示：对于大数据，最好总是使用 Long 型来计数，因为许多语言中的普通整数只能表示几十亿的数字。）第 1 行触发 reduce 过程对所有的 1 求和以生成总数。最后，我们将它写入一个包含两列 Long 型数值的输出。读者可以用下面命令运行这个示例：

```
cd src/chapter5/scalding_examples
./sbt "run --local -Dsmdma.edges=data/small_graph.tsv " \
"-Dsmdma.output=test"
# Select the "DegreeCount" class to run.
```

如我们所知，单词计数非常重要。它再次站到我们面前：度计数只是单词计数换了一个名字。如果仔细看，读者会发现我们的矩阵求和例子与度计数是多么的接近。我们在每一个有粉丝 – 被关注者行 – 列对的地方都放置一个 1，然后对该矩阵的列求和产生一个向量。并非每个人都喜欢用矩阵来表示这种问题，但从不同的角度来看问题通常是有价值的。

就像度计数与矩阵加法很相似，在图上寻找第二个邻居的问题与矩阵乘法也十分类似。该算法以 SecondNeighbors.scala 的名字呈现在本书的示例源代码中，如程序清单 5-12 所示。

程序清单 5-12　查找节点的第二邻居（SecondNeighbors.scala）

```
0 edges
1   .map { case (from, to) => (to, from) }
2   .join(edges)
3   .map { case (middleNode, (from, to)) => (from, to) }
4   .distinct
5   .writeExecution(output)
```

和前面一样，我们省略了对读取输入和设置输出等公共代码的讨论，因为在所有这些示例中，它们实际上都是相同的。在第 1 和第 2 行，我们颠倒了边的次序。此处的想法是得到 A → B → C 这样的三元组。我们用前面公式中的 B 或第 1 行中的 "to" 进行分组，并执行一个内连接来找出全部通过该节点连接的节点对。进行连接之后，我们可以不再理会我们经过的中间节点：考虑第二个邻居时就与它无关了。因为一对节点之间可能存在不止一条路径，我们必须在第 4 行区分这些节点对。最后，与往常一样，我们输出结果。

第二个邻居同样可以作为推荐的候选。如果 A 和 B 是相连接的，并且 B 和 C 也是相连接的，通常 A 和 C 会是相关的，正如我们在 2.4 节所见。如果我们想知道在一对节点之间有多少路径，读者能想到如何修改前面算法吗？在第 4 行，我们可以再次使用我们的老朋友单词计数，来取代对节点的 distinct 操作：用节点对分组，并统计路径数量。我们可以基于此建立一个推荐策略：向每个用户推荐第二个邻居，只要它们之间有足够的路径。有时将这称为"三角闭合"，因为如果用户与第二个邻居建立了边，图中就会形成一个三角。

在前面例子中，我们看到一个重要事实：如果要遍历图中的边，连接操作就是一种实现方式。对度分布高度偏斜的图我们必须十分谨慎。有些节点处于中心位置（hub），许多甚至绝大多数路径都会通过它们。如果在这样的图上运行该算法，我们会发现少数 reducer 执行连接操作的时间比别的 reducer 长很多。这个问题的常见特征是，当我们观察 reducer 运行时间时，计算节点之间的差异很大。当读者看到这个现象时，如果运行时间是让人无法接受的，就必须采用偏斜连接（skew-join）技术。许多高级 MapReduce 库都支持这个原语。但是，除非处理非常大并且高度偏斜的图，否则只要可能的话，最好保持解决方案的简单。

如上所述，因为可以用作连接（好友）推荐，第二个邻居是很有用的。若被推荐连接成功建立就会在图中产生三角。那么如何找出三角呢？我们已经看到一些线索。连接操作相当于在图中遍历边。当用户的第二邻居同时也是第一邻居时，三角就会存在。一种方法是像我们之前做的那样生成所有的对，然后在图上再前进一步，看看我们是否可以回到起点。这里让我们看下程序清单 5-13 中的算法。

程序清单 5-13　在关注关系图中寻找三角（Triangles.scala）

```
0 edges.map { case (from, to) => (to, from) }
1   .join(edges)
```

```
 2    .map { case (middle, (start, end)) => (end, (start, middle)) }
 3    .filter { case (end, (start, middle)) =>
 4      (end > middle) && (end > start)
 5    }
 6    .join(edges)
 7    .filter { case (end, ((start, middle), start1)) =>
 8      (start1 == start)
 9    }
10    .map { case (end, ((start, middle), start1)) => (start, middle,
        end) }
11    .writeExecution(output)
```

读者可以用下面命令运行这个示例：

```
cd src/chapter5/scalding_examples
./sbt "run --local -Dsmdma.output=triangles " \
      "-Dsmdma.edges=data/small_graph_with_triangles.tsv"
# Select the "Triangles" class to run.
```

前面两行与第二邻居算法相同。在建立一条长度为 2 的路径之后，我们需要进行下一步。在第 2 行，我们将长度为 2 的路径的终点作为键。如果不小心，这里可能会将一个三角计数三次：分别从每个节点开始。为了防止发生这种情况，我们选择一种以编号最大的节点作为终点的表示方式。第 4 行进行过滤，以便只保留那些终点比起点和中间节点都大的长度为 2 的路径。在最后一次连接之前这样做是很重要的，如此我们就不必对稍后要进行过滤的数据进行 shuffle 处理。值得重申的处理原则是：只要在逻辑上允许，就对数据进行过滤。一些优化器可以对此提供一些帮助，但是目前的优化器很难超越人类对算法的理解来最大化性能。

到第 5 行我们已经准备了候选的三元组，第 6 行再进一步。剩下的工作有一点复杂。看第 7 行，键是第三个节点（称为 end），而值是所有到 end 长度为 2 的路径与 end 可以一跳到达的所有节点（在第 7 行中我们称之为 start1）的叉乘的元素。当且仅当 start==start1 时（正是第 8 行使用的过滤器），每行表示一个三角。在有了我们想要的数据之后，第 10 行，我们将它转换为三元组，以便在第 11 行输出。

到目前为止，我们已经介绍了不少在 MapReduce 环境下的常用图计算示例，但它们都具有步骤不依赖于输入数据的特点。换句话说，无论输入什么，算法都是相同的。而一些别的算法，特别是近似和随机算法，并不具有这一性质。在下一节中，读者会看到两个迭代 MapReduce 算法的例子，这些算法会一直运行到满足某个终止条件为止。

5.3.2 迭代 MapReduce 作业

通常我们想要在大型数据集上执行的算法表现为迭代的形式，换句话说，循环中的连续步骤以部分或全部数据以及算法之前步骤的运行结果作为输入。我们通常在满足某个精度或运行时间标准时停止程序运行。接下来我们将集中讨论其中一些算法。

1. 图节点排序的 PageRank 算法

最早的"大数据"算法之一是 PageRank，Google 使用它作为搜索结果排序的一个特征。网络搜索的根本问题在于，由于几乎每个查询都有巨量点击，因此排名对于让搜索具有实用性非常重要。PageRank 的想法是将网上冲浪行为建模为随机点击页面上的链接，或者以一个小的概率随机跳转到网络上一个页面。如果随机冲浪保持这一过程足够长的时间（实际中不需要那么长，因为这样的随机过程会很快收敛），那么无论访问者是从何处开始冲浪，我们都可以将访问概率与每个节点相关联。一个简单的搜索引擎可以搜索与查询字符串匹配的页面，然后根据这样一个随机访问者到达它们的概率对匹配结果进行排序。因为权威网站可能会有很多指向它们的链接，所以随机访问者有更高的机会访问它们。

因为不能为了计算 PageRank 而无限地访问，我们转而在算法的每个步骤更新每个节点的排名分值。每一步结束，我们检查平方误差与前一步相比有多大变化。当它降到阈值以下时，我们终止算法。与算法的概率描述的一个微小区别是，我们通常更喜欢规范化，以便所有 PageRank 的总和为 *N*，即节点数，而不是 1。这样会让单个节点的分值，在平均意义上，不会随着网络大小的变化而改变。此外，我们还避免了必须计算总归一化，尽管与算法的其余部分相比，这是一个微不足道的代价。

此时，理解 Scalding 调用 Execution 的原理就非常重要了。一个 Execution 是一组 MapReduce 作业，它能够运行并得到某种类型的结果。Execution 的有用之处在于，它们有一种出于历史原因被称为 flatMap 的方法，但实际上该方法称为 readAndThen 更为合适，因为它的作用是：可以用它读取一个给定 Execution 产生的值，然后创建一个新的 Execution，整个过程可以看作一组更大的 MapReduce 操作，也就是说，可以是一个 Execution。我们使用这个 flatMap (readAndThen) 来生成能够循环的 Execution。

主要的分值传播步骤如程序清单 5-14 所示。

程序清单 5-14　PageRank 算法的分值传播步骤（PageRank.scala）

```
def doPageRankStep(alpha: Double, graph: TypedPipe[(Long, (Long, Int))],
  oldPR: TypedPipe[(Long, Double)]):
  Execution[TypedPipe[(Long, Double)]] =
    graph.outerJoin(oldPR)
      .map {
        case (from, (Some((to, fromDegree)), Some(weight))) =>
          (to, weight / fromDegree)
        case (from, (Some((to, fromDegree)), None)) => (to, 0.0)
        case (from, (None, _)) => (from, 0.0)
      }
      .sumByKey
      .map { case (node, newWeight) => (node, (1.0 - alpha) *
        newWeight + alpha) }
      .forceToDiskExecution
```

这个函数有三个输入：alpha、graph 和 oldPR。alpha 是访问者随机跳转的概率。graph 表示图，形式为（from, (to, degreeOfFrom)）。注意，我们需要知道每个"from"节点的出度以将其分值分配给它的邻居。oldPR 是上一步得到的页面分值：我们用 Long 型整数存储每个节点，以 Doulbe 型变量保存分值。程序做的第一件事是对图和上一轮的 PageRank 进行 outerJoin。外部连接是为每个键分配一些值的连接操作。如果一侧缺失，则代以一个记为 None 的特殊值。否则，所有值都被封装起来，于是 x 变成 Some(x)，这表示它已经存在。节点为什么会缺失呢？因为网络中存在那种不指向任何地方的页面，对应的节点也就没有出度。对于 oldPR，我们希望所有节点之前都有一个分值，因此在使用完全外部连接方面，此代码有些保守。谨慎的算法可以改为使用右连接。

连接之后，会出现下面三种情况之一：

（1）from 节点指向某处并有一个之前的分值（代码中记为 weight）；

（2）from 指向某处但没有先前的分值；

（3）节点不指向任何页面。

在第一种情况下，from 节点权重的 1/fromDegree 会发送到它指向的每个节点。所以，这种情况下我们忽略 (to, weight/fromDegree) 对。在第二种情况下，from 没有权重，于是我们认为其权重为 0.0；显然它指向的每个节点都收到值为 0.0 的权重。最后是 from 不指向其他节点的情况。我们希望确保不从数据集中删除节点，因此在这种情况下，我们忽略了 from 以防没有节点指向它。

对每个目的节点，我们用调用 sumByKey 将权重加起来。这里不要忘记了随机跳转，随机跳转以概率 alpha 发生，所以我们以概率（1-alpha）保持旧的分值，尽管解释有点复杂，概率理论超出了理解这个算法所需的范围，但它为每个节点贡献了 alpha 的分值。最后一个命令，forceToDiskExecution 的作用是告诉 Scalding 这个模块应该在进行下一阶段之前执行。

回头看下程序清单 5-10 中的矩阵乘积算法。注意，它是一个连接，紧跟一个分组及求和。这和我们在 PageRank 中看到的算法是一样的，难怪：这个算法可以认为是将前一个 PageRank 向量乘以由图给出的转移矩阵。但到目前为止，我们只看到了一步。算法不能永远运行下去，所以我们以最近两个结果之间的均方差设定阈值。我们如何计算均方差呢？对两个向量 v 和 w，公式很简单：$\sum_i (v_i - w_i)^2$。

为了在 MapReduce 中计算均方差，需要一个连接来将具有相同索引的元素放到一起。因为我们使用了稀疏表示，其中的 0 值会被忽略，所以我们必须处理一侧或者两侧值缺失的情况。这里使用 outerJoin，它提供了一个 Option 值，与前面在 rightJoin 中看到的相同，它可以是 None 或 Some。程序清单 5-15 中，我们在第 2 行进行 outerJoin 操作。outerJoin 之后进行减法，使用 .getOrElse 或 Option 值处理空值，将其替换为 0.0。在第 5 行，返回一个元组，这样我们可以看到非零元素的数量以及求得的平方差的和。在第 8 行中，我们看到了一个新的 Scalding 特有的方法，称为 toOptionExecution，它为我们提供了一个计算包含在 Execution 中的单个值（在本例中是在第 7 行中计算的总和）的方法。如果没有要求和的项，就会得到 None，这就是为什么必须给定 Option 值的原因。在 10～11 行，我们处理缺失（None）和出现（Some）的情况。这个函数的结果就是一个 Execution，它产生一个双精度数，这个数是 oldPR 和 newPR（所有节点的最近两个 PageRank 向量）之间的均方差。

程序清单 5-15　计算 PageRank 步骤中页面分值向量之间的均方差（PageRank.scala）

```
0 def computeRMSError(oldPR: TypedPipe[(Long, Double)],
1   newPR: TypedPipe[(Long, Double)]): Execution[Double] =
2     oldPR.outerJoin(newPR)
3       .map { case (node, (oldv, newv)) =>
4         val err = (oldv.getOrElse(0.0) - newv.getOrElse(0.0))
5         (1L, err * err)
6       }
7       .sum
8       .toOptionExecution
9       .map {
10        case None => 0.0
11        case Some((n, err)) => err / n
12      }
```

我们现在已经让主要部分就位。与大多数示例一样，我们将跳过读取输入图的代码，因为它与前面的示例类似，但它当然包含在本文附带的代码中。在程序清单 5-16 的代码段我们转而重点关注这个算法的最新方面：循环。

程序清单 5-16　PageRank 算法的主迭代循环（`PageRank.scala`）

```
0 def run(graph: TypedPipe[(Long, (Long, Int))],
1         oldPR: TypedPipe[(Long, Double)]): Execution[Unit] = for {
2   newPR <- doPageRankStep(alpha, graph, oldPR)
3   err   <- computeRMSError(oldPR, newPR)
4   unit  <- if (err < threshold) newPR.writeExecution(output) else
      run(graph, newPR)
5 } yield unit
```

这里展示了 PageRank 算法的主循环代码。正如函数式代码中常见的那样，Scalding 代码通常不使用可变变量。为了执行一个没有可变变量的循环，我们首先编写了一个递归函数。其次，前面例子中使用了一个 Scala 中的特殊语法（`for` 语法）来组合多个 `Execution`。程序从第 0 行的图和一个输入 PageRank 向量开始循环。最初，每个节点的向量值可以是 1.0，也可以是昨天运行的结果，所有新节点都初始化为 1.0。在第 2 行，我们在前面讨论的 PageRank 算法上迈出了一步。`newPR <-` 语法意为运行 `Execution` 获取结果并将其放入值 `newPR` 中。在第 3 行，我们使用传入的 `oldPR` 和刚刚计算得到的 `newPR` 来计算均方差。`for` 语法中 `err<-` 的作用是获取 `computeRMSError` 执行的结果并将其放入值 `err`。最后，我们在第 4 行检查均方差是否低于阈值，如果低于阈值，则将 `newPR` 写入输出；否则，我们再次调用函数，并使用 `newPR` 作为参数。`writeExecution` 和 `run` 返回的 `Execution` 都包括一个 `Unit` 类型的值。`Unit` 是一个特殊类型，它只包含一个值，而我们并不关心它是什么。这是因为除了有一个与之相关的值，Scala 中的 `Unit` 类型就像 C 或 Java 中的 `void` 类型；`Unit` 又类似布尔类型，布尔型取两个值（true 和 false）中的一个，但 `Unit` 只有一个值，在 Scala 中写作 `()`。因为所有 for 表达式必须产生某个值，所以我们在第 5 行返回第 4 行得到的 `Unit`。（但正如我们提到的，只是放一个可能的值在这里。）

现在读者已经看到在 MapReduce 上如何实现循环算法。基本想法就是进行固定次数的 MapReduce 作业，然后检查某个条件来确定是否需要生成更多的 MapReduce 作业。可以使用下列命令来运行 PageRank 示例：

```
cd src/chapter5/scalding_examples
./sbt "run --hdfs -Dsmdma.pagerank.output=prout " \
       "-Dsmdma.pagerank.graph=data/small_graph.tsv"
# Select the "PageRank" class to run.
```

2. *k*- 均值聚类

PageRank 是一个优秀的算法，可以生成对社交系统中排名有用的特征。它可以用来推荐每个主题的 top 用户，或过滤在整个图中具有很低声誉的垃圾信息生产者。另一个包含迭代的非常有用算法是 *k*- 均值聚类。在 *k*- 均值聚类中，我们固定要得到的簇的数量 *k*，并且围绕这些簇的质心对向量进行聚类。在每一步，将每个向量归到质心与该向量最近的簇中。当整个步骤中没有向量改变簇的时候算法停止。这个算法在概念上很简单，但是以 MapReduce 风格表示出来则需要经过一些努力。

与 Python 一样，Scala 的值也有一个与之关联的类型，比如 `Int`、`String`、`Double`、`List` 等等。与 Python 不同的是，Scala 必须在编译代码时指明所有值的类型。这有时会让人感到有点沮丧，但对于需要数小时甚至数天才能运行的大数据计算，类型安全性对工作效率而言有巨大的好处。在下面的代码段中，我们创建了一些类型别名，这样在本节后面的代码段中的类型声明就不会那么冗长。让我们看看每个声明以及它们对算法的意义。

```
type Vect = Map[String, Double]
type LabeledVector = (Int, Vect)
type ClusterPipe = ValuePipe[List[LabeledVector]]
type PointPipe = TypedPipe[(String, LabeledVector)]
```

因为我们处理的是稀疏向量，它们的大部分值通常为 0，所以我们将 `Vect` 类型定义为 `Map[String, Double]`，这表示它有一个字符串类型的键来表示非零维度，而值空间为双精度类型。至少有两种方法可以做到这一点。我们可以将 `Vector` 定义为 `Array[Double]`，即使用密集向量。如果我们的向量中没有很多零元素，这样做可以节省空间。或者，我们可以把向量分布存储，而不是将整个向量存储在一行数据中；不然的话，我们最多能够存储内存上限所允许大小的向量。但这种分布式表示会使算法的描述显著地复杂化，因此我们在这里不予采用。然而，如果非零向量大小最终达到千万，将超出密集向量方法的表示能力，关心本节中该算法的读者应该对这一算法进行推广。

在使用 `Vect` 类型时，需要在每个向量上加一个簇标签。为此我们可以使用 `Integer` 和 `Vect` 的元组并将其称为 `LabeledVector`。我们正在处理的数据有两部分：簇和向量集合。对于簇，我们只有一个 `LabeledVector` 的 `List`，但是因为我们必须在 **MapReduce** 上计算该 `List`，所以 Scalding 将这样一个值放在一个名为 `ValuePipe` 的框中（value 是因为它是单个项；pipe 是因为这就是 Scalding 调用的将在集群中计算的数据流）。最后，我们得到想要聚类的所有向量的集合。在前面的代码片段中将这种类型称为 `PointPipe`，它由我们要聚类的每个向量名和表示该向量的 `LabeledVector` 组成。我们为每个向量保留一个名称，因为通常的数字序号表示方式可能无法充分表达其含义。

程序清单 5-17 是函数定义。函数以当前的簇集合和当前带标签的向量作为输入并返回一个 `Execution`，它可以告诉我们三件事：此步骤中改变所属簇的向量数，新的质心和带有新标签的向量。让我们看看算法的每个部分。

程序清单 5-17   _k_- 均值聚类：为每个向量找到最近的簇（KMeans.scala）

```
def kmeansStep(clusters: ClusterPipe,
  points: PointPipe): Execution[(Long, ClusterPipe, PointPipe)] = {
  val next = points.leftCross(clusters)
    .map {
      case ((name, (oldId, vector)), Some(centroids)) =>
        val (id, newcentroid) = closest(vector, centroids)
        (name, id, vector, oldId)

      case (_, None) => sys.error("There were no centoids")
    }
    .forceToDiskExecution
```

该算法的第一部分为每个向量计算最近的质心，并用旧的簇 ID、`oldId`，返回该质心，这样我们可以看到有多少向量改变了归属簇。我们使用 Scalding 的叉乘函数 `leftCross` 将 `ValuePipe` 参数附加到左侧的每个值，本例中向量包含在 `points` 中。在检查质心确实存在之后，代码从 `PointsPipe` 获取名称、`oldId` 和向量，然后使用标准的欧几里得范数在 `List` 中找到最接近的质心。最后，我们返回向量的 `name`、新的 `id`、`vector` 本身和 `oldId`。注：这个 `leftCross` 是一个广播操作，它将所有簇数据复制到保存向量的所有计算节点。因为簇的数量应该比向量的数量小得多，所以这样做是没有问题的。在这段代码中我们完成了主要的逻辑步骤，但是我们还要计算三件事情，如下面的代码片段所示：改变归属簇的向量数、新的质心，以及从向量中丢弃的 `oldId`。程序清单 5-18 展示了算法的下一步：计算改变所属簇的向量数量。

程序清单 5-18　*k*- 均值聚类：计算有多少向量改变了归属的簇（KMeans.scala）

```
// How many vectors changed?
val changedVectors: Execution[Long] =
  for {
    pipe <- next
    changes <- (pipe.collect { case (_, newId, _, oldId) if (newId !=
      oldId) => 1L }
    // sum on a pipe adds everything in that pipe
    .sum
    .toOptionExecution)
  } yield (changes.getOrElse(0L))
```

这段代码使用 Scala 的 `for` 语法抵达 `next` 值中的 `Execution` 内部，并获取保存结果的管道。从该管道中，我们只收集 ID 发生改变的情况，对每个簇 ID 改变的向量，记录一个 1。最后我们将这些 1 加起来得到总数，并且，因为可能没有这种情况，我们将计算作为一个 `Option`（`toOptionExecution`）。如果 `changes` 为空，则表示根本没有簇 ID 发生变化的向量，或者有 0 个。这个程序片段可以展开为几个 `Execution`。第一个是 `next`，我们之前讨论过。第二个是计数发生改变的向量的数量。这就是为什么有两个"展开"左箭头（`<-`）。接下来，我们需要通过求所有向量的均值计算新的质心。如程序清单 5-19 所示。

程序清单 5-19　*k*- 均值聚类：计算新的质心（KMeans.scala）

```
val nextCluster: Execution[ClusterPipe] =
  for {
    pipe <- next
    clusters = ComputedValue(pipe
      .map { case (_, newId, vector, oldId) => (newId, vector) }
      .group
      .mapValueStream { vectors => Iterator(centroidOf(vectors)) }
      // Now collect them all into one big
      .groupAll
      .toList
      // discard the "all" key used to group them together
      .values)
  } yield clusters
```

同样，我们使用 `for` 语法来展开我们在 `next` 中定义的 `Execution`。为了计算新的质心，我们按簇 ID（`newId`）进行分组，然后我们取每组所有值并将其简化为一个值。在 Scalding 中，从值中取 `Iterator` 转换为结果的 `Iterator` 称为 `mapValueStream`，表示将整个值流映射到另一个流。这里的结果流只有一个值，也就是质心。我们调用了 `centroidOf` 函数，它的任务只是计算元素平均值，该函数包含在本书的源代码中。剩下的就是将向量重新转化为函数输入所需要的格式，如程序清单 5-20 所示。

程序清单 5-20 *k*-均值聚类：将结果转化为下一轮迭代所需的格式（`KMeans.scala`）

```scala
val nextVectors: Execution[PointPipe] =
  for {
    pipe <- next
    nextVs = pipe.map { case (name, newId, vector, oldId) => (name,
      (newId, vector)) }
  } yield nextVs

Execution.zip(changedVectors, nextCluster, nextVectors)
```

我们仍然使用 `for` 语法来展开我们在 "next" 中定义的 `Execution`。在从 next 得到管道结果之后，我们得到了一个包含四个项的元组：向量 name、新簇 ID（`newId`）、`vector` 本身以及之前的簇 ID（`oldId`）。这里可以丢弃 `oldId` 并以 `PointPipe` 类型所期望的格式生成一个元组：（`String`,（`Int`, `Vect`））。Kmeans 函数的最后一行是将我们生成的三个 `Execution` 组合成一个，由 `Execution` 上的 `zip` 函数完成。

如是，我们已经看到如何将两个重要的迭代算法使用 Scalding 提供的可组合的 `Execution` 类型转化为可用 MapReduce 风格完成的算法。这种算法设计的主要挑战是以正确的方式将正确的数据集合在一起。正如我们在这些示例中看到的，这通常是使用连接来完成的。算法中固有的所有通信都必须通过 shuffle 和 reduce 来完成。正如我们在本章前面所看到的，甚至连接操作都以这种方式实现的。在 *k*-均值示例中，读者可以想象处理器作用于每个簇来计算新的质心。当我们按簇 ID 分组并 shuffle 时，这类似于向具有该簇 ID 的节点发送一条消息，其中有效负载是值的列表。希望本节为读者提供了一些有关如何采用 MapReduce 风格组织大型计算的有用想法。

5.3.3 增量 MapReduce 作业

如果我们打算不断重复地运行一个算法，比如说，任何时候都想要最新的 PageRank 值，此时一个增量算法可以节省大量资源。这里增量的意思是，随着新数据量的增加，我们进行与新增数据量成比例的工作以合并数据。如我们在上一节所见，在 PageRank 示例中，算法使用常量图进行迭代来更新已收敛的向量。设想一下，昨天我们已经运行算法到收敛。今天，我们可以使用最新的图（它可能与昨天的图稍有不同）和昨天的解来运行算法直到收敛。在 PageRank 例子中，我们需要首先进行连接以用分值 1 初始化所有新节点，因为所有分值的总和应该是节点的数量。

对 *k*-均值算法，可以进行类似的操作。使用前一步输出的簇定义，我们可以将所有新的向量分配给距离它们最近的簇，然后从那里开始迭代。这意味着，一般而言我们能够让算法收敛的更快，特别是如果簇在时域上是稳定的。在这种情况下，可能只需要运行算法一步或者两步就足够了。

对这种迭代收敛的算法，第一次运行代价可能比较高，但是只要不断进行更新并且输入数据的增量变化很小，那么代价就是可控的。

5.3.4 时间相关的 MapReduce 作业

MapReduce 最常见的应用之一是统计某些系统一个时间段内事件的发生次数。在每个小时内，来自每个国家的每个 Web 页面，有多少次浏览、点击、登录以及别的操作？这种作业会构建一个指示面板，让我们了解在有许多用户的系统中发生的事情，并总结过去发生的事情。如果计数发生了显著变化，则表明某些异常情况正在发生，例如，升级失败或发生了一个新闻事件将超过正常数量的用户导向到我们的站点。这是一个简单的单词计数风格的工作：只需要确定单词是什么。我们将不满足于单词计数任务一般性的泛化，而是要考虑如何使查询词更加高效以及聚合非数值型的值。

回想一下，本章 5.1.2 节介绍的结合律的定义：*fn(fn(a,b),c)=fn(a,fn(b,c))*，以及交换律的定义：*fn(a,b)=fn(b,a)*。加法、乘法、max 和 min 都是例子，当然还有更多的。当我们按小时来聚合事件流，并且稍后想要了解一个时间窗口的聚合值时，可以利用加法满足结合律这一事实来查找每个小时的值并快速地将它们相加。图 5-1 表明结合律自己就可以在一段时间内快速聚合一个函数。因此，在回答时间范围查询时，对满足结合律的函数进行定期聚合是很有用的技巧。

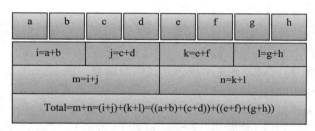

图 5-1　满足结合律的函数，这里写作 +，假定保持最大并行性的情况下，允许以时间复杂度 $O(\log T)$ 在大小为 T 的范围内聚合

加法当然是聚合中最常用的满足结合律的操作。通过按分、时、日、周、年等尺度进行聚合，可以快速计算任意范围的结果。为了解这是如何工作的，想象一下我们已经聚合了以 T 为基本时间单位、大小以指数增加的块，于是，我们有 2^N-1 个聚合，桶的大小分别为 T, $2T$, $4T$, $8T$, $\cdots$, $2^{(N-1)}T$。

现在，我们要在区间 [x,y) 进行聚合，此区间的含义是包括 x 但小于且不包括 y。我们如何计算呢？想法是用最少量的桶来覆盖这个区间。例如，如果 N=3 且 T=1，那么我们有大小为 1、2、4 的桶。如果要查询区间 [3,12)，我们可以从 3 开始，用 9 个大小为 1 的桶覆盖它。但因为还有大小为 2 的桶，我们可以用 4 个桶：[4,6)、[6,8)、[8,10)、[10,12)，还要包括一个大小为 1 的桶：[3,4)。也就是 5 个查询，而不是 9 个。当然，我们还有大小为 4 的桶，于是我们可以只用 3 个桶：[3,4)、[4,8)、[8,12)。这就是"汇总"或数据立方体背后的核心思想。这两个术语代表了类似的想法。汇总是指查询的预先实现，可帮助我们更快地回答一大类查询。数据立方体通常是指创建这些预先实现的特定方式。

1. 汇总和数据立方体

最简单的例子可能是聚合每个小时的事件数量。但正如我们刚刚看到的，如果在处理了巨大的日志后，想知道 2 天内的事件数量，我们需要查询 48 个键，每个表示我们已经聚合的一个小时的事件数量。在这个例子中，只有一个键：时间。在实际系统中，我们的键元组中可能有几个项：例如时间和地理区域。如果我们用这两种类型的键创建一个数据立方体，就要把每个事件放在 4 个存储桶中：（time, geo）、（time, None）、（None, geo）、（None, None）。如果我们要在所有地理位置查询特定的时间，我们读取（time, None）的聚合值。如果我们要查询特定地理位置的所有时间，我们读取（None, geo）。这里的 None 用作通配符，它可以匹配所有的键。每个键"点"都成为一个超立方体，因此得名数据立方体。在本例中，我们从 2 维键开始，得到了 2^2 维的键。如果我们的键有 3 个维度，就会扩展到 $8=2^3$ 维。对于 n 元组键，我们需要将每个桶放在 2^n 维中。显然，这种方法在键元组大小上是不可扩展的。因为数据立方体只是减少读操作的优化，所以如果不需要通配符，我们可以选择不去实现某些扩展。例如，以这种方式扩展性别是没有意义的，因为只能有两个键。但是，国家已经有超过 100 个值，所以增加一个键不会消耗太多的存储空间。

为了演示这是如何工作的，下面给出一个数据立方体作业的示例。在这个例子中，我们使用亚马逊美食评论数据集，这是亚马逊评论的一个系列，其产品类别被称为"美食（Fine Food）"。（数据可以从斯坦福网络分析平台库获得 https : //snap.stanford.edu/ data/web-fineFoods.html，此外，如本书前言所述，当运行 download_all.sh 脚本时会自动准备好该数据集。）这个数据集有很多键：product/productId、review/ userId、review/profileName、review/helpfulness、review/score、 review/time、review/summary，以及 review/text。我们可以使用 review/time 字段来建立评分的分布随时间变化的汇总。评论如何随着时间增长的？ 人们在某些日子比其他时候做更多的评论吗？ 通过预先实现大量查询的结果，汇总使得这些问题能够快速得到回答。让我们看些 Scalding 代码，它构建了一个简单的亚马逊评论汇总。

首先从每列中抽取相关数据。我们写了一个函数来完成这个任务，该函数称为 getData。在本例中，我们的解析器将每行数据转换为具有 String 类型键和值的 Map。因为我们没有对此数据执行真正的强制架构，所以任何行都可能不正确。在 Python 中，对于缺失数据，会返回 None。在 Scala 中，我们也这样做，但如果数据存在，就返回 Some(data)。Option 可以是 None 或 Some。 当我们从 Map 获取键时，它可能是 None。 在 Scala 中，我们可以使用 for 语句处理 Option 的展开和关闭，如代码程序清单 5-21 所示。

程序清单 5-21　从预处理过的亚马逊食品评论数据集中提取字段的函数（ AmazonReviewRollups. scala **）**

```
def getData(record: Map[String, String]): Option[(RichDate, Double,
  String, String)] =
  for {
    dateSeconds <- record.get("review/time")
    // scalding RichDate keeps time in milliseconds since 1970
    date = RichDate(dateSeconds.toLong * 1000L)
    score <- record.get("review/score")
    dscore = score.toDouble // score is a string
    helpful <- record.get("review/helpfulness")
    uid <- record.get("review/userId")
  } yield (date, dscore, helpful, uid)
```

for 语句的作用是：使用" <- "字符时，每个 Option 都会被展开。而用" ="定义的值只是常规值。最后，如果 Option 中任何元素的值为 None，则返回 None。否则，返回 Some（date, dscore, helpful, uid）。考虑 Option 的另一种方法是可以将之视为一个包含零或一个对象的 List。

我们首先创建一个文本源，将文本文件的每一行作为单个记录返回。接下来，使用一个包含在此文本源代码中的函数将一行文本转换为一个 Map。此函数称为 AmazonReviewParsing.parse。而要从 Map 获取数据，请使用我们之前讨论过的 getData。

我们在程序清单 5-22 中使用了 flatMap，因为，回想一下，Option 就像一个包含零或一个对象的 List。如果 Option 为 None，则 flatMap 将其从我们的集合中删除。如果是 Some，则打开 Some 以获取内容。flatMap 函数表示先进行 **map** 操作然后进行 **flatten** 操作，也就是说删除内部数据结构（本例中为 Option）。

程序清单 5-22　执行 Amazon 输入数据的解析（AmazonReviewRollups.scala**）**

```
val input = TextLine(conf.get("smdma.amazon.reviews").get,
  textEncoding = "ISO-8859-1")
// Use the parsing code we have already developed:
val parsed = TypedPipe.from(input)
  .map { line => AmazonReviewParsing.parse(line) }
  .flatMap { record => getData(record) }
```

现在我们已经完全准备好了输入数据，是时候确定键和值，然后将数据立方体应用到键上了。在这个例子中，我们将日期、评分和有用性作为键，我们想知道每个组合键出现的频率（程序清单 5-23）。

程序清单 5-23　选择将在数据立方体中使用的键（AmazonReviewRollups.scala**）**

```
val prepared = parsed.map { case (date, score, helpful, uid) =>
  val key = (date, score, helpful)
  // We just count each occurrence of the key
  val value = 1L
  (key, value)
}
```

代码最后一步是应用数据立方体扩展。本例中，我们将时间戳放入三类桶：年、年和月、星期几。人类行为是强周期性的。最有趣的周期是日、周、年的循环。这个例子显示了进行汇总的两个理由：第一个是让查询更加高效。当我们使用年－月桶时，在每次要查询一年的信息时只需对 12 个桶进行求和。但是，如果在汇总中有足够的值并且经常查询数年的统计信息，那么最好进行预先实现。全年再添加一个桶只需 13 个桶，而之前有 12 个桶，因此边际成本非常小。汇总的第二个原因是为了回答两个正交的查询。使用每月的数量，我们没有办法恢复每个星期一的数量。同样，如果我们知道每 7 天的总数，显然没有办法去计算一年的总数。

这里最有趣的维度是时间，但在这个例子中，键还有另外两个部分：评论的评分和评论有帮助程度的评估。对亚马逊来说，帮助度被评估为 m/n，意思是 n 次投票中有 m 次被认为有帮助，所以这里可能出现任何整数。为了能够看到总计数，我们将一个帮助度 4/5 示例放入两个桶中：None，Some("4/5")；类似的，评分可以是 1.0，2.0，3.0，4.0，5.0。这里我们不需要有一个"all"桶，因为在检查结果时我们只需查询 5 次并进行求和，但我们再次通过添加由 None 表示的"all"桶来让桶数略微增加。在本例中，每个输入项进入 $3 \times 6 \times 2 = 136$ 个桶。在所有数据都以（key，value）形式存在之后，我们只需 sumByKey 一下，在程序清单 5-24 中我们已经这样做了。

程序清单 5-24   执行实质性的数据立方体操作（`AmazonReviewRollups.scala`）

```
val timezone = java.util.TimeZone.getTimeZone("UTC")
prepared.flatMap { case ((date, score, helpful), value) =>
  val timeBuckets =
    Iterator(date.toString("yyyy")(timezone), // year
      date.toString("yyyy.MM")(timezone), // year and month
      date.toString("EEE")(timezone)) // just day of week, e.g. Mon,
                                      // Tue, etc...

  for {
    dates <- timeBuckets
    scores <- Iterator(Some(score), None)
    helpfuls <- Iterator(Some(helpful), None)
  } yield ((dates, scores, helpfuls), value)
}
.sumByKey // Just add them up for each key
```

在我们推荐下载所有示例的数据集时，如果你运行了 download_all 脚本，那么亚马逊美食数据集应该已经下载了。这样我们就可以在输入上运行汇总：

```
cd src/chapter5/scalding_examples
./sbt "run --local " \
        "-Dsmdma.amazon.reviews= " \
        "../../../data/amazon_finefoods/finefoods.txt " \
        "-Dsmdma.output=rollup"
# Select the "AmazonReviewRollups" class to run.
```

运行结束后，可以使用通用搜索工具 grep 来查看结果。例如，查看以天为单位的评论

```
grep "(...,None,None)" < rollup
```

读者会看到（顺序可能不同）：

```
(Mon,None,None) 85363
(Tue,None,None) 85857
(Wed,None,None) 85994
(Thu,None,None) 87078
(Fri,None,None) 79682
(Sat,None,None) 71689
(Sun,None,None) 72791
```

尽管本章是关于如何采用 MapReduce 风格聚合数据和编写算法，而非关于数据分析，但我们看到周一到周四的评论数量几乎不变然后在周末下降，仍然非常有趣。类似地，我们可以看到亚马逊一种产品评论的平均分布：

```
grep "(2012,Some(..0),None)" < rollup

(2012,Some(1.0),None)    20368
(2012,Some(2.0),None)    11208
(2012,Some(3.0),None)    15603
(2012,Some(4.0),None)    28938
(2012,Some(5.0),None)    122542
```

有趣的是，至少在 2012 年（可以获取数据的最后一年），平均分布是双峰的：1 几乎是 2 的两倍。从这个分布中，我们能很容易地计算出评分的均值为 4.12。考虑一下，如果我们还对一年中的某周（0 ～ 52）感兴趣，以查看假期前后的影响，那么这个汇总示例将如何

更改。

这个例子的主要用处是了解数据立方体的模式，特别是随着时间的变化，以及了解构建多维立方体的复合键的方法。

如果不只对评分计数进行提问，我们还想知道每个桶中有多少用户给出了评分会怎样呢？会不会仅仅是一个用户给出了所有的评分，或者也许每个用户只给出一两个评分？为了了解这一点，我们不是把要关注的内容添加到键，而是添加到值。除了聚合表示计数的整数之外，我们还可以创建一个包含用户 ID 的集合。自然地，可以将集合上的求和定义为这些集合的并操作，实际上 Scalding 用于求和的 Algebird 库就是这样做的。求和之后，我们可以在输出之前得到每个集合的大小。

下面的程序清单 5-25 显示了为了同时追踪每个用户的评论数量所需的微小修改。看看读者是否能找出不同之处。

程序清单 5-25　不同于仅仅计数，我们追踪每个用户的评论集合（`AmazonReviewRollupSet. scala`）

```scala
val prepared = parsed.map { case (date, score, helpful, uid) =>
  val key = (date, score, helpful)
  /*
   * We will count each review once, but also aggregate the set of
   * all users that make reviews so that we can see how many users
   * are active in each of our buckets.
   */
  val value = (1L, Set(uid))
  (key, value)
}
val timezone = java.util.TimeZone.getTimeZone("UTC")
prepared.flatMap { case ((date, score, helpful), value) =>
  val timeBuckets =
    Iterator(date.toString("yyyy")(timezone), // year
      date.toString("yyyy.MM")(timezone), // year and month
      date.toString("EEE")(timezone)) // just day of week, e.g. Mon,
                                       // Tue, etc...
  for {
    dates <- timeBuckets
    scores <- Iterator(Some(score), None)
    helpfuls <- Iterator(Some(helpful), None)
  } yield ((dates, scores, helpfuls), value)
}
.sumByKey // Just add them up for each key
.mapValues { case (count, uniques) =>
  // convert the Set object into a number:
  (count, uniques.size)
}
```

唯一需要改变的是扩展值来包含用户 ID 的集合，而后在聚合之后获取这些集合的大小。因为两个集合的和是它们的并集，所以这样做是有效的。不幸的是，这种方法的可扩展性并不好，因为这些集合要占用与其本身大小相同的内存。对于大型用户库，这会产生内存问题。在本章稍后的"抽样和近似"一节我们会看到获取这个问题近似解的一个解决方案。

我们可以用与前例相同的方式运行这段代码，但要选择 `AmazonReviewRollupSet` 作业。

查询结果：

```
grep "(...,None,None)" < rollup

(Mon,None,None)  (85363,48097)
(Tue,None,None)  (85857,47551)
(Wed,None,None)  (85994,47425)
(Thu,None,None)  (87078,46225)
(Fri,None,None)  (79682,44229)
(Sat,None,None)  (71689,39824)
(Sun,None,None)  (72791,40755)
```

可以看到在周末时候，不仅总的评论数下降，进行评论的用户数量同样下降。如果我们查看每个用户平均的评论数，我们发现无论哪一天值都在 1.8 到 1.9 之间，所以周末评论数下降应该是因为参与评论的不同用户数减少，而不是仍然进行评论的用户减少了评论。

我们已经看到 MapReduce 作业汇总模式的核心思想。当我们有了汇总的输出，就能用它做好几件事情。因为汇总数据的大小只是原始数据大小的一小部分，所以我们可以使用传统的数据分析工具对其进行分析。我们还可以将输出加载到电子表格或者 SQL 数据库。我们还可以用 R 或 Python 进一步分析这些结果。 从这个角度来看，汇总是一种从大数据中生成中小型数据的工具。

2. 扩展汇总作业

在上一节我们已经看到了汇总作业的基本模式。该模式是：读取并准备要汇总的键和值，根据需要扩展键以预先实现有意义的查询，并对每个键的所有值求和（单词计数）。需要注意的是，我们并不需要读原始数据进行汇总。而是可以先进行一些连接操作来获取可能不在日志数据中的键或值的详细信息。例如，考虑一个只包含用户 ID 的日志，就像我们的亚马逊数据集一样，但不考虑用户已在网站活跃的时间长度。我们可以首先进行连接操作来获取用户在网站上活动的月份数，并以之作为我们的键的一部分。通过这种方式，汇总能够帮助我们了解是否有更多的评分来自新用户或者老用户。另一个例子是被评论产品的价格，在我们的数据集中看不到此项内容。如果我们将价格连接到键中，可能会生成像 $0 ～ $0.99、$1.00 ～ $1.99、$2.00 ～ $3.99、$4.00 ～ $7.99 等样子的桶，我们会了解到对昂贵商品的正面评价是增多了还是减少了。

假设我们正在对所有时间进行汇总，但我们的数据是增量到来的。这是非常普遍的情况。每个小时都会得到一批新的日志，我们要更新当天、当月、当年总的计数。此例中，可以对已有代码进行一点修改。我们可以加载到目前为止的总计数，这是前一个作业的输出，并在扩展汇总中的键之后且在执行最终求和操作之前将其与数据合并。因为我们专注于汇总中满足结合律操作的通常情形（数值求和、集合并操作都是很好的例子，不过实际上大多数常见的聚合操作都满足结合律），计算给出了正确的结果。代码梗概如下：

```
val batchId = getCurrentBatchId()
val prepared = loadPrepared(batchId)
val previous = loadPrevious(batchId)
val newSum = (previous ++ (prepared.flatMap { r => bucketsFor(r) }))
  .sumByKey
newSum.write(outputSink(batchId)) // this will be read in
                                  // loadPrevious(batchId + 1)
```

因为前一步的输出已经分桶，我们不再重复这项操作。在从当前批次数据中对准备好的数据进行分桶之后，我们只是对输出数据进行合并。合并之后，我们像以前一样对每个桶进行求和。使用此项技术，可以建立用最新结果更新的指示面板。聚合了每批数据之后，我们可以将这些数据导出到 SQL 数据库中，并使用标准的 JavaScript 库（例如 D3）查看服务从数据库收集的数据。

我们已经介绍了 MapReduce 作业的基本内容。大多数作业都符合我们在本节中讨论的某个模式。从一种假定状态可变并共享全局内存的编程风格转变到另一种编程风格可能需要一些适应，但函数式编程风格与 MapReduce 模型非常匹配。如果读者正感到编写 MapReduce 无从下手，那么一个良好的开端就是考虑如何在不使用任何可变变量的情况下编写算法，这样，可以期待读者找到的方法会与本章讨论的某个解决方案相类似。

5.3.5　处理长尾分布社交媒体数据的挑战

到目前为止，我们还没有为一个关键问题而烦恼：作业运行需要多长时间？我们不会太多的关注这个问题，这是因为 map 阶段是并行的，也因为归约不同的键也是并行进行的，所以原则上投入更多的处理器到数据处理在很大程度上是起作用的。一般而言，mapper 总是可并行的，但是 reducer 只能运行与键的数量相同的并行任务。如果其中一个键的值占总量的很大部分会怎么样呢？这种情况并不少见。以社交网络为例，其中少数用户拥有数百万粉丝，而大多数用户只有少量粉丝。再考虑一个视频网站，其中少数几个视频被观看了数百万次，但大多数视频只被观看了少数几次。当这样的数据进入管道，我们该如何避免被少数需要很长时间才能结束的键所阻塞？对多对多的连接操作而言，这一问题尤为严重，因为连接会使键对应的项数按乘法增加。这样的连接会让有数百万值的键变为有数万亿值的键，以至于单个 reducer 任务无法进行处理。

本节讨论一种一般的解决方案及其三种应用模式。一般的解决方案是利用 reduce 函数的一些代数性质：结合律、分配律、交换律。在上一节中我们了解了满足结合律的操作如何并行化 reduce 函数。当我们执行满足交换律和结合律的操作时，reduce 会变得更加容易。最后，如前所述，将连接在多个归并上分布进行。通过利用连接操作满足分配律的性质，我们可以对包含大量值的键进行并行处理，代价是增加 mapper 和 reducer 之间的通信成本。在实践中，读者很少会需要实现任何算法来做这些优化，因为许多 MapReduce 库已经提供了它们；但是，当遇到 MapReduce 作业的扩展问题时，读者需要了解它们的工作原理以及何时可能会需要它们。

在讨论解决方案之前，我们如何诊断键的分布是偏斜的呢？一种简单的方法是检查是否有一个或少数几个 reducer 比其他 reducer 花费长的多的时间。一些 reducer 花费两倍于平均值的时间并不罕见，但达到 10 到 100 倍就需要关注了。看看每个 reducer 处理多少记录。大多数 MapReduce 系统，包括 Hadoop，都允许访问直接回答此问题的计数器和日志。如果存在由于键空间偏斜而导致的问题，一个 reducer 就会收到相对于均值多得多的记录。如果日志未显示存在此类记录偏斜，请检查其他地方来提高性能。降低偏斜的一种方法是减小发送到每个 mapper 的记录数之间的差异。让我们考虑一些方法来实现这一点。

首先，考虑 reduce 满足交换律和结合律的情况。许多聚合都属于这种情况，包括下面这些：

- 数值的加和乘
- 取最大值和取最小值

- 调和平均数：$hm(x, y) = 1/(1/x + 1/y)$
- 集合的并和交
- 布尔值的与 / 或 / 异或
- 向量上的上述各种操作

当每个键的 reduce 函数是这些操作之一时，我们可以在每个 mapper 上进行预归约。其工作方式如下：每个 mapper 接收某些输入并输出键值对。对于每个键，因为 reduce 操作是可交换的，mapper 可以归约所有的值。然后 mapper 对每个键只需向 reducer 传输一个值。至少有两种方式可以实现这点。mapper 可以保存一个所有键和当前归约的值的哈希表，并对每个记录更新该哈希表。这个哈希表不需要容纳所有的键。相反，哈希表可以采用缓存方式，将使用最少的键值对移除到向 reducer 进行传输的缓冲区中。另一种方法，类似于 Hadoop 的实现，是在 mapper 运行后对键进行排序；那么相同键的值就会彼此相邻并且可以进行归约。排序可以是使用磁盘而非内存的外部排序，因此是可扩展的。实践中，倾向于首选缓存方法，因为具有大量值的热键往往会被保留在缓存中的项，并且缓存避免了进行任何键排序的代价。一些高层的 MapReduce 库会自动执行这项优化，包括 Scalding。 许多早期的示例代码程序清单使用了这项优化。

虽然多数满足结合律的 reduce 函数也满足交换律，但并不是全部。有些 reduce 函数只满足结合律而不满足交换律，例如：

- 列表或字符串的串接
- 取首项：$f(x, y) = x$
- 取尾项：$l(x, y) = y$

串接不是常用的 reduce 函数。它不会减少所考虑数据的大小，因此在多数情况下它没有太大用处。同样，取首项或尾项通常并没有意义，除非以某种方式对项进行了排序，但这样的话，可以使用取最大或取最小函数来作为 reduce 函数，而无须对数据进行排序。因此，通常，几乎所有常见的 MapReduce 应用都使用满足交换律的 reduce 函数，从而可以在 map 侧进行部分归约。

5.4 抽样和近似：以较少计算得到结果

在独立且随机生成的观测结果中，中心极限定理表明，假设方差是有限值，无论基础分布为何，随着采样数量的增加，变量的算术平均值接近正态分布。然而，在社交媒体分析中，正态分布并不是那么有趣，而且方差可能非常大。让我们兴奋的是以某种方式凸显出来并吸引公众兴趣的事件和模式。

在许多情况下，我们并不需要精确的结果，即使想要，也会因为代价太大而无法获得。在日志收集的吞吐量和可靠性方面必须进行权衡。大多数实际的日志收集系统可能 1 万条甚至 1 千条消息就会丢失 1 条。在这种环境中，采用一种类似于精度 – 吞吐量的权衡来减少计算是有意义的。当需要的分析结果是识别比事件的平均强度强很多个数量级的事件时，测量这些事件的绝对精度就变得无足轻重了。例如，当需要识别所有转发次数比普通消息高一千或几万倍的消息时，测量事件的近似值就会比精确值更加重要。

当统计不同元素时，例如，有多少用户查看并接受了平台更新的条款和条件，我们通常尝试将每个元素的哈希值放到一个包中。如果哈希值尚未存在于包中，那么我们增加不同值的计数。如果哈希值已经存在，则表明已经统计过该元素。使用内存哈希集的实现意味着需要与不同元素的数量成比例的空间。当哈希集中每个元素需要 32 字节时（例如，基于 Java 的系统通常如此，12 字节的头 +16 字节数据 +4 字节填充），就意味着每 1 百万不同元素需要 32MB 的内存。考虑到现代社交网络通常拥有 1 千万到 10 亿的用户，这个直接的方法代价高昂。

精确实现要求空间是线性的，因而不是内存友好的。对巨型数据流而言，在一个集合中存储 n 个元素需要 $O(n)$ 的空间，这是无法承受的，或者至少是不经济的。 即使我们持久化整个集合，也需要大量资源来处理和查询该集合。此外，对于流数据应用，我们通常只能看到一次数据，并希望立即回答对它们的查询，而不去担心内存不足问题。

因此，这里存在对空间复杂度为次线性的算法的需求。我们可以使用有损并且不存储所有数据的技术来实现这一点。相应地，它们所提供的结果的准确性只能保证在特定范围之内。

一个朴素的有损应用是随机抽样：我们可以对部分数据进行统计，并为抽样数据建立一个估算器。然而，我们很难为感兴趣的每个参数都建立估算器，这需要统计方面的专门知识。一种更容易应用的技术是使用专门的数据结构（其中一些最近刚刚开发出来）来概括数据。这些数据结构在设计上就是高度并行的，所需空间是次线性的，并满足结合律和交换律。精确实现需要使用大量内存，而概率数据结构使我们能够在估计的精度与内存消耗之间进行平衡，并具有使用 MapReduce 或其他计算模型进行分布式计算的额外好处。

为了说明概率数据结构的本质，假设我们有一个包含 10 亿个随机元素的原始数据集，其中每个元素是用 10 字节表示的用户名，我们知道数据集中不同的元素至多有 1 千万个（由于存在许多重复的），我们感兴趣的是查询此数据集来回答下列问题：

- 数据集的基数（不同元素的数量）。
- 出现最频繁的元素，也称为重点元素或 top-k 元素。
- 元素出现的频次，特别是对那些出现最频繁的元素。
- 检查数据集是否包含特定用户（成员查询）。

如果我们要把 1 千万不同的字符串保存在内存中（每个元素长度为 10 字节），我们预期此数据结构的最小内存需求将是 1000 万 × 10 字节 =100MB。此外，将 24 位计数器添加到下面结构中的每个元素以获取频次表，则总共需要 1000 万 × 13 字节 =130 MB 的内存。下面的代码片段说明了这个简单的存储机制。

```
val unique_visitor = collection.mutable.Set[String]()
for (i <- 1 to 10000000) unique_visitor.add(util.Random.nextString(10) )
```

当采用有损实现时，我们可以转而对每个元素进行哈希运算得到长度为 3 字节的整数。因为进行了哈希运算，我们要面对由冲突导致的近似结果，并且我们无法知道压缩集合精确的错误率，但我们会节省一些内存空间。

相比之下，采用近似算法，可以指定允许的错误率。如果我们确定 4% 的相对准确率（标准误差）是可以接受的，可以通过 HyperLogLog（HLL）算法仅使用 4 KB 内存来计算前例的基数，也可以采用 Count-Min Sketch（CMS）算法仅使用 96 KB 内存创建一个 4% 标准误差的重要元素的频次表，还可以使用 8 MB 的 Bloom 过滤器（BF）数据结构来回答成员查询。我们将在下面几节中介绍这些算法。通过引入有损表示，HLL、CMS 和 BF 极大地降低了内存消耗：我们用估计精度和 CPU 周期来与总的内存消耗进行权衡。

算法是可调的，例如，如果我们确定预期的错误率为 0.25% 而非 4%，那么前一个数据集的内存需求就是：BF 需要 9.1 MB，HLL 需要 256 KB，CMS 中保存前 100 个频繁元素的频次表大约需要 1.5 MB。

起初，这种不精确可能让人不愿接受，但如果仔细想想，这种情况同样发生在使用现代有损数据压缩技术记录的图像、视频和音频身上。由于用户无法觉察到一定量的信息丢失，因此高效的压缩会让新的应用类型成为可能。例如，在 JPEG 图像压缩格式，图像创建者可以决定引入多少损失来在运行时间、存储性能及图像质量之间进行平衡。

近似数据结构有很多实际应用。表 5-1 列出了本章讨论的三种算法最常见的用法，这些算法最常用于在社交媒体系统中执行计算任务。

表 5-1　传统数据结构与对应概率数据结构的对比，以及它们被设计用来回答的问题

问题	近似数据结构	传统数据结构
集合基数计算	HyperLogLog	Set
集合成员判断	Bloom filter	Set
频次统计	Count-Min Sketch	Hash map or sorted IDs

在数学上，许多（但不是全部）概率数据结构都是交换幺半群。幺半群性质表明存在一个底层集合其上满足结合律的操作，且存在一个此操作下的单位元。顾名思义，一个交换幺半群中定义的操作满足交换律。一个操作具有这一性质对于在 MapReduce 或 Spark 上快速执行是很有价值的，因为它使聚合或 reduce 阶段的高度并行成为可能。（正式的介绍参见 "Monoidify！ Monoids as a Design Principle for Efficient MapReduce Algorithm"，作者 J. Lin，链接：`https://arxiv.org/abs/1304.7544`）

将数学定义放到一边，前述性质意味着我们可以像把数字用加法即 "+" 运算结合起来那样考虑将复杂数据结构结合起来（在加法运算的情形下，单位元是数字 0）。这个对加法的类比或泛化让我们能将计算看作单词计数，只是使用了不同的底层结构进行计数。例如，如果我们使用 HLL 统计一个网页的不同访问者数量，并且在 1 小时内有 100 000 个不同的访问者，而在接下来的一小时内有 100 000 个不同的访问者，那么若两个数据集中有 80 000 个用户是重复的，则将两个 HLL 容器加起来会得到 120 000 个不同用户。

本章剩余部分要讨论的主要数据结构，HLL、BF 和 CMS 均为交换幺半群。这使得它们非常适合用于分布式处理任务，同时也让它们适于迭代处理，即保存处理初始数据的结果，然后将其应用于新到达的数据。

以下部分将详细介绍这些概率算法，并重温可以帮助确定参数和最终结果内存需求的实用规则和公式。

更具体地说，我们会将 Algebird Scala 库用于概率数据结构（`https://github.com/twitter/algebird/`）并给出 Scalding 实现。

5.4.1　HyperLogLog

HyperLogLog（HLL）是一个概率数据结构，用以估计集合中不同元素的数量，也就是集合的基数。HyperLogLog 算法是 P. Flajolet 等人发表于 2007 年算法分析会议（Conference on Analysis of Algorithm）的文章 "HyperLogLog：The analysis of a near-optimal cardinality estimation algorithm" 中提出的。

HLL 使用少量、固定大小的内存来估计多重集合（同一元素可以出现多次的集合）中的不同元素的数量。这是如何实现的呢？

HLL 的想法源自对位模式的观察，其动机最初来自统计掷硬币时从开始算起头像一面最长连续出现次数。掷硬币时，连续得到 k 个头像的概率是 $(1/2)^k$。于是，如果我们多次重复掷硬币，并且我们观察到头像连续出现最多的次数为 k，那么很可能需要重新掷硬币 2^k 次，我们才能观察到一次这样的事件。

设想取 0 到 1 之间均匀分布的随机数。如果取 N 次（N 足够大），那么基于顺序统计的期望的最小值 $1/(N+1) \approx 1/N$。所以，只要记录了这些随机数中最小的那个，就可以估计已取不同随机数的数量。注意，如果一个数出现 2 次或多次，并不会改变最小值，所以这个简单的方法确实只统计不同数字的数量。

给定一个我们对其基数感兴趣的对象集合，可以使用一个强哈希函数处理集合中的元素，并将哈希结果的比特串视为 0 到 1 之间的二进制数。然后我们可以取这些数字中的最小者，并将其倒数作为集合的基数。（我们可以把实际最小值的转换为 $\log_2(1/\min)$ 进行存储，这个值大约为 min+1 的比特串中开始部分连续 0 的个数。然后在运行结束后，将 $2\log_2(1/\min)$ 作为估计值，类似于我们前面对掷硬币的推导。这样做会引入 1 比特的噪声但需要存储的数据较少。）

最后，为了提高精度，可以通过取哈希值的前 s 比特并将这个值视为桶号，从而把元素分为 2^s 个子数据流，而后将同样算法应用于每个桶。这样做为基数给出了 2^s 个估计。最后，我们取这 2^s 个基数估计的均值，但不是算术平均值，而是调和平均值：$\dfrac{1}{C} = \sum_{i=1}^{2^s} \dfrac{1}{C_i}$。这样做可以改善对整个集合的基数 C 的估计。

前述三种技术（采用哈希方法生成 [0,1] 中的数字，使用哈希值的前几个比特对数据流进行分桶，以及采用调和平均值平滑估计结果）构成了 HyperLogLog 算法，该算法使用比存储集合中所有不同元素少得多的内存给出了基数的估计。当整个集合需要数百兆字节进行存储的时候，HLL 可以仅仅使用 256 字节进行计算，并给出在准确值 10% 误差范围内的估计。实际估计误差可能超出 ±10%，因为误差大致是正态分布，就是说会有大约 5% 的时候误差超过 20%，会有大约 0.3% 的时候超过 30%。

表 5-2 说明了当分配了特定数量的内存时，HLL 的平均估计误差。通过将分配给 HLL 的内存增加到 256KB，我们只需容忍 0.25% 的不准确。HyperLogLog 的标准误差是 1.04 除以 m 的平方根，其中 m 是使用的 register[⊖] 数。

表 5-2　HLL 的估计误差与分配给它的存储空间之间的关系

内存	256 Bytes	1 KB	4 KB	16 KB	64 KB	256 KB
估计误差	10%	5%	2%	1%	0.5%	0.25%

典型情况下，存储 $\log_2(1/\min)$ 的 register 的大小是 1 字节。对于这样的实现，当数据流中包含超过 2^{256} 个元素时，寄存器就会溢出。不过这是一个天文数字（实际上，这个数足够

⊖ 这里 register 实际上指一个变量；HyperLogLog 算法对每个到来的集合元素进行哈希操作，算法根据操作结果的前几个 bit 将集合分成 m 个子集（例如取前 2bits，则 m=4）。每个 register 用于记录一个子集的结果。详情请参阅原始文献。——译者注

统计宇宙中不同原子的数量[注]），正常情况下无须担心这个限制。

上面讨论了在基数估计中使用 HLL 所需的权衡和已经获得的好处。在社交媒体分析中，计数至关重要。需要计算不同用户数量、广告展示次数、点击次数、会话次数和许多其他统计信息。HLL 算法的有效性使其在现代分析领域具有举足轻重的地位。

额外的好处是 HLL 是一个交换幺半群，因为它是基于取最小操作，显然取最小函数是满足交换律的。这意味着我们可以计算局部估计并将中间结果合并为一个单一的估计。例如，可以用 HLL 统计每分钟的不同用户数量，然后将所有以分钟为单位的数据结构合并起来统计每小时的不同用户数。继而，还可以合并以小时为单位的估计来计算一天的不同访问者数量。除了节省内存之外，HLL 这种合并的能力是一个额外的好处。如果我们记录了周二和周三确切的不同用户数量，但我们几乎对周二和周三总共有多少不同的用户一无所知：这个数字可能是两天里的最大值到它们的和之间的任何一个数字。HLL 提供了一种以新的方式对数据进行查询的好方法，它避免了对整个集合基数进行重新计算。

要了解 HyperLogLog 算法的更多信息，请参见 `http://research.neustar.biz/tag/hyperloglog/`。

1. HyperLogLog 示例

要在 Scalding 中实现使用 HLL 的示例，需要首先导入库 `algebird` 和 `scalding`，并定义封装数据的实例类，如下所示。

```
import com.twitter.algebird._
import com.twitter.scalding._

case class Users(userID: Int)
```

然后定义一个 HLL 聚合器（aggregator），将估计误差设置为 2%。由于 HLL 的估计误差约为 $1.04/\sqrt{m}$，其中 m 为寄存器数量，通过使用 $m=2^{12}$ 个寄存器，可以期望得到 1.6% 的平均误差。

```
val unique = HyperLogLogAggregator
  ..sizeAggregator(12)
  // HLL needs a way to hash the record, converting to string is an
  // easy, if not terribly efficient way.
  .composePrepare[Users](_.userID.toString.getBytes("UTF-8"))
```

为了准确模拟前面提到的网页第一个小时有 10 万不同访问者并且第二个小时有 10 万不同访问者的实验，可以人工生成数据。下面我们特别给出数据生成器，其中恰好有 2 万个不同访问者跨两个集合：

```
val hour1List = (1 to 100000).map(Users).toList
val hour1 = TypedPipe.from(hour1List)

val hour2List = (20001 to 120000).map(Users).toList
val hour2 = TypedPipe.from(hour2List)
```

然后聚合并输出每个小时的结果，而后合并它们：

[注]　目前估计宇宙中原子总数在 10^{80}，大于 2^{256}。——译者注

```
hour1
  .aggregate(unique)
  .map { x => println(s"Cardinality of HOUR 1 $x"); x }
  .write(TypedTsv("results/HLL-1stHour"))

hour2
  .aggregate(unique)
  .map { x => println(s"Cardinality of HOUR 2 $x"); x }
  .write(TypedTsv("results/HLL-2ndHour"))

val unionTwoHours = (hour1 ++ hour2)
  .aggregate(unique)
  .map { x => println(s"Cardinality of HOUR 1 & HOUR 2 $x"); x }
  .write(TypedTsv("results/HLL-BothHours"))
```

在前面代码中，我们对 hour1 和 hour2 两个数据集分别进行聚合，并输出了它们基数的估计值。然后合并两个数据集并计算它们并集的基数。

在要处理大量数据的实际情况下，在 HLL 的计算中还需要利用其并行性。计算子集的 HLL 然后将局部 HLL 聚合在一起就实现了这一点，并且 Scalding 提供了对这种操作开箱即用的支持：它为每个 map 任务计算一个 HLL，然后在一个 reduce 步骤中合并所有中间HLL。

执行前面代码的结果是

```
Cardinality of HOUR 1 97766.0
Cardinality of HOUR 2 97749.0
Cardinality of HOUR 1 && HOUR 2 118006.0
```

在最初两个集合上的实际估计误差为 2.25%，当两个 HLL 合并起来，结果误差为1.65%。这是正确的，因为我们希望平均误差为 2%，实际情况就是这样。

2. HyperLogLog 处理 Stack Exchange 数据集

为了提供一个更具体的例子，现在让我们使用一个来自 Stack Exchange 的公开数据集。这个数据集中数据包括 9 列：ID、PostTypeID、ParentID、OwnerUserID、CreationDate、ViewCount、FavoriteCount、Tags 和 Keyworks。

为使用 Scalding 类型的 API 处理这个数据集，首先定义一个 Scala 的实例类和一个伴生对象：

```
case class StackExchange(ID:Long, PostTypeID:Long, ParentID:Long,
  OwnerUserID:Long, CreationDate:String, ViewCount:Long,
  FavoriteCount:Long, Tags:String, Keywords:String)
object StackExchange {
  type StackExchangeType = (Long, Long, Long, Long, String, Long, Long,
  String, String)
  def fromTuple(t: StackExchangeType): StackExchange =
    StackExchange(t._1, t._2, t._3, t._4, t._5,t._6,t._7,t._8,t._9)
}
```

我们可以使用 Scala 宏来生成这部分代码，但总体而言，这段代码的目的是在数据集上应用 name 和 type。为了使用 HLL 估计 Stack Exchange 上不同作者数量（平均误差 2%），可使用如下代码：

```
class HLLstackexchange(args: Args) extends Job(args) {

  val unique = HyperLogLogAggregator
    .sizeAggregator(12)
    // Convert OwnerUserID to UTF-8 encoded bytes as HyperLogLog expects
    // a byte array.
    .composePrepare[StackExchange]( _.OwnerUserID.toString
      .getBytes ("UTF-8"))

  val stackExchangePosts =
    TypedPipe.from(
     TypedTsv[StackExchange.StackExchangeType](args("input")))
    .map { StackExchange.fromTuple }
    .aggregate(unique)
    .map { x =>
      println(s"Unique authors (cardinality estimation): $x"); x
    }
    .write(TypedTsv(args("output")))
}
```

这段代码可以对兆字节或千兆字节的数据进行处理。本例中，我们使用少量的数据进行测试，但是在完全相同的机器上，完全相同的代码可以统计数以十亿计的不同用户，而不会耗尽计算机的内存。在 Stack Exchange 样本数据上执行这段代码，返回如下内容：

```
Running HLL stack-exchange example took 1772 msec in --local mode
Unique authors (cardinality estimation): 9358 with 2.0 % error
```

3.HLL 在大型数据集上的性能

为了清楚地展示 HLL 在大型数据集上的能力，现在评估其在由七个 Amazon r3.8XLarge 节点（每个节点提供了 32 颗 CPU，244GB RAM，3 个 1TB 的 EBS 磁性卷）组成的 Hadoop 集群上的性能。在本章结束时我们会简要描述如何开始使用这样的集群。

对于性能评估，我们生成由 1、10、20、40、80、100 和 500 兆个不同字符串（每行一个）组成的人造数据，并使用精确和近似算法计算基数。我们用 Scalding(使用 HLL) 和 Hive(用于精确的基数计算) 展示结果。Hive 是一个建立在 Hadoop 之上流行的数据仓库工具，能够执行 SQL 查询。

人工数据集占用的磁盘空间如下面表 5-3 所示。

表 5-3　为 HLL 性能评估而生成的数据集的大小

不同元素数	1 million	10 million	20 million	100 million	500 million
所用磁盘空间	30 MB	305 MB	610 MB	3.06 GB	15.3 GB

在 Hive 上执行精确的 SQL 查询，或者通过 Scalding 进行近似的 HLL 查询，所产生的运行图景是类似的。计算基数的单个 reducer 聚合了众多 mapper 的结果。

如图 5-2 所示，使用 HLL 的执行时间从 35 秒到 52 秒不等，大多数时间花在创建 Hadoop 容器和并行读取数据集。当使用 Hive 执行精确计数时，所需的时间和资源与数据集的大小成比例。

HLL 的另一个有趣特性是预期的估计误差不会显著影响执行时间。这意味着使用 HLL 计算基数时，相对于 2% 的预期估计误差，达到 0.1% 的预期估计误差所需的运行时间只增加 1 到 2 秒。

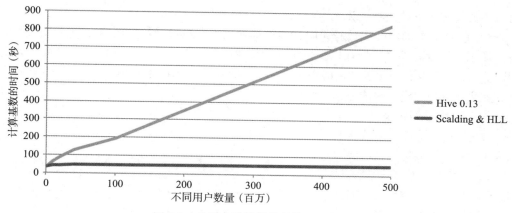

图 5-2　估计人造数据集基数的运行时间

5.4.2　Bloom 过滤器

Bloom 过滤器（BF）是 Burton Howard Bloom 于 1970 年首次提出的用于成员查询的概率数据结构。Bloom 过滤器是一个用于大型集合的数据结构，它允许：

- 向集合中添加一个新元素；
- 检测集合成员身份。

与此项功能的精确实现相比，它需要占用更小的内存，并以较小的误报率为代价得到更高的速度。当我们向一个 BF 查询成员身份时，或者收到一个肯定的"否"，或者收到一个"可能"。"可能"表示该元素有可能属于这个集合。

BF 肯定的排除成员身份的能力常被用于数据挖掘、机器学习、生物信息学、病毒扫描及其他分布式应用中过滤数据。一个典型情形是在匹配之前采用 BF 进行过滤。如果回答是否，则该元素被排除，如果答案是可能，通常要进行下一步的精确搜索。例如，很受欢迎的开源 NoSQL 数据库 HBase，就在读数据块之前先用 BF 来确定一个键是否在其中。

类似于 HLL，我们可以在创建 BF 时调整其参数来设置可以容忍的误报率。另一个需要设置的参数是相对大小（希望放入集合的不同元素的数量）。

Bloom 过滤器的数学定义表明，对于任何具有 n 个元素的集合，可以构造一个采用 k 个哈希函数、需要 m 比特空间、以概率 p 产生误报的 BF。总的来说，过滤器的参数为：

- n：过滤器中元素数。
- p：收到误报的概率。
- m：过滤器中的比特数。
- k：哈希函数的个数。

为了说明这些参数的含义，考虑 Bloom 过滤器是如何工作的。

在内部，Bloom 过滤器是一个大小为 m 的比特数组，初始每个比特都置为 0。当一个新元素加入过滤器时，它被 k 个函数进行哈希处理，每个函数产生一个值。这些值将被用作比特数组的索引（即取模 m 得到 0 和 $m-1$ 之间的数作为索引）。这些被索引到的位置的比特被置为 1，如图 5-3 所示。

在这个例子中，三个元素 $\{x, y, z\}$ 被加入到 BF。三个独立的随机哈希函数给出了 m 比特的数组中每个集合元素被映射到的位置。添加到 BF 中的每个元素都会导致比特过滤器中由哈希函数指定位置的值被置为 1。

当我们向 BF 查询集合成员身份时，类似地使用 k 个哈希函数对要查找的元素进行哈希操作，像添加元素时那样确定在比特数组中的位置。只要这些位置上任何一个比特值仍然为 0，我们可以确定查询的元素不可能在集合中。在图 5-3 所示的特定情况下，BF 对查询 $\{w\}$ 的响应是明确的"否"，因为它被索引到的一个比特仍然是 0。如果将 $\{w\}$ 映射到的所有三个位置的值都为 1，那么答案将是"可能"。

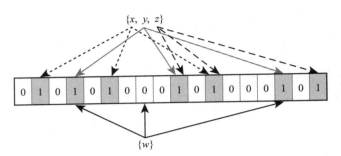

对新元素进行哈希处理存入 BF 时经常出现索引位置已经被置为 1 的情况。同样，可能 $\{w\}$ 指向的数组位置已被集合中其他元素置为 1。这就是 BF 的响应为"可能"的原因，因为它不能完全确定 $\{w\}$ 是否属于这个集合，也许存在哈希索引的冲突。而这正是引入估计误差（通过对集合中的每个元素采用多个哈希函数进行处理的补偿因子）的原因。

图 5-3　Bloom 过滤器采用哈希方法来将比特数组中特定位置为 1

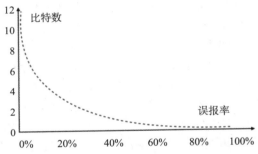

图 5-4　BF 中每个元素的比特数及对应的误报率

数组中比特数与误报概率高度相关。如图 5-4 所示，通常，BF 配置为每添加一个元素使用 5 到 15 比特来达到足够低的误报率。

在创建高效的 BF 时，第二个重要因素是使用哈希函数的数量。哈希函数的最优数量大致为每个元素所需的数组比特数的 0.7 倍。哈希函数也扮演着重要的角色，因为它们在添加或查询元素时大量使用 CPU 资源，而哈希操作可能是查询密集型应用中的潜在瓶颈。

当使用 Algebird 时，所有的 BF 优化逻辑都封装在这个库中。该库会要求提供要在 BF 中包含的不同元素数量和估计误差。然后，Algebird 自动优化每个元素所需的比特数和要使用的哈希函数数量，计算方式如下：

```
def optimalNumHashes(n: Int, width: Int): Int =
  math.ceil(width / n * math.log(2)).toInt
def optimalWidth(n: Int, p: Double): Int =
  math.ceil(-1 * n * math.log(p) / math.log(2) / math.log(2)).toInt
```

BF 的内存需求依赖于要求的误报率，表 5-4 给出了每 10 万个不同元素所需的内存。

表 5-4　Bloom 过滤器每 10 万元素占用内存大小

内存	58 KB	76 KB	99 KB	114 KB	134 KB	152 KB
每个元素所占的比特数	4.7	6.2	8.1	9.5	11	12.4
哈希函数	$k=3$	$k=4$	$k=6$	$k=7$	$k=8$	$k=9$
估计误差	10%	5%	2%	1%	0.5%	0.25%

请注意，根据经验，对于 2% 的误报率，BF 每个元素需要 1 个字节的空间。此外，可以看到哈希函数的数量相对较少，通常在 3 到 14 的范围内。

在考虑分布式计算和 BF 时，最重要的因素就是内存大小。总体上，BF 最适合中等大小的集合，为几十万个不同元素计算 BF 是很快的。将 BF 用于任何超过几百万个元素的集合会导致 Hadoop 无法很好地处理大量记录，并以次优的方式创建 BF 造成成本增加。记住，大数据的"大"是指行，而非列。因此，我们希望每条记录都尽量小，而数兆字节的 Bloom 过滤器开始违反该假设。

向集合添加新元素和检查集合的成员身份的计算速度也依赖于哈希函数的底层实现及所使用哈希函数的数量。对计算速度的一种优化是只使用两个哈希函数来高效地实现 Bloom 过滤器而不增加误报概率。关于此项技术的更多信息，参见 A. Kirsch 和 M. Mitzenmacher 的文章 "Less Hashing, Same Performance : Building a Better Bloom Filter"（http : //www. eecs.harvard.edu/~michaelm/ postscripts/rsa2008.pdf）。

1. 一个 Bloom 过滤器的例子

我们需要首先导入 `algebird` 和 `scalding` 库，并定义一个实例类来封装数据进而在 Scalding 中实现使用 BF 的例子。

对提供行程编码压缩模式的 BF，algebird 使用了高效的 `JavaEWAH` 库，这样在引入内存压缩的同时缩短查询处理时间（https : //github.com/lemire/javaewah/）。可供替换的 `java.util.BitSet` 类则无法在没有压缩的情况下进行扩展。

```
import com.twitter.algebird._import com.twitter.scalding._

case class SimpleUser(userID: String)
```

然后我们定义一个 BF，设置估计误差为 2%，过滤器的大小为 10 万。如果事先不知道不同项的数量，我们可以使用 HLL 来获取近似值。

```
val bloomFilterMonoid = BloomFilter(numEntries=100000, fpProb=0.02)
```

我们将 BF 幺半群应用于聚合器，并指定过滤器只获取用户 ID。

```
val bfAggregator = BloomFilterAggregator(bloomFilterMonoid)
  .composePrepare[SimpleUser](_.userID)
```

然后，我们在内存中生成前 10 万个整数，并将它们放入 Scalding 类型的管道中，而后将整个管道聚合到 BF 中。在 map 阶段，这些值经过哈希操作之后添加到 BF，在单个 reduce 任务中，所有这些 BF 被合并到一个 Bloom 过滤器中。

```
// Generate and add 100K ids into the Bloom filter.
val usersList = (1 to 100000).toList.map{ x => SimpleUser(x.toString) }
val usersBF = TypedPipe.from[SimpleUser](usersList)
  .aggregate(usersBF)
```

现在 Scalding 管道拥有这个 BF，我们可以使用这个过滤器轻松地进行集合成员身份查询：

```
// Example for querying the BF.
usersBF.map { bf: BF =>
  println("BF contains 'ABCD' ? " +
```

```
    (if (bf.contains("ABCD").isTrue) "maybe" else "no"))
  println("BF contains 'EFGH' ? " +
    (if (bf.contains("EFGH").isTrue) "maybe" else "no"))
  println("BF contains '123'  ? " +
    (if (bf.contains("123") .isTrue) "maybe" else "no"))
  bf }
```

执行上面代码的结果如下：

```
Running BF synthetic-data example took 4503 msec in --local mode

 BF contains 'ABCD' ? no
 BF contains 'EFGH' ? no
 BF contains '123'  ? maybe
```

此外，我们可以将 BF 序列化为一个文件（如果我们想再次使用它），方法是先将 BF 转换为字节数组，然后将其存储到序列文件中：

```
// Serialize the BF.
usersBF
  .map { bf: BF => io.scalding.approximations.Utils.serialize(bf) }
  .write( TypedSequenceFile("serializedBF")) )
```

生成的序列化 BF 文件为 103KB，这与最初预期的 99KB 一致，因为我们还以序列化头的形式存储了有关 BF 的元数据。

2. Bloom 过滤器作为预先计算的成员身份知识

本章所描述的所有概率数据结构都具有一个有用的性质，那就是它们都能被序列化。这使得我们能够预计算大型数据集的信息并将数据结构存储起来以备用户将来使用。任何方便的位置（如 HDFS、SQL 数据库或键值存储）都可用于存储这些数据结构，因此后续应用可以用它们作为数据集上的成员身份查询、基数或频次查询的快速近似解决方案。

本节中，我们从磁盘读取并反序列化刚刚生成的 BF，然后执行一组成员身份查询。首先，我们读取序列文件然后将字节数组映射到一个 BF 对象：

```
val serializedBF = args("serialized")
val BF = TypedPipe.from(source.TypedSequenceFile(serializedBF))
  .map {
    serialized:Array[Byte] =>
    io.scalding.approximations.Utils.deserialize[BF](serialized)
  }
```

反序列化的方法大体如下：

```
def deserialize[T](byteArray: Array[Byte]): T = {
  val is = new ObjectInputStream(new ByteArrayInputStream(byteArray))
  is.readObject().asInstanceOf[T]
}
```

加载预计算的 BF 到管道之后，我们可以从另一个地方引入要针对 BF 进行查询的项。本例中，待查询项被加载到内存中。

```
val itemsPipe = TypedPipe.from(List("ABCD", "EFGH", "123"))
```

然后，我们可以将项管道与 BF 结合，并在 map 函数中执行成员身份查询。代码中被强调的 contains 方法接下来返回一个 ApproximateBoolean 对象，该对象或者以 100%

置信度表示答案为 `flase`，或者以一定置信水平表示答案为 `true`。下面我们看到，我们创建的 BF 以 97% 的置信度报告查询项属于集合。

```
itemsPipe.cross(BF)
  .map { case (item: String, bf: BF) =>
    val existsInBF = bf.contains(item)
    println(s"Item $item exists in BF : $existsInBF")
    (item, existsInBF.isTrue)
  }
  .write( TypedTsv("membershipResults") )
```

执行这段代码屏幕上显示：

```
Item ABCD exists in BF: ApproximateBoolean(false,1.0)
Item EFGH exists in BF: ApproximateBoolean(false,1.0)
Item 123 exists in BF: ApproximateBoolean(true,0.9707277171828571)
```

3. 大型社交数据集上的 Bloom 过滤器

并行生成 BF 无论是在处理大量数据的 MapReduce 作业中还是在实时系统中都很有意义，在这些地方都需要将拓扑上分离的多个数据流周期性地聚合起来。

当我们向 BF 中添加一个新的元素时，将比特数组中的索引位置为 1 的操作可以视为获取该位置当前值的最大值的操作，显然该值为 1。采用这种方式，可以通过取位的最大值来合并 BF 比特数组，因此 BF 本身是一个类似于 HLL 的交换幺半群。

于是，我们可以并行执行许多 mapper，每个都通过哈希操作将大量元素添加到一个 BF 的比特数组。多个 mapper 生成的比特数组在单个 reduce 阶段通过按位 OR 运算进行合并，如图 5-5 所示。

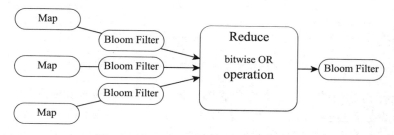

图 5-5　在 reducer 上聚合 Bloom 过滤器

下面的例子解析一个来自 Wikipedia 的 20GB 的数据集，它包含文章编辑信息，就如我们前面所见，并对每月数据生成一个 BF：每个 BF 包含在该月编辑文章的所有不同作者。

初始，我们定义实例类和伴生对象，用于将数据读取到类型化的 Scalding 管道中：

```
object Wikipedia {
  type WikipediaType = (Long, String, Long, String)
  def fromTuple(t: WikipediaType): Wikipedia = Wikipedia(t._1, t._2,
    t._3, t._4)
}
case class Wikipedia(ContributorID: Long, ContributorUserName: String,
  RevisionID: Long, DateTime: String)
```

因为我们事先并不知道有多少不同作者编辑了文章，所以我们使用 HLL 来计算基数的估计。为了进行这项计算，我们用 Algebird 创建一个 HLL 聚合器：

```
val hllAggregator = HyperLogLogAggregator
  .sizeAggregator(12)
  .composePrepare[Wikipedia](_.ContributorID.toString.getBytes("UTF-8"))
```

然后我们读数据，并对数据集中每一行，从 data-time 域中抽取年–月信息：

```
val wikiHLL = TypedPipe.from(TypedTsv[Wikipedia.WikipediaType](input))
  .map { Wikipedia.fromTuple }
  .map {
    wiki => wiki.copy(DateTime = wiki.DateTime.substring(0, 7))
    // extract YYYY-MM
  }
```

现在我们通过年–月信息对所有 wiki 编辑进行分组，并使用已经建立的用来统计贡献了文章内容的不同 ID 的 HLL 聚合器进行聚合，而后取 HLL 输出的估计值：

```
wikiHLL
  .groupBy { wiki => wiki.DateTime }
  .aggregate(hllAggregator)
  .mapValues { hll => hll.approximateSize.estimate }
```

接下来，我们获取每个 HLL 输出的估计值并进行 sumByKey，以确保所有月份都被聚合了。然后我们读入数据集，对每一行，我们从 date-time 域抽取每次编辑的年份和月份信息：

```
  .sumByKey
  .toTypedPipe
  .groupAll                    // Trick to force all results into a single
  .values                      // reducer--thus a single output file.
  // Also let's store the HLL results.
  .write(TypedTsv("results/wikipedia-per-month-HLL.tsv"))

// Example output is =>    Key = 2011-02 , Value = 149804
```

使用 Bloom 过滤器的另一个常见场景是 haystack 连接中的 needle。当连接我们已知较大空间中只有少数条目会被连接的大量数据时，可以构建一个 Bloom 过滤器并在 mapper 上进行过滤，而不是将所有数据复制到数百个 reducer 上。通过过滤掉在连接另一侧没有匹配任何内容的大多数记录，可以实现显著的性能提升。

5.4.3 Count-Min Sketch

如果要统计数据项在大型数据集中出现的有多频繁，那么一个选择就是进行基于哈希表的计数或分布式计数，如我们在之前单词计数示例中所见。然而，如果数据集非常之大，这种情况在实践中经常发生，我们会耗尽内存。生成计数分布的一种直接方法是首先对数据进行抽样。但是对于大型数据集或无限数据流，即使经过抽样仍然可能耗尽内存。为了有效地计算分布，我们可以使用 CMS，这是一种估计输入项频次的近似算法。

Count-Min Sketch（CMS）是一种用来表示频次表的概率数据结构。G.Cormode 和 S.Muthukrishnan 于 2003 年给出了这种方法的定义。正如他们原始论文"An Improved Data Stream Summary：The Count-Min Sketch and its Applications"（http：//dimacs.rutgers.

edu/~graham/pubs/papers/cm-full.pdf）中所描述的：

我们的 sketch 能让数据流汇总中的基本查询（如点、区间和内积查询）快速得到近似的回答；此外，它可以用来解决数据流挖掘中几个重要问题，如查找分位数、频繁项等。

CMS 是一种易于实现的数据结构，它在特定类型频次查询方面非常有用。它使用亚线性空间来存储分布数据：就存储而言，CMS 使用比元素数量更少的空间来计算频次。然而，我们必须接受的是计数不是精确的，频次可能被高估。

与其他概率数据结构类似，我们可以调节参数来得到需要的精度。CMS 在很多方面都与 BF 类似，因为它也同样对每个元素使用多个哈希函数。主要区别在于 BF 表示集合，而 CMS 表示多重集合。特别是，CMS 归纳了频次分布，而 BF 表示在一个集合中存在哪些元素。

CMS 使用哈希操作以内存高效的方式将数据项映射到频次。例如，它可以仅使用数 KB 的空间保存一个具有数十亿元素多重集合的频次表。需要权衡的是，由于哈希冲突，它会高估某些项的频次。每个 sketch 的估计误差是可调节的。为 sketch 分配的内存越多，估计误差就越小。

数据的内部表示是 CMS 不同于 BF 的另一个所在。它将其内存中工作 sketch 数据结构分配为 w 列 d 行的二维数组。每个新来的数据项都由所有 d 个独立的哈希函数进行哈希操作，以确定与哈希函数对应的矩阵行中的列。在现已由行和列所确定的位置中，我们将矩阵元素的值增加 1（它们都从 0 开始）。此过程如图 5-6 所示。

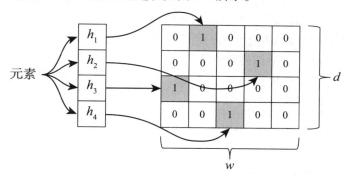

图 5-6　CMS 增加由 d 个哈希函数对每个数据项进行哈希操作得到的索引所指向的矩阵位置的值

在查找过程中，同样使用全部哈希函数对查询元素进行哈希操作，检索存储在 sketch 矩阵中哈希值指向的列中的值，并返回所有 d 个值中的最小的作为答案。此类 CMS 支持的查询称为点查询（point query）。CMS 将返回查询元素频次的估计值。

CMS 还支持区间查询，在此类查询中，可以向数据结构询问一个区间内的项的频率。使用这种方法，CMS 还可以用来计算分位数，这是数据科学中经常使用的一个指标，可以回答诸如"查找前 5% 满足……的用户"的查询。我们可以首先找出元素的总数，然后对 CMS 进行多个区间的查询，采用折半查找发现前 5% 的用户。

在数据连接任务的上下文中，CMS 带来重要价值的另一个有意义的查询称为内积查询：它允许我们查询两个 sketch 向量的点积。这对于确定连接后数据集的近似大小非常有用，因为 CMS 可以追踪连接两侧表中数据项出现的频次。查询优化器需要知道数据集中键的分布。通过对连接大小进行相对估计，查询规划器可以确定执行查询的最佳顺序。

误差特性用两个参数来表示：估计误差和 *delta*。CMS 以概率 1-*delta* 保证估计数值最多比真实数值多 N × （估计误差）。这里 N 是添加到 sketch 中数据项的总数。数据结构的大小由 d （深度）和 w （宽度）定义，CMS 结构的大小在几 K 字节到 1M 字节时就能达到很高的精度。表 5-5 表明 CMS 大小在大约 10KB 时，达到了大约 1% 的误差。

表 5-5   Count-Min Sketch 的大小与预期误差边界的关系

内存	2.5 KB	3.2 KB	9.8 KB	20 KB	37 KB	104 KB
宽度	28	55	272	544	1 088	2 719
深度	3	3	5	6	6	7
估计误差	10%	5%	1%	0.5%	0.25%	0.1%
DELTA	10%	5%	1%	0.5%	0.25%	0.1%

CMS 另一个优点是只要它能放入内存，更新率就非常高。一个带有 512KB 缓冲并分配 4GB RAM 的 Xeon 2.8 GHz 处理器，可以轻松地保持每秒 1000 万次的更新。

正如 F. Rusu 和 A. Dobra 在文献 "Statistical Analysis of Sketch Estimators"（http：// www.cise.ufl.edu/~adobra/Publications/sigmod-2007-statistics.pdf） 中所提到的：

Count-Min Sketch 的性能强烈依赖于数据的偏斜。对很小的偏斜，误差会比其他类型的 sketch 高几个数量级。而对很大的偏斜，CM sketch 具有最好的性能——比 AGMS 和 Fast-Count sketch（FC）好很多。更新性能也非常快，范围在 50 到 400 纳秒之间。

CM sketch 对均匀分布的数据性能非常差。此类 sketch 只有在数据分布非常偏斜时才具有良好的精度，而社交媒体分析正是情况如此的领域之一。

下一节将使用这个概率数据结构来识别重要用户（heavy hitter）。

1. Count-Min Sketch ——重要用户示例

与前面一样，我们需要首先导入 scalding 和 algebird 库以及我们为 Wikipedia 数据集构建的实例类和伴随对象：

```
package io.scalding.approximations.CountMinSketch

import com.twitter.algebird._
import com.twitter.scalding._
import io.scalding.approximations.model.Wikipedia
```

运行时可以通过参数来定义 CMS 的大小。要使用 CMS，我们需要引入 implicits 库。然后可以定义我们的 CMS 幺半群，传入期望估计误差和置信度的参数 eps 和 delta。

```
class WikipediaTopN(args: Args) extends Job(args) {
  val topN = args.getOrElse("topN", "100").toInt

  // Construct a Count-Min Sketch monoid and bring in implicit hashing
  // functions.
  import CMSHasherImplicits._
  val cmsMonoid = TopNCMS.monoid[Long](eps=0.01, delta=0.02,
    seed=(Math.random() * 100).toInt, heavyHittersN=topN)
```

CMS 使用特殊的 TopNCMS 幺半群。上述代码中的配置构建了一个可以统计 topN 元素分布的 CMS，以 98% 的置信度保证结果误差率在 1% 以内。

要使用它，我们需要定义一个聚合器，该聚合器声明在 Wikipedia 对象中我们只对

ContributorID 计数感兴趣：

```
val topNaggregator = TopNCMSAggregator(cmsMonoid)
  .composePrepare[Wikipedia](_.ContributorID)
```

建立了这个对象之后，我们就可以从文件系统读数据，并聚合到 CMS 中：

```
val wikiData = TypedPipe.from(
  TypedTsv[Wikipedia.WikipediaType](args("input")))
  .map { Wikipedia.fromTuple }
  .aggregate(topNaggregator)
```

然后我们可以使用 CMS 在屏幕上显示出重要用户，也就是对 Wikipedia 文章做出修改次数最多的 top-N 编辑者。CMS 也可以序列化并存储在磁盘上以供将来使用：

```
wikiData
  .map { cms:CMS =>
    println(" + Total count in the CM sketch : " + cms.totalCount)
    println(" + Heavy Hitters : " + cms.heavyHitters.size)
    cms.heavyHitters.foreach( userid => {
      println("  - User ID : " + userid
        + " with estimated cardinality : " + cms.frequency(userid)
        .estimate)
    } )
    io.scalding.approximations.Utils.serialize(cms)
  }
  .write( SequenceFile(args("output")) )
```

2.Count-Min Sketch ——高百分比示例

除了指定要追踪的重要用户的确切数量，我们还可以检索其编辑次数达到数据集总大小（总的编辑次数）的固定百分比的重要用户。为了获得这个意义上的重要用户，我们使用 `TopPctCMS` 幺半群和适当的聚合器：

```
// Construct a Count-Min Sketch monoid and bring in helping implicit
// hash functions.
import CMSHasherImplicits._

val cmsMonoid =
  TopPctCMS.monoid[Long](eps=0.01, delta=0.02, seed=(Math.random() *
    100).toInt, heavyHittersPct = topPct )

val topPctaggregator = TopPctCMSAggregator(cmsMonoid)
  .composePrepare[Wikipedia](_.ContributorID)

// Algebird aggregators enable us to combine multiple monoid
// aggregations and perform a computation in a single pass:
val wikiData = TypedPipe.from(TypedTsv[Wikipedia.WikipediaType](input))
  .map { Wikipedia.fromTuple }
  .aggregate(GeneratedTupleAggregator.from2(topNaggregator,
    topPctaggregator))
  .write(TypedTsv(output))
```

3. 聚合近似数据结构

在下面例子中，我们处理 Wikipedia 数据集并计算多个指标：

- 在整个时间段内以 10 秒为时间窗口，Wikipedia 在哪个窗口每秒收到的写入次数最多。

- 所有时间范围内 100 个最活跃的作者。
- 月编辑行为分布。
- 小时编辑行为分布。

这里我们创建 4 个聚合器，对应处理上面提到的每个聚合任务。可以对 4 个 algebird 聚合器进行连接生成单个聚合器，该聚合器可以对数据进行一次扫描便生成全部四个结果。

```scala
class WikipediaHistograms(args: Args) extends Job(args) {

  val input  = args.getOrElse("input",
    "data/wikipedia/wikipedia-revisions-sample.tsv")
  val output = args.getOrElse("output",
    "data/wikipedia/wikipedia-multiHistograms")
  val seed   = (Math.random() * 100).toInt

  import CMSHasherImplicits._

  // Top-10 seconds with most writes/seconds.
  val top10qpsMonoid= TopNCMS.monoid[BigInt](0.01, 0.02, seed,
    heavyHittersN = 10)
  val top10qps = TopNCMSAggregator(top10qpsMonoid)
    .composePrepare [Wikipedia](x => BigInt( x.DateTime.getBytes ))

  // Top-100 authors.
  val top100authorsMonoid = TopNCMS.monoid[Long](0.01, 0.02, seed,
    heavyHittersN = 100)
  val top100authors =
    TopNCMSAggregator(top100authorsMonoid)
      .composePrepare[Wikipedia](_.ContributorID)

  // Top-12 months.
  val topMonthsMonoid = TopNCMS.monoid[Long](0.01, 0.02, seed,
    heavyHittersN = 12)
  val top12Months = TopNCMSAggregator(topMonthsMonoid)
    .composePrepare[Wikipedia](
      x => x.DateTime.substring(5, 7).toLong)

  // Top-24 hours.
  val top24HoursMonoid = TopNCMS.monoid[Long](0.01, 0.02, seed,
  heavyHittersN = 24)
  val top24Hours = TopNCMSAggregator(top24HoursMonoid)
    .composePrepare[Wikipedia](
      x => x.DateTime.substring(8, 10).toLong)

  val wikiData = TypedPipe.from(
    TypedTsv[Wikipedia.WikipediaType](input))
    .map { Wikipedia.fromTuple }
    .aggregate(GeneratedTupleAggregator.from4(top10qps, top100authors,
    top12Months, top24Hours))
    .write(source.TypedSequenceFile(output))
}
```

4. 近似方法总结

在社交媒体的世界里，很少需要准确的答案，我们所测量的事物本身就是一个嘈杂的过程的结果。事实上，由于种种限制，我们无法收集完全理想的输入数据，而对于不完美输入进行精确计算通常是一种浪费。我们已经看到了三种强大的算法：HyperLogLog、Bloom 过滤器和 Count-Min Sketch，它们分别能够计算集合的近似大小、近似的集合成员身份和近似的频次计数。这些结构中的每个都是交换幺半群，它们对归并操作满足结合律合交换律，因此我们可以充分利用 MapReduce 风格计算平台的并行性。其次，幺半群的性质让我们可以归并独立的查询结果以获得新的答案。我们可以快速存储聚合桶的概要，甚至可以存储指示面板，然后将这些桶组合成更大的聚合单元以回答新问题。

5.5 在 Hadoop 集群上运行

现在，多个云平台提供了现成的分布式环境；然而，熟悉从头开始建立自己的计算集群所需的步骤是很有用的。本节介绍在 Amazon 虚拟机实例上部署 Hadoop 集群（Amazon EC2，特指 Cloudera CDH 发行版）的过程。我们创建 VPC、安全组、弹性 IP，并提供有关如何设置可运行 Hadoop 集群的说明。

我们还生成用户证书以与在同一集群上工作的协作者进行共享，然后提供了方便地关闭群集并根据需要对其进行调整的方法以最小化成本。

5.5.1 在 Amazon EC2 上安装 CHD 集群

要在孤立云资源的亚马逊网络服务（Amazon Web Service，AWS）EC2 上安装 Cloudera Hadoop 发行版，请按如下步骤进行。（这些步骤应该能够为在 Amazon EC2 上安装集群提供指导，但随着技术的发展，这些步骤将来可能不是最新的或完全准确的。）

1. 登录 AWS 控制台（http : //console.aws.amazon.com）并访问 VPC。选择 Start VPC Wizard -> VPC with a Single Public Subnet -> Select，设置名称为 hadoop-vpc，采用默认设置，点击 Create VPC。

2. 在 VPC 控制面板内，创建一个新的安全组。选择 Security Group -> Create Security Group。将新组命名为 hadoop-ports，添加一个描述并选择 hadoop-vpc 这个 VPC。如图 5-7 所示，为端口 22、7180、7182、7183、7432、8088、8888、18088、19888、50070 和 All ICMP 添加接收来自任意位置数据（Anywhere）的自定义 TCP 规则（Custom TCP Rule）。在所有端口（0-65535）上添加到 VPC 子网（10.0.0.0/24）的所有流量规则（All traffic）。

Type (i)	Protocol (i)	Port Range (i)	Source (i)	
Custom TCP Rule	TCP	8888	Anywhere	0.0.0.0/0
Custom TCP Rule	TCP	7180	Anywhere	0.0.0.0/0
SSH	TCP	22	Anywhere	0.0.0.0/0
Custom TCP Rule	TCP	50070	Anywhere	0.0.0.0/0
Custom TCP Rule	TCP	7182	Anywhere	0.0.0.0/0
All traffic	All	0 - 65535	Custom IP	10.0.0.0/24
Custom TCP Rule	TCP	18088	Anywhere	0.0.0.0/0
Custom TCP Rule	TCP	7183	Anywhere	0.0.0.0/0
All ICMP	ICMP	0 - 65535	Anywhere	0.0.0.0/0
Custom TCP Rule	TCP	7432	Anywhere	0.0.0.0/0

图 5-7   设置安全组为特定网络流量打开防火墙

提示：可以使用 source 作为 IP 地址为所有流量添加规则。

3. 选择 Key Pairs -> Create Key Pair，并将新的密钥对命名为 owner-key。将文件 owner-key.pem 下载并保存到根目录下，即 ~/.ssh/owner-key.pem。

4. 从控制面板启动 4 个 EC2 实例。如图 5-8 所示，选择 m3.large（或类似的）实例类型，此类实例提供了 4 颗 CPU、15GB RAM 以及 SSD 硬盘。操作系统选择 Ubuntu14.04LTS 或更高版本。在网络设置中采用第二步中定义的 VPC hadoop-vpc，并以适当大小的 SSD 磁盘空间启动实例。在 Configure Security Group 步骤，选择 hadoop-ports 作为安全组。

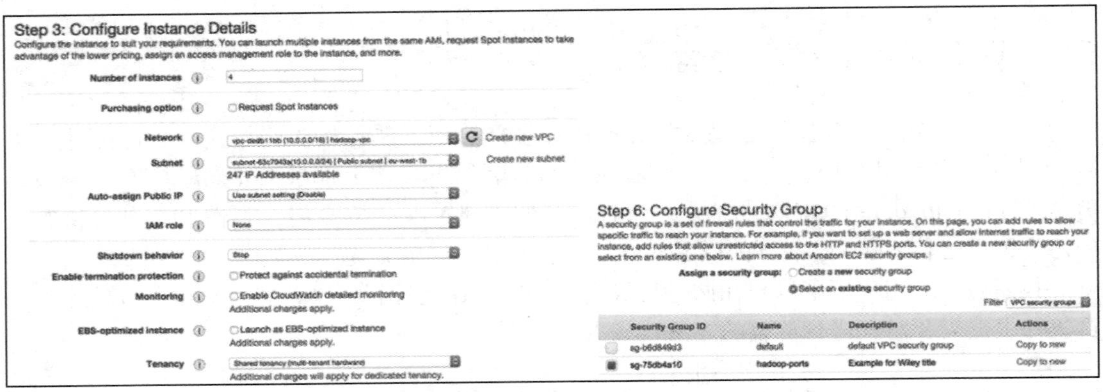

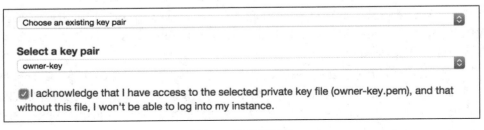

图 5-8   配置实例类型，并选择适当的 VPC 和安全组

5. 最后一步，如图 5-9 所示，选择在第三步生成的密钥对 owner-key，然后启动实例。

图 5-9   选择密钥对

6. 我们将弹性 IP 分配给新实例。从 EC2 管理控制台选择弹性 IP 选项卡，并为每个实例在 VPC 中单击 Allocate New Address。然后一次选择一个地址，单击 Associate Address 将其分配给一个实例。

7. 将 SSH 添加到一个实例。

提示：如果在 CentOS 或 RHEL 系统上安装，需要禁用 SELinux 并在进行安装之前重启。下载并运行 Cloudera 管理安装程序。（对于如何在 CentOS 上禁用 SELinux，参见 http：//tinyurl.com/lrbhhkj。）读者需要在以下命令中替换 <private-key-file>、<username> 和主机名：

```
$ ssh -i <private-key-file> <username>@ec2-xx-xx-xx-xx.compute-1.
amazonaws.com
```

然后执行：

```
$ chmod 400 ~/.ssh/owner-key.pem
$ ssh -i ~/.ssh/owner-key.pem ubuntu@ec2-xx-xx-xx-xx.eu-west-1.\
  compute.amazonaws.com
$ wget \
  http://archive.cloudera.com/cm5/installer/latest/\
  cloudera-manager-installer.bin
$ chmod +x cloudera-manager-installer.bin
$ sudo su
$ ./cloudera-manager-installer.bin
```

8. Cloudera Manager 需要一些时间才能完全启动，但很快就可以在 `http://ec2-xx-xx-xx-xx.compute-1.amazonaws.com:7180` 上访问它。

9. 以默认用户名和密码（均为 `admin`）登录，并进行 Cloudera 发行版的安装。选择 Cloudera Enterprise Data Hub Edition 试用版，查看并按照最开始两个步骤进行操作。

10. 如图 5-10 所示，通过采用 10.0.0.[0-255] 模式搜索整个 VPC 网络来为 CDH 集群安装程序指定主机。选择要添加的主机然后继续。

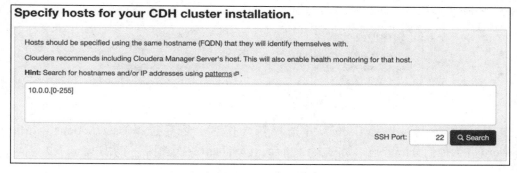

图 5-10　发现主机

11. 按照向导并选择如图 5-11 所示预先选择的默认设置；我们需要提供 SSH 登录证书。选择 `ubuntu` 作为用户，并使用 `owner-key.pem` 私钥文件进行身份验证。

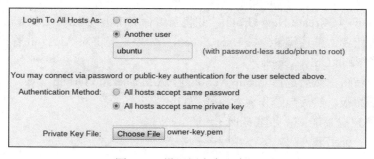

图 5-11　设置用户名和密码

12. 安装过程成功结束后，我们需要从 Cluster Setup 窗口启动新的集群：

（1）第一步，根据需要选择 Core Hadoop 或 All Service。

（2）第二步，选择 Hadoop 服务如何在集群节点上分布。

（3）第三步，选择 Use Embedded Database。如果需要直接访问 Hive 元存储数据库，可以记下自动生成的密码。点击 Test Connection 然后继续。

（4）第四步，使用默认的预选设置。

恭喜，读者刚刚建立了一个 CDH 集群。请注意，当集群启动时，所有服务都需要一些时间来启动并报告系统运行状态。

5.5.2　为合作者提供 IAM 存取

为了生成账户证书以与协作者共享资源，Amazon 提供了身份和访问管理（IAM）模块。通过为协作者提供访问权限级别，他们可以存取资源甚至管理它们。生成这样的账户，可以按照如下步骤进行：

1. 使用根证书登录 AWS 控制台（`http：//console.aws.amazom.com`）。

2. 选 择 Identity & Access Management（`http：//console.aws.amazon.com/iam`）。

3. 选择 Users -> Create New Users 并为合作者添加新的用户名。

4. 如图 5-12 所示那样创建并下载凭据文件。它包含用户名、AWS Access Key ID 和 Secret Access Key。

图 5-12　合作者访问密钥

5. 从 AWS 控制台选择 Users，并选择新合作者。然后选择 User Actions -> Manage Password 并为他们分配密码，如图 5-13 所示。读者可以一次选择一个用户。

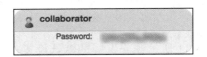

图 5-13　合作者密码

6. 选择 Groups -> Create New Group，并将新组命名为 `hadoop collaborators`。然后，如果信任协作者，可选择 Power User Access；如果只提供对 Amazon 管理组件受限的访问权限，请选择 Read Only Access。

7. 选择一个新组，然后选择 Group Actions -> Add Users to Group。

8. 访问控制面板，然后与合作者共享：

（1）IAM 用户登录链接（见图 5-14）。

（2）用户名、证书和密码。

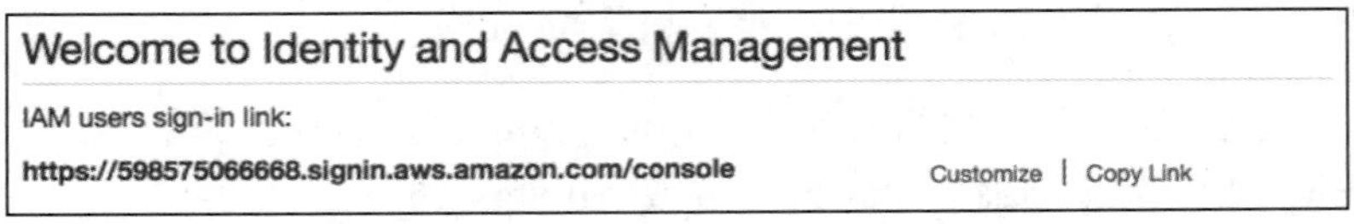

```
Welcome to Identity and Access Management

IAM users sign-in link:
https://598575066668.signin.aws.amazon.com/console          Customize | Copy Link
```

图 5-14　IAM 访问链接

5.5.3　根据需要增加集群处理能力

在熟悉了集群的功能之后,读者现在可以在少量节点上使用最新的发行版启动 Hadoop 集群。只使用少量节点是云上实验室集群的常见设置,我们通常使用 4 到 8 个高规格虚拟机,总共提供 32 颗 CPU、244 GB RAM 和数块 SSD 硬盘。

当搭建任何规模的集群时,基础设施的成本很容易成为问题。集群可能每天只使用几个小时,而大部分时间都处于空闲状态。在这种情况下,最明智的做法就是利用云平台提供的可扩展性,提供在不需要时释放 CPU 和内存资源的方法。但是,需要保留操作系统文件系统和 HDFS 文件系统上的长期数据。

如图 5-15 所示,读者可以轻易地关闭集群:

(1)在 Cloudera Manager 状态页面停止集群。

(2)停止 Cloudera Management Service Actions。

(3)选择并停止 EC2 上的 Amazon 实例,如图 5-16 所示。

图 5-15　用 Cloudera Manager 停止集群

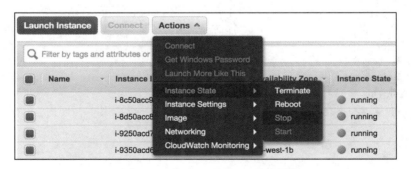

图 5-16　停止 Amazon EC2 实例

要让同一个集群重新运行,只需将实例的 Instance State 设置为“启动”即可。几分钟内实例就会运行起来,然后就可以访问 Cloudera 管理主页来启动集群和 Cloudera Management Service Account。

5.6　总结

本章讨论了在处理社交媒体数据时,分析那些最可能遇到的数据集类型的要点。这些数据集所具有的属性经常使其难以处理,通常需要使用分布式方法进行应对。同时,我们已经看到有一些算法让我们找到了计算上可行的解决方案，以回答关于这些从服务中收集的数据集的最常见的问题。

- 鉴于人们与社交媒体服务的交互非常频率，可以预期所收集的关于人们活动的日志将非常庞大，因此我们需要采用分布式处理技术来分析它们。MapReduce 范式已成为大型数据集离线处理的首要方法之一，读者在本章开头学习了它在处理偏斜数据集时的工作原理以及需要考虑的内容。
- 读者还看到了处理和准备数据集的几种不同类型的模式，这些模式可以对数据集上最常见类型的计算和查询实现加速。
- 人类行为数据本身是带有噪声的，因此，我们并不总是要求对它们的计算统计是准确的。如果我们接受结果在期望答案的保证范围内，那么有一些算法可以用更有效的表示实现对部分计算的近似，这些表示同样也更适合于 MapReduce 风格的处理。
- 最后，由于云端存储和处理已经变得司空见惯，我们简要介绍了如何在服务商提供的云服务上配置小型服务器集群，以便使用 Hadoop 进行分布式处理。

第 6 章

学习、映射和推荐

用户间的互动是社交媒体平台最常收集的一类数据。人们使用在线平台来决定购买什么商品、观看什么电影、何时与朋友交流等。所有这些决策都构成了有价值的信息，可以帮助我们了解用户的行为模式。社交媒体平台由数个不同的组件构成，人们通过这些组件进行的选择以及选择结果，都可以很容易地被记录下来以便进一步处理。本章将详细阐述如何对此类数据进行建模并提取有意义、有价值的信息，并将其用于决策和推荐。

向社交媒体中的用户推荐商品或内容项（item）具有不同的问题处理阶段，具体情况取决于我们正在处理的社交媒体服务所处的存在时长和状态。例如，假设有一个新平台开始通过向新用户提供新的内容服务来启动产品。这是一个独特的问题，即所谓的冷启动问题。在另一种情况下，假设产品具有某种程度的成熟度，也就是已经具有一定的用户参与历史。这是推荐问题的主流问题，明显不同于冷启动问题。本章首先假设系统具有某种程度的使用历史和数据流。这有助于理解推荐的基本原理。本章结尾将讨论一些边缘情况，例如冷启动问题和纳入协变量。

为了讨论主流问题，我们将整个过程分为三个部分：学习、映射和推荐。第一个阶段是学习，它使用算法从整个数据集中提取信息。映射阶段将用户映射到学习得到的信息空间，换句话说，它将发现模型怎样才能最好地适合于每个用户。最后一步是推荐阶段，使用映射的用户数据和提取出的模型进行预测。以下将详细介绍这些部分。

6.1 在线社交媒体服务

让我们从列举不同的在线消费产品的例子开始，这些产品已经是当今社交媒体平台的一部分或者可以直接嵌入其中。

6.1.1 搜索引擎

搜索引擎根据查询词提供结果。图 6-1 展示了一个例子：一个网站列表，它是查询的相关结果链接摘要的片段。对于社交媒体平台，这些搜索结果可以是平台上发布的内容（例如 Twitter 上的 Tweet）、其他用户的个人资料以及诸如照片或视频等其他媒体信息。每个查询词都来自用户的显式输入，我们可以将这些数据视为一种关系，用户在关系的一侧，查询词在另一侧。任何搜索操作都是用户与查询词的关联，其中用户可以搜索多个查询词，而一个查询词也可以由多人搜索。这可以看作是用户从可能的查询词池中进行消费的消费数据。

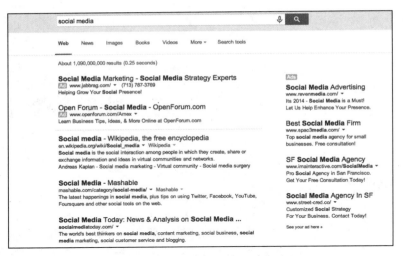

图 6-1　一个典型的搜索引擎结果界面

　　这还不是全部。查询输入后，引擎根据排序算法显示相关结果。用户对内容的参与不仅基于结果条目与查询词的相关性，还基于他们的兴趣。这就引出了搜索结果个性化的问题。如何使用这些参与数据以个性化的方式对结果条目进行排序？这在社交媒体平台上是一个格外重要的问题，因为来自世界不同地区、有着不同兴趣的用户很可能对内容也有不同的偏好。

6.1.2　内容参与

　　在 Netflix 上观看的视频、在亚马逊上购买的商品、在 Twitter 上收藏的 Tweet 都是在这些平台向用户呈现内容或项目的实例。对每个平台上的消费品，用户可以根据自己的兴趣选择特定内容进行交互。对于 Netflix 来说，电影被认为是处于商品一侧，如果用户看完一部电影，用户和电影之间的关联也就建立了起来。对于 Amazon 来说，消费者就是用户，如果购买了商品或浏览了商品页面，他们就与商品建立了联系。在 Twitter 上，用户通过收藏或转发特定 Tweet 而与其相关联。

　　内容是社交媒体平台最重要的方面之一（图 6-2 显示了 Netflix 的点播电影库）。我们已在第 4 章讨论了如何处理和利用这些信息。然而，本章的重点是建模用户对特定内容的参与。对不同的消费品，参与的定义可能有所不同：在线商店中，可能被定义为浏览产品，而在 Netflix，可能是看了电影。对社交媒体平台而言，通常是平台为用户提供的社交互动。可能是链接点击、分享、评论、转发或收藏，这取决于我们讨论的是哪种服务。

　　内容参与之所以重要，有几个原因，比如推动人们对平台产生兴趣并吸引更多用户来到平台。在正确的时间、恰当的地点向用户推荐正确的内容，对于提升用户参与是非常重要的。例如，新用户的登陆流程和平台在此阶段推荐的内容对于留住用户至关重要。

　　内容参与对于货币化也很重要。将社交媒体平台货币化的一种方法是提供（广告）推广或赞助的内容。一种常见、有效的内容分发方式是通过用户的关注或好友图来实现的。例如，如果用户 A 关注用户 B，则用户 B 产生的任何内容都会显示在用户 A 的主页或事件列表。但是，如果用户 A 没关注用户 C，但用户 C 希望向将其内容展示给用户 A，则通常不可能通过此项服务设计的常规方式来实现。许多社交媒体平台都可以在用户 C 支付给平台费用后推广其产品，作为回报，平台会将推广的内容显示给用户 A。通常，用户 C 只在用户 A 与其内容互动后才会被平台收取费用。这给人一种印象，参与度对货币化战略的效率很重要。广告投放的整个领域都使用参与数据向用户展示最相关的推广内容。其目标往往是尽可能保持较高的参与度而不降低用户的满意度。

图 6-2　Netflix 点播电影库

6.1.3　与现实世界的互动

社交媒体的一个重要方向是基于位置的活动。这是一个附加的维度，不同于用户可以在社交媒体上进行的通常基于内容的活动。使用此功能，我们可以提取有关用户的宝贵信息，或者根据产品的侧重点直接推荐新的产品或位置。

社交媒体签到是用户表明其位置的最常见方式，也是对该位置的详细注释（例如，这是一家商店，还是餐馆？如果是餐馆，用户喜欢吗？对其评价如何？以前去过多少次？）生成此类信息的第一个任务是根据用户以前的签到或评分推荐新的位置（例如，新的餐馆、咖啡馆和商店）。当然，我们也可以利用这些信息推荐其他的常规内容。例如，某些年龄和性别组或属于不同经济阶层（如中等收入）的用户可能会定期光顾某些餐馆。知道一个用户在哪个位置，就可以知道该用户的其他人口统计信息（例如年龄、性别、收入、家庭人数等）。于是，可以反过来在餐厅推荐任务中使用这些信息。图 6-3 显示了 Foursquare 签到的屏幕截图示例。

图 6-3　一个基于位置的社交媒体服务：Foursquare 签到界面

6.1.4   与人的互动

社交媒体平台的另一个重要方面（可能也是最具特色的方面）是由人构成了它们的用户基础。这些平台与其他消费品的主要区别在于其社会方面。要么以有向的方式（从一个用户到另一个用户的单向关注行为），要么以类似友谊的方式（用户应相互同意被连接），人们相互连接形成一个社交图。尽快与合适的用户建立连接对于获得产品的良好体验是至关重要的，因为用户看到的内容通常都来自与其相连接的人。因此，推荐正确的用户进行关注和建立友好关系也是重要的。

表示有向或无向社交图的一种方法是将用户放在我们一直在讨论的关系的一侧，而将他们关注或与他们为好友关系的账号放在另一侧。通过这种解释，人际关系的形式与本章前面讨论内容参与或搜索引擎时提到的形式没有什么不同。可关注的潜在用户相当于可供选择的产品，而执行关注或加好友操作则等同于对产品的选择或消费。

我们刚刚讨论了一些实际的应用，其中用户和内容之间或者用户与用户之间的关系可以表示为非常类似的问题形式：实体之间的关联。在数学和计算机科学中，这种形式也被称为二分图，其中一组节点表示用户，另一组节点表示内容项或产品，并用图的边表示关联。有向关注图也可以被解释为邻接矩阵。

这让我们可以对问题以及解决方案进行概括：如何处理用户消费和选择内容项的数据，并使用这些信息进行推荐？如何使用这种类型的数据来获得认识？回答这些问题并构建提供智能解决方案的算法对于提高平台的效率和价值至关重要。例如，对于社交平台，哪些帖子被参与、哪些账号被关注，或哪些推广的内容与用户产生了互动，都会提供有关平台用户的有用信息。这些信息既可用于构建更智能的个性化产品，也可用于了解用户如何使用平台。

处理这种数据是与计算机科学、统计学、数学和信号处理这些学科交叉领域的问题。社交媒体平台中的"推荐"正在经历爆炸式增长，这主要是由于平台积累的大量交互数据所带来的有用性。这些数据集的庞大规模使得基于大规模计算的（而非人力驱动）数据分析和决策成为必需，计算资源的进步是这一增长的驱动力。然而，数据的规模和高维度使得当前强大的计算资源只能部分地解决问题的复杂性，而且它们需要与先进的技术和算法配套使用。

这里我们通过考虑模型构建、探索性分析、可视化和评估来详细说明一些算法。在现代数据科学中，模型构建阶段的一个重要问题是，如何将数据特有的属性纳入到模型中。早期的机器学习技术被设计为使用事先规定好的参数来处理通用数据集。然而，随着数据集的多样性和复杂性逐渐增长，我们需要更先进的方法，可以根据所研究应用类型特有的属性进行定制。这样的定制可以采用许多不同的形式。例如，可能有必要从数据中学习模型参数（而不是从一开始就指定它们）；可以纳入先验信息（例如特定表示的稀疏性，这些信息本身则是需要学习的）；使用数据中的关系结构可能也是有益的，关系结构可能以多种形式呈现。

本章将探讨这些方法，展示这些模型的有效性和准确性。

6.2   问题阐述

现在我们正式描述问题。假设社交媒体产品已经被使用了一段时间，参与或交互数据以 <user_id，item_id> 元组（表示用户 id 与内容项 id 之间的交互）列表的形式被收集起来，我们的目标是找出用户与内容项之间存在未被观察到的交互的可能性，并在稍后将相应内容项用作为推荐项在产品中向用户推荐。有几种方法可以用来执行此项任务，例如：

- 将数据视为矩阵并"补全"。
- 应用特定领域的算法，例如用于好友推荐的图连接补全算法。
- 结合特征工程，使用相似集合进行推荐、聚类和监督学习。

本节将使用基于矩阵的解决方案，并在其后简要介绍其他技术。

在受欢迎的典型社交媒体平台中，每天都有数百万用户访问，产生数百万帖子或评论。假定我们恰好有 100 万（10^6）用户和 100 万（10^6）内容项。在这种情况下，可能的交互总数是 10^{12}（用户数和项数的乘积）。然而，现实中实际的交互数量通常显著少于可能发生交互的总数，例如，在每个用户平均数百次交互的水平上，大约总共产生 10^8 次交互。从数学上讲，可以将这种类型的数据视为矩阵，其中行表示用户，列表示内容项。例如，对于电影推荐，行代表用户对电影的评分和选择，每个用户都有单独的一行，如图 6-4 所示。已定义或不为零的元素数远小于矩阵中元素总数的矩阵，被称为稀疏矩阵。

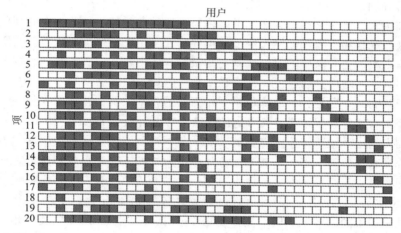

图 6-4　观察矩阵示例 $\boldsymbol{X} \in \mathbf{R}^{N \times P}$（例如：在表示用户对电影的评分时，图中行代表用户，列代表电影）。图片来自 Griffiths 等人的"印度自助餐过程：介绍和评论（The Indian Buffet Process：An Introduction and Review）"一文（http://jmlr.org/papers/volume12/griffiths11a/griffiths11a.pdf）

假设我们用观察矩阵 $\boldsymbol{X} \in \mathbf{R}^{N \times P}$ 来表示数据，其中行表示用户，列表示项，交互的值为矩阵元素 x_{ij}（例如，上文所提到的用户电影评分的例子）。在二值矩阵中，交互值取自 $\{0,1\}$，而在通常的评分数据集中，交互值通常是一个实数，表示用户对项的评分：我们用 $\mathbf{R}$ 表示实数集。例如，在图 6-4 中，假设有 N 个用户和 P 部电影，x_{ij} 表示第 i 个用户对第 j 部电影的评分。

现实场景中，$\boldsymbol{X}$ 的绝大多数元素都是不存在的，这使得 $\boldsymbol{X}$ 为稀疏矩阵。这很容易理解，因为绝大多数用户一生中只能依据个人喜好观看整个电影库中有限数量的电影。

最终有用的事情是，我们是否能够对未观察到的矩阵元素的值（在一个"平行宇宙"如果用户有更多的时间看电影则这些值应该存在）进行预测。这相当于预测，如果用户知道这段内容，他们最有可能看重什么。这项任务在数学上称为补全矩阵缺失值，通常基于观察到的偏好矩阵中已有元素的信息进行计算。

6.3 学习和映射

上文提及的所有应用所需解决的最基本问题正是数据的高维性。这意味着 P 值对应的项数（如：电影推荐任务中的影片数目、社交媒体好友推荐中的用户数量，以及人们可以签到的场所数目）量级极高，往往在十万或百万的水平。从数学上讲，这意味着将用户所做的或喜欢做的不同事情视为不同维度，并将用户置于这样的高维空间中。从直觉上看，这种做法毫无道理。每个人都是不同的，都有自己的特点。对于整体行为，只有有限少数潜在的可能解释合乎现实。我们所观察到的数据，正是那些支配现实的潜在动力的反映。

纯科学研究人员，如物理学家、化学家或生物学家，进行了成千上万的实验，试图用简单的方式来解释所有这些观察结果。例如，艾萨克牛顿的 $F=ma$ 公式解释了质量 (m)、加速度 (a) 和力 (F) 之间的关系。我们可以找到数以千计的与加速度相关的东西。然而，决定物质加速度的潜在原因可以用力 (F) 得到普遍的解释，虽然后来发现了一些这一定律无法解释的观测结果，并引出了新的理论。阿尔伯特爱因斯坦的 $E=mc^2$ 公式解释了能量和质量之间的关系。数百年来，科学家们一直在思考能量与物质的关系这个普遍存在的问题，最终爱因斯坦把所有这些观察和思考都归结为一个简单的公式，用来解释这些现象，与所有流行的观察结果一致。当我们去看医生的时候，她会倾听所有的症状，记录所有的观察结果，可能还会进行一些测试，并提出诊断建议，试图找出所有症状和测试结果的根本原因。

上述例子共同的主题是，它们都积累了相当多的观察结果，并试图找到一个潜在的原因或因素来解释所有这些观察结果。奥卡姆的威廉（William of Occam，约 1285 年至 1349 年）是一位有影响力的中世纪哲学家，以他的"奥卡姆剃刀"原理而闻名。用现代语言来说，该原理指出：给定数据的两个解释，在其他条件相同的情况下，简单的解释更为可取。机器学习对这一原理有进一步阐释：发现与样本数据一致的最简单假设。这一原则在机器学习的不同领域以不同的方式被使用。本书不会对每个领域都详细讨论，但是会给出一些例子。例如，当我们试图用不同的多项式族来拟合观测数据时，所寻求的最简单假设即指数最低的多项式，该数值运行提升（boosting）算法的最低迭代次数。在本章后面，我们将讨论在本章考虑的基于矩阵的解决方案中的其意义何在。

这同样适用于上文医生诊断的例子，因为医生使用完全相同的原则进行诊断。每种症状可能由不同的疾病引起，但他们试图找到最简单的解决方案，最好是所有症状都来自单一源头。对阿尔伯特·爱因斯坦这样的科学家来说也是如此。他根据观察收集信息，并试图用最少的可能原因来解释能量 – 质量关系。

我们可以将这一想法应用于本节所探讨的问题。我们需要学习模型的用户表示方法，并用学到的东西预测该向哪些用户推荐什么。问题是，原始数据中每个用户都是在推荐项空间表示的，也就是说，在数据中每个用户都是以他所评分的电影来表示的。在这个原始的项空间中，数据是高维的，解释每个用户行为的项数以百万计。这使得预测问题变得困难。为了解决这一问题，我们需要首先将问题转换为一种容易的形式。将一个困难的问题转化为一个新问题是问题求解的一种常见技术。在本例中，这意味着我们需要在一个新的削减了潜在维度的空间中表示用户，而不是在整个项空间中表示用户。这对应于将每位用户用所发现因素的线性组合表示，并且这些因素的维度会大大降低，我们将在下一节讨论如何发现这些因素。然后我们需要转换回原始空间。这项技术如图 6-5 所示。

转换数据的一种方法是采用线性确定性变换。如公式（6-1）所示，可以用线性变换算

子 F 对观察数据 X 进行转换：

$$Y=F(X) \qquad\qquad (6\text{-}1)$$

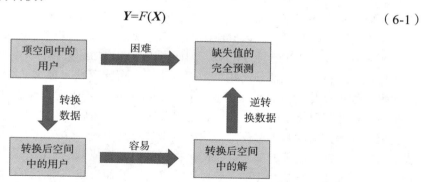

图 6-5　一个通用的问题求解范例，解释了为什么将数据转换为不同的模型表示

F 将数据映射到新的空间，Y 表示数据在新空间的嵌入（embedding）。天才的数学家们定义了诸如拉普拉斯变换、傅里叶变换和小波变换这样的确定性变换，这些变换各有独特的优点。然而，在大多数这些变换中，算子 F 是手工设计的，具有严格的数学性质。它不依赖于具体数据，而是基于给定目标预先定义的：例如，要么揭示 X 的频谱，要么显示其特征向量等。这些转换超出了本书的范围，在这个特定的应用中也没有什么用处。

以现代的方法来考虑，一种新的范式表明我们可以从数据中学习这种变换。新范式的一般的原则是，定义一个目标，然后设计一个算法通过优化目标来实现转换。这个目标通常表示当前学到的变换对观察数据能够解释的多好。我们将讨论实现这些目标的一个具体函数。这种新的范式，从数据中学习 F 和 Y。新方法的优势在于，可将关于数据的先验直觉信息包含到学习过程中，故而学到的转换会体现相应属性。

协同过滤（CF）方法在这个领域占据了主导地位，并在最近几年取得了重大进展。该方法通过收集许多用户的偏好来预测用户的兴趣，其基本思想是对用户和内容项使用重复模式。我们知道存在彼此相似的电影和彼此相似的用户，问题是如何将这些信息纳入到预测模型中呢？

6.3.1　矩阵分解

一种方法是通过对矩阵进行分解，从表示为矩阵的数据中提取模式。这意味着给定一个观察矩阵，我们要从中产生两个矩阵，其中一个矩阵表示用户模式，另一个表示项模式。我们可以将这些模式看作原始数据中用户之间隐藏的分布相似性。这种众所周知的技术被称为矩阵分解（MF）。它已成为实现协同过滤的一项重要技术。基于我们认为所建模系统中为真的情况（关于所收集数据的先验假设），可在矩阵分解任务中使用单独的标准。一般方法是，定义一个质量检查度量，并迭代修改分解出的矩阵，使其收敛到高质量模式，从而最小化验证集上的错误。

从数学上讲，我们想把一个部分观察到的矩阵 $X \in \mathbf{R}^{N \times P}$ 分解成另外两个矩阵的乘积，如公式（6-2）所示，

$$X \approx SD \qquad\qquad (6\text{-}2)$$

其中 $S \in \mathbf{R}^{N \times K}$ 是学到的用户分值矩阵，$D \in \mathbf{R}^{K \times P}$ 是学到的项矩阵。式 $\hat{X} = SD$ 称为 X 的 K 阶近似。在 6.3.3 节第一小节中，将详细讨论这个新的 K 维空间的含义以及列和行对应的内

容。此外，我们称矩阵是部分观察到的，是因为在许多应用中，用户甚至没有接触到所有的内容，而且考虑那些缺失交互的值是不公平的，我们不知道如果用户知道其他内容，他们是否会与之交互。因此，这些数据被认为是部分观察到的。

有无穷多种方式来选择 S 和 D，因而可以添加附加约束条件，将解的空间限制到有意义的大小，使之符合先验假设。根据数据的不同，可能存在多种这样的约束条件。例如，S 和 D 的稀疏性可以作为一种约束条件。同样，我们可能希望在 S 和 D 中都只有非负值。所有这些约束条件都取决于问题、应用和矩阵分解的可解释性。

矩阵分解方法的基本原理是提取数据中的重复模式，并在这个新的重复模式空间中表示整个用户集。观察矩阵一般是高维的，换句话说，有成百上千的电影可以看，有数以百万计的用户可以关注，有数十亿的 Tweet 可以参与。然而，我们所知的数据模型却屈指可数，例如，有些人喜欢恐怖片、喜剧片或动作片。对于餐馆来说，有些人喜欢日本菜、印度菜或中东风味。这让我们想到，尽管项空间有数百万个维度，但是我们确实可以用一组模型的加权和来表示所有用户。学习任务包括提取数据的模型（由 D 矩阵表示）和确定每个用户的权重以表示每个用户的特征（由 S 矩阵表示）。

现在看一个简单的例子：假设我们要向用户推荐电影。电影模型的选项有恐怖、动作、喜剧、文艺等。假设共有 K 个这样的模型，它们是要从数据中学习的。我们可以将每个模型表示为行向量 $d_k \in \mathbf{R}^P$，其中 P 为电影总数。记号 d_k 表示第 k 个模型对给定电影的评分，由此构成 D 的第 k 行。因此，一个模型暗示了一种电影选择方式：每个模型给了每部电影一个评分，而它们打分的方式（特别是权重高的电影）就定义了模型的特征。假设我们已经知道了所有的 d_k，剩下的任务就是通过这些模型加权组合的方式表示每一个用户。例如，一位用户可以通过这个组合建模：< 恐怖：40%，喜剧：10%，经典：50%>，而另一位用户可表示为 < 喜剧：80%，动作：20%>，其中这些电影模型的每个选项都被编码到 d_k 当中，所以"恐怖"模型对恐怖片打的分很高，而"动作"模型对动作片打的分很高。这就让我们面对问题的第二个部分：如何学到每个用户的这些分值，来解释在新的模型空间中用户是如何表示的？这些信息封装在 S 矩阵当中，其中每行 $s_i \in \mathbf{R}^K$ 编码了用户 i 的权重，代表了该用户的特征。在统计学中，D 称为因子负荷，S 称为因子得分。它们表示原始数据矩阵 X 的分解。

如前所述，数据集 X 有很多缺失值，我们的目标是从观察到的数据中学习用户和项矩阵，并使用 K-rank 近似值作为用户兴趣的预测。学习 D 和 S 的一般原理是定义一个成本函数并迭代更新 D 和 S 同时最小化该函数。一般而言，成本函数是实际 X 与由 SD 重构结果之间差异的函数。本章后面将讨论结合了其他约束的具体成本函数。

用以最小化此误差的一种迭代法叫作坐标下降法。顾名思义，在每次迭代中，算法都会在相应变量的方向上采取一个最小化成本函数的步骤。这提供了一个误差最小的解决方案。

6.3.2 学习和训练

学习可以定义为从历史观察或数据中构建规则并在未来使用它们的过程，构建的规则主要用于预测，有时也用于探索目的。有的时候，考察历史数据、生成规则的过程称为训练。

1. 欠拟合和过拟合

训练过程对观察或历史数据的依赖程度至关重要。这与未来规则的复杂程度有关。如果规则很简单，并且我们没有关注数据中的每一个细节，那么从数据中学到的用户行为模式可能会过于宽泛，这样的模式对预测那些极具挑战的未来情况将不会很有用处。在机器学习领域，这种现象称为欠拟合。反之，如果规则很复杂，并且想要捕捉数据集中每个细节，我们可能会学到过多并不必要的细节。当数据集有限且有噪声时，这是一个特别严重的问题。在这种情况下，模型参数往往集中在数据中的噪声样本上，对新样本的泛化能力较弱。这种现象称为过拟合。

这里给出一个过拟合的直观例证。假设在社交媒体平台中，有一个向用户呈现内容的事件列表（timeline），其中的内容按照算法设计的顺序排列，算法决定哪些具体内容以何种顺序呈现给用户。评判这种算法的重要标准之一是展现给用户的内容的多样性。我们需要问这样的问题：算法要被设计成只用用户展示体育赛事吗？算法会被训练的倾向于只向用户展示来自名人的内容吗？

社交媒体平台的另一个方面是用户流失，也就是用户不再使用或不再登录该平台。社交媒体平台许多不同功能的目标，包括设计事件列表的算法，都是为了提高用户满意度，减少用户流失率。

假设我们想解释社交媒体平台中算法策划的事件列表的多样性与用户流失率之间的关系，并且我们观察到的数据与图 6-6 展示的数据类似。对这个具体例子，假设 x 轴是用户事件列表的多样性（依据内容的有趣程度而言），y 轴是想要建模的用户流失率；并假设用户的事件列表有多有趣与他继续使用该社交平台的可能性有关联。

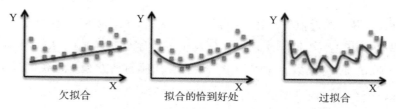

图 6-6　模型欠拟合和过拟合的直观解释。欠拟合图解释了拟合观察数据的模型其复杂度不足以很好地泛化到新数据的情形。过拟合图解释了拟合观察数据的模型其复杂度过高的情形，这同样会导致较差的泛化能力。本图来自 http://pingax.com/regularization-implement-r /

本图中，我们看到三种对观察数据的多项式拟合：欠拟合、复杂程度和泛化能力平衡的拟合、过拟合。由中间的平衡拟合图可见，如果内容多样性增加太多或减少太多，用户流失率都会增加。此情形中，学到的多项式大约是二次或三次的，图中具有明显的非线性特征。而在欠拟合情形中，我们试图用非常低维的函数（近似线性）来解释用户流失率和内容多样性之间的关系，而这样的函数并不能给出合理的解释，尤其是内容多样性较低的时候。这时它本应预测有较高的用户流失率，然而它预测用户流失率较低。在过拟合情形中，以更高次的多项式来解释用户流失率和内容多样性的关系。这也是不必要的，并且可能会导致预测错误。

在实践中，怎样才能发现过拟合呢？许多学习算法都有一个参数来控制学习算法的复杂性——也就是说，用一个参数来调节所希望的解释的复杂程度，以提供一种对复杂现象的推理机制。图 6-6 中，这一参数正是我们所拟合的多项式的次数。检测欠拟合和过拟合的一般方法是，首先确定一组潜在的参数，然后对数据进行划分，比如分成训练集和测试集，最后在训练集和测试集上检验拟合的误差。当在训练集和测试集上误差都很小时，数据的拟合程度为最优。如在训练集上误差很小，而在测试集上误差较大，通常出现了过拟合。如果在训练集和测试集上误差均较大，那么应该是欠拟合。

我们要问的另一个问题是：在这个过程中是否可以协助学习算法达到更好的效果？显然，一方面存在欠拟合的问题，另一方面存在过拟合的问题，这是几乎所有机器学习算法都要面对的最常见的权衡问题。一般来说，应该找到两者之间的最优点。如果想在学习算法内部实现这一目标该怎样做呢？

在最小化成本函数的算法中，一般是通过对成本函数增加一个正则化项来解决这一问题。这是一种增强算法的方法，使其在拟合的程度（最小化普通成本函数）和试图拥有稳定模型变量的程度之间达到平衡。通常，由一个参数对稳定模型变量和根据数据进行拟合之间的权衡进行控制。

2. 矩阵分解中的正则化

特别地，对于矩阵分解，我们用一个正则化参数 η 来处理这一问题。完整的目标函数如公式（6-3）所示

$$C(\boldsymbol{S}, \boldsymbol{D}) = \sum_{i,j} \left(x_{ij} - \sum_{k=1}^{K} s_{ik} d_{kj} \right)^2 + \eta \left(\sum_{i=1}^{N} \|\boldsymbol{S}_{i.}\|_2^2 + \sum_{j=1}^{P} \|\boldsymbol{D}_{.j}\|_2^2 \right) \tag{6-3}$$

上式中，第一项对应于残差当前状态的平方距离，其中 x_{ij} 为观察值，$\sum_{k=1}^{K} s_{ik} d_{kj}$ 为由分解因子 s_{ik} 和 d_{kj} 得到的近似值，计算中代入因子 s_{ik} 和 d_{kj}。近似值越接近真实值，残差就越小，我们也就越信任给定的观察值 x_{ij}。后一部分由变量 η 控制，是成本函数的正则化部分。$\|\boldsymbol{S}_{i.}\|_2^2$ 是向量 $\boldsymbol{S}_{i.}$ 的 L_2 范数，是 $\boldsymbol{S}$ 的第 i 行中所有项的平方和。当我们最小化整个成本函数时，正则化项会防止模型变量 s_{ik} 和 d_{kj} 超调。这样就阻止了过拟合。如果学习算法过拟合，就会想要表达训练数据中的每一个观察结果，包括一些有噪声的样本。这将使模型参数受到几个离群点的显著影响。另外，需注意成本函数的正则化部分不包含任何与数据相关的项。

正则化的尺度由参数 η 控制，它作为固定常数输入到算法中。较低的 η 值会告诉算法主要最小化成本函数中与数据相关的部分。否则，就是告诉算法尽量不要超调模型变量。如果 η 值过高，x_{ij} 所提供的数据中的信息就会被简单地丢弃，这可能会导致欠拟合。为此，算法的使用者在选择 η 时应当小心谨慎。选择 η 的一种通用方法是使用交叉验证来找到一个最佳的值，也就是列出一组候选 η，使用每个候选值进行训练，最后选择性能更好的模型。

3. 非负矩阵分解与稀疏性

本节主要讨论矩阵分解的一种具体形式：非负矩阵分解（NMF）。正如前面提到的，从数据中学习转换的基本优势是可以结合直觉和先验信息，因而能使学到的转换对应用而言是最优的。NMF 是矩阵分解的一种形式，其输入（交互数据 $\boldsymbol{X}$）和输出（学到的因子负荷 $\boldsymbol{D}$ 和因子得分 $\boldsymbol{S}$）都服从于非负的约束。这对于推荐系统很有意义，因为观察到的数据几乎总是非负的（例如，点击日志、电影评分和参与日志），而且我们还期望学到的模型的组件是非负的。

正则化对于使用变量的先验知识或需求也是至关重要的。例如，即使有数以千计的商品或电影，某个人可能只喜欢其中的一小部分。对于我们从数据中提取的模型 d_k 而言也是如此。在本例中，我们期望 d_k 是稀疏的，因为它表示第 k 个模型的选择。在本例中，我们可

能希望使用 L_1 正则化，它将 L_1 而非 L_2 范数，应用于成本函数中的模型变量。在公式（6-3）中，我们在正则化项中使用了 L_2 范数；L_1 范数与之类似，只不过它是对向量分量的绝对值求和，而不是对分量的平方求和。L_1 范数倾向于选择稀疏解，这意味着只有少数分量在解中是非零的。其原因可以用几种不同的严格方法来解释，比如可视化目标函数与约束之间关系的几何解释，或者考虑贝叶斯解释（如高斯先验和拉普拉斯先验）。我们不详细讨论这些，但是对于读者进行更深入的分析来说，这些都是很好的方向。

为什么 L_1 范数对系数的抑制作用更强的直观解释如下：L_2 范数包含的是系数平方和，对每个系数而言，很大的值会受到高度惩罚，较小的值则会受到眷顾。使用 L_2 时，任何大的非零值都倾向于不被选取。另一方面，L_1 范数取的是系数绝对值的和，其中一个系数值为 0 也完全没问题。现在看一个例子。假设我们对两个三维系数向量（2, 2, 2）和（0, 5, 0）应用 L_1 和 L_2 范数。L_2 范数的计算结果分别为 $\sqrt{2^2 + 2^2 + 2^2} \approx 3.46$ 和 $\sqrt{0^2 + 5^2 + 0^2} \approx 5$，而 L_1 范数的计算结果分别为 |2|+|2|+|2|=6 和 |0|+|5|+|0|=5。因而，L_2 范式更偏爱解（2, 2, 2），L_1 范式则偏爱解（0, 5, 0）。

6.3.3　电影评分示范

本节演示 NMF 如何处理一个名为 **MovieLens**（https://grouplens.org/datasets/movielens/）的电影评分数据集。原始数据是 938 位用户对 1682 部电影的评分 {1,2,3,4,5}。在 160 万可能的用户–电影对的组合中，我们只观察到 10 万个评分。这只是所有可能存在值总量的 6%。

程序清单 6-1 显示了我们如何将 NMF 模型拟合到这个数据集。其中每个函数都在相关的代码注释中进行了解释。程序总的思路是加载数据并运行 R 的 NMF 包。该包的详细信息可以在安装和加载程序库之后，通过在 R 中键入 help('nmf') 得到。我们指定分解因子矩阵的秩为 $K=20$。

程序清单 6-1　在 MovieLens 电影评分数据集上拟合 NMF 模型（mf_fit.R）

```
library(Matrix)
library(NMF)
library(ggplot2)

# Reads data, fits the model, and saves it.
how.i.fit.the.model = function()
{
    x = readMM('data/movielens/ml-100k/u.mm')
    s = as.matrix(x)

    # We know that the number of users is 938.
    number.of.users = 938

    # Get the relevant users only we are interested in.
    s = s[1 : number.of.users,]

    # K, the rank, is set to 20.
    K = 20
    # The model is trained here.
    # This is the factorization stage. It takes some time.
    # There are several methods/algorithms incorporating different
```

```
    # regularization techniques. Run help('nmf') in R to see further
    # details.
    # Here we use the default one incorporating a KL divergence-based
    # cost function.
    my.nmf.20 = nmf(s, K, .options='v')

    # Save the model to disk to be used later. We want to save it to
    # disk since it is expensive to re-run it again and again.
    save(my.nmf.20, file='data/movielens/fits/nmf20.rda')
}

how.i.fit.the.model()

load('fits/nmf20.rda')

# Give the object a convenient name.
# We will use it later in the following code sections.
m = my.nmf.20

# Look at the structure of the result.
str(m)
```

K 的选择很棘手，没有一种方法可以适用于每种情况。K 代表我们想要发现的潜在模型的数量；在大多数应用中，这是未知的。一种技术是尝试不同的 K 值，并对比在测试数据上的评估指标。我们将在 6.4.1 节中讨论这些评估指标。另一种技术是使用贝叶斯非参数统计来学习 K 的后验分布（参见 http://www.columbia.edu/~jwp2128/Papers/ZhouWangChenetal2011.pdf）。在这种情况下，模型和算法完全是为使用完全贝叶斯方法而设计的。这些方法通常比这里讨论的基于矩阵的方法更复杂。最后一种技术是经验猜测。虽然模型的数量很难确切知道，但我们可以猜测一下。例如，我们知道这个数字不是太小（应该有足够的多样性），也不会太大（关键是要降维）。此外，降维后空间的辨识度水平也是一种视角。如果我们所选 K 值较高，就会学到更详细的模型。例如，如果 K= 3，我们可能只学到比较概括化的电影类型，如"动作""喜剧""恐怖"等。如果选择 K= 100，我们可能会学到更为具体的恐怖类型，如"老式恐怖电影""新恐怖电影""科学惊悚片"等等。考虑到所有这些不同的角度，为了简单起见，我们选择 K=20：我们希望尽量简单的同时捕捉到足够的多样性。K=20 表示我们将观察 20 种不同的模型。

在图 6-7 和图 6-8 中，我们展示了学到的两种不同模型选择的权重 d_k，k 值取值分别为 1 和 5。我们观察到，由于模型的非负假设，权重均为正，并且它们给以高权重的电影是不同的，这代表了各自的特点。

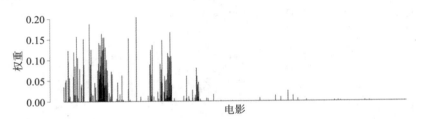

图 6-7　给定的潜在模型的电影选择权重。这是 d_k 的图，其中 k=1。我们观察到，由于模型的非负假设，权重均为正，并且将高权重给以不同的电影

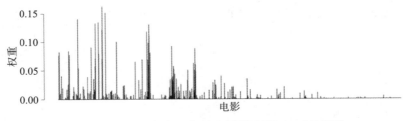

图 6-8　与图 6-7 相似，但是本图展示了 $k=5$ 时的情形

除了原始的评分数据，推荐系统通常还为推荐项和用户提供协变量信息。协变量能有助于执行探索性分析和从系统的用户群中提取用户偏好。在本例中，对于用户，协变量包括年龄、性别、职业和邮政编码；对于电影，协变量包括发行日期、IMDB 链接和类型。在拟合模型时，我们在实验中没有使用电影类型信息；然而，我们的确使用此项信息来判断在类型同质性方面学到的模型是否合理。这并不是必须的，但是我们期望一些学到的模型能与类型相对应。

协变量对预测也很有用。一些有监督技术使用了我们在本章后面提到的协变量特性。我们可以使用 NMF 作为特征提取，将学习到的因子得分与协变量相结合，构建一种二次监督技术来提高预测精度。来自 NMF 的特性只是表示降维项的因子得分，我们可以简单地将这些特性与其他提取的特性连接起来，并使用分类器来预测参与情况。

运行程序清单 6-1 之后，m@fit@H 矩阵对应于因子负荷矩阵 D。这个矩阵中每一行权重最高的 10 部电影显示了对应模型的特征。程序清单 6-2 中的 print.top.movies 函数为给定的模型 k 打印这些电影标题，该模型的权重在因子负荷矩阵中是最高的。

程序清单 6-2　为具有最高因子负荷权重的给定模型打印电影标题；绘制对给定电影模型维度进行总体描述的影片的实际类别 (mf_helpers.R)

```
# Print the top n movies with names according to what weight they get.
print.top.movies = function(k, fit, items, n=10)
{
    cat((items$title[order(fit@H[k,], decreasing=T)[1 : n]]), sep='\n')
}


# Plot the genre distribution from the downloaded data for a given
# stereotype.
plot.top.genres = function(k, fit, items, n=10)
{
    # In the items data the genres are given in the indexes from 6 : 24.
    # The schema of this is:
    # "id", "title", "date", "video", "imdb",
    # "unknown", "action", "adventure", "animation", "childrens",
    # "comedy", "crime", "documentary", "drama", "fantasy", "film-noir",
    # "horror", "musical", "mystery", "romance", "scifi", "thriller",
    # "war", "western"
    barplot(colSums(items[order(fit@H[k,], decreasing=T)[1 : n], 6 : 24]),
            las=2)
}
```

如程序清单 6-2 所示，plot.top.genres 函数依次查看给定模型权重最高的 10 部电影的类别，并绘制它们的总体类别分布。请注意，每部电影都可以有多个类别，这些影片类别信息是 MovieLens 数据集的基本事实的一部分。图 6-9 显示了它们的类别分布。

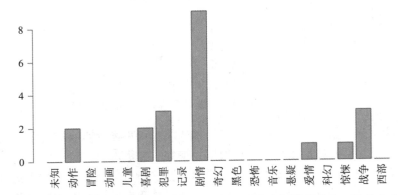

图 6-9   从数据中学到的第一潜在模型对应的高权重电影的实际类别分布。这是 $k=1$ 时 d_k 的分
         布。我们得到了该潜在模型权重最高的 10 部电影。类别信息是 MovieLens 数据集的
         一部分。排名前 10 的每一部电影都是一个类别的二进制向量，一部电影可以有多个类
         别，比如剧情片、奇幻片、动画片等。数据表明，对此潜在模型而言剧情片是最常见
         的类别，其他类别则存在次要的相关性

1. 解读学到的模型

我们模型中，用 $d_k \in \mathbf{R}^P$ 表示模型（stereotype）k。假设有 P 部电影，每个模型都是一个
电影列表，其中不同模型对应的电影权重不同。在 d_k 中具有高权重的电影给了我们一个关
于哪个模型是关于什么内容的概念。本节将查看几个不同的模型，以确定它们是否有意义。
在这样做的时候，我们首先根据电影在相应的模型中获得的权重大小看一下排名前十的电
影。我们还会在每个模型中查看这些高权重电影的类别：类别信息是我们从 MovieLens 数
据集中获得的第三方标签。两者都能让我们了解到一些关于从数据中学到了什么的信息。我
们根据每一个模型对应的 k 来命名它。但是，要小心：如果我们重新运行这些示例，k 值可
能会被打乱。例如，一个模型可能在本章中对应于 $k=5$，而当再次运行时，它可能对应于
$k=12$。这是由于这些类型模型的可识别性问题。造成这种情况的主要原因是在运行矩阵分
解时，模型的初始化是随机的。若给定相同的初始化，该算法不是随机的。然而，不同的初
始化可能会导致模型顺序的改变以及每次运行时权重的不同。这意味着，在不丢失一般性的
情况下，列可以被打乱，而我们会获得相同的学习质量。

这一段后面的列表显示由来自过去 30 ~ 40 年间的著名电影（基于 IMDB 评分）组成的
$k=1$ 模型。这个潜在的维度呈现了一个喜欢这些经典电影的假想用户。来自第三方类别数据
的每部电影都是类别的二进制向量，并且一个电影可以有多个类别。我们只选取权重最高的
10 部电影，然后计算每种类别出现的次数。我们观察到，虽然排名前十的电影类别的累积
直方图在"剧情片"中达到最高，且大多数电影都被赋予了不止一个类别。但剧情是一种更
普遍的体裁；这 10 部电影的次要类别分别是 3 部"战争"、3 部"犯罪"、2 部"喜剧"和 2
部"动作"。我们可以得出结论，这个模型只适用于那些喜欢高评分电影的用户，其中电影
并不一定属于某个特定的类别——不过，对于特定类别的电影，总会有一些偏差。

$k=1$ 时，权重最大的电影：

■《飞越疯人院》（1975）

- 《教父》（1972）
- 《冷手卢克》（1967）
- 《教父 2》（1974）
- 《肖申克的救赎》（1994）
- 《桂河大桥》（1957）
- 《毒刺》（1973）
- 《辛德勒的名单》（1993）
- 《沉默的羔羊》（1991）
- 《卡萨布兰卡》（1942 年）

图 6-10 显示 $k=5$ 的模型由恐怖片组成。这个潜在的维度呈现了一位只喜欢这类电影的假想用户。当查看类别图时，我们发现与图 6-9 中的 $k=1$ 的潜在维度相比，图中类别有一些不同。在 $k=1$ 模型中，类别更加分散，因为在该模型下，用户选择影片的潜在原因很可能不是电影的类别：我们看到 $k=1$ 的用户更喜欢高评分的经典电影。但在 $k=5$ 的模型中，用户选择的原因则是所有这些电影都是恐怖片或惊悚片。在后者的情况下，电影的类型似乎是主要的潜在原因。

图 6-10 中的类型信息显示，"恐怖片"是最常见的类别，当我们查看排名前 10 的电影时，从它们的名称中可以看出，所示电影均为经典恐怖片。可以图 6-10 后的列表与该图进行对照。

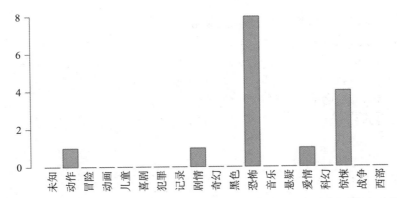

图 6-10　从数据中学到的 $k=5$ 时的潜在模型，权重最高的电影的实际类别分布。类别信息表明，"恐怖"是该模型中最常见的类别。

$k=5$ 时，权重最高的电影：
- 《猛鬼街》（1984）
- 《大白鲨》（1975）
- 《沉默的羔羊》（1991）
- 《闪灵》（1980）
- 《惊魂记》（1960）
- 《凯莉》（1976）
- 《恐惧角》（1991）
- 《美国狼人在伦敦》（1981）

　　■《凶兆》（1976）
　　■《尖叫》（1996）
　　最后，图 6-11 展示了属于相对早些时候的经典高评分电影再次出现在 $k=8$ 的模型中。仔细看去，该图似乎与图 6-9 不同。$k=1$ 时，所属影片是比较受欢迎的经典电影，而这里则主要是艺术片，其中一部分可以认为属于独立电影类别。从图中的类别分布可以明显看出数据的多样性。前面的模型中"剧情"类一家独大，这里则体现出更广泛的电影类别。

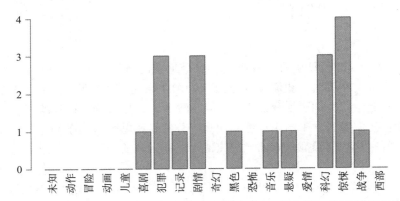

图 6-11　$k=8$ 时的 d_k 图，根据下面列表所示的权重最高的 10 部电影，我们可以确定这个模型
　　　　由文艺片和独立高评分经典电影组成。

下面列表显示了 $k=8$ 模型中权重最高的电影：
　　■《犯罪嫌疑人》（1995）
　　■《巴西》（1985）
　　■《银翼杀手》（1982）
　　■《出租车司机》（1976）
　　■《后窗》（1954）
　　■《克鲁伯》（1994）
　　■《低俗小说》（1994）
　　■《奇爱博士》（1963）
　　■《摇滚万岁》（1984）
　　■《落水狗》（1992）
　　到目前为止，我们所了解到的是，模型代表了具有特定偏好的假想用户。在这个电影数据集中，这有时与电影类别高度相关；然而，它通常不仅仅体现这么一个特征。例如，恐怖片支配了 $k=5$ 的模型，而 $k=1$ 则被整体高评分电影所占据。前者纯粹是关于单个类别的，而后者则代表用户一直在观看不同类别的高评分电影。用户行为表现在模型中，如果只有一个轴可以描述这些模型，那么并不总是很明显。一个重要的方面是提取的信息的辨识度。学到的模型体现细节的程度依赖于数字 k。例如，在 $k=100$ 时，我们将学到体现更多细节的模型，并可能在类别之中发现子类别。这个参数由我们设置，取决于用例、容量等因素。数字越大，除了模型的复杂性增加之外，分析和解释学到的模型就越困难。

2. 探索性分析
　　模型的一个重要用途是对用户群进行探索性分析。这对于优化产品设计、增长策略、市场和销售策略等方面都至关重要。社交媒体平台需要管理，关键决策应该基于数据，尤其是用户数据。例如，在电影播放系统中，知道哪一种类型的用户对哪一种电影类型感兴趣可以提供许多信息，这些信息可能对扩展电影库有用。如果一个特定的年龄和性别对某些潜在的模型更感兴趣，则可以更好地进行精准营销。

为此，我们还可以分析用户的第三方协变量，如年龄、性别和职业。这是我们用来帮助解释模型的额外数据——然而，非常重要的是，请记住，我们在拟合模型时没有使用这些数据。在模型拟合过程中，我们只是在 MovieLens 示例中使用了互动或评分数据。其主要原理是根据附加的协变量数据，将模型中学习到的变量分割成不同的段。具体来说，我们看一下因子得分矩阵 S，在代码中它对应于数据结构中的 m@fit@W。我们使用的 R 语言 NMF 包提供了一个数据结构作为输出，其中 W 表示因子得分矩阵 S（见 $S \in \mathbf{R}^{N \times K}$ 和 $D \in \mathbf{R}^{K \times P}$）。$D$ 的行对应于已学习的模型，其中每一个分量都定义为项或电影之上的权重。S 的行对应每个用户的特征，此特征通过他们在潜在模型上的权重来定义，并可解释为他们在新的模型空间中的表示或偏好。所以，D 对应于我们从数据中学到的新空间，S 对应于这个数据在新空间 D 中的表示。

对于每一个模型 k，我们取因子得分代表每个用户的表示中模型 k 的权重，并在接下来的段落中绘制它们，按性别、年龄和职业划分，类似于：

```
qplot(users$gender, m@fit@W[, 5], ylim=c(0, 50))
```

因子得分代表了用模型表示每个用户所达到的贴切程度。例如，对于纪录片，这相当于检查每个用户的表示中，纪录片所占的权重。如果某个潜在的模型中出现了分割高峰，这将给我们一些启示。

例如，图 6-12 显示了 $k=1$ 对应的因子得分，按性别、年龄以及工程师、教师等职业划分。更详细地，我们将这个图绘制如下：每个用户 i 都有一个与第 k 个模型相对应的权重 s_{ik}。同一用户还具有性别 g_i、年龄 a_i 和职业 o_i。在每幅图中，我们将这些用户的权重以相应的协变量作为自变量进行可视化。回想一下第一个模型（$k=1$），它由高评分的经典电影构成（见图 6-9）。当观察该模型的因子得分时，我们发现男性用户的权重略高。就年龄而言，我们观察到一般是成年人对这些电影感兴趣。

图 6-13 显示了 $k=5$ 的模型，该类型主要由如图 6-10 所示的"恐怖"类电影构成。与 $k=1$ 相似，我们观察到男性的权重高于女性。一个重要的观察出现在年龄分布。年轻用户明显倾向于恐怖电影。这明显不同于图 6-12 所示的一般经典电影。这表明，年轻用户所观看的影片中，属于 $k=5$ 模型的电影占有更高的份额。我们也观察到职业划分中的不均匀分布。"学生"职业对应权重明显高于其他职业，而从事像医生这样的理性职业的人们很少观看此类影片。

图 6-14 对应 80 年代和 90 年代的独立艺术电影。从图中，我们观察到在年龄分布上有两个凸起。一个在 20 ～ 30 岁的年轻人中，另一个在 45 ～ 60 岁之间。这是一个有趣的观察结果，因为我们可以假设年龄在 30 ～ 45 岁之间的人很可能有孩子，很少有时间去看他们理想的电影——也许在这个时候他们更倾向于让孩子感兴趣的电影。在职业方面，我们注意到此类影片在作家、图书管理员、教育家和艺术家那里似乎更有分量。

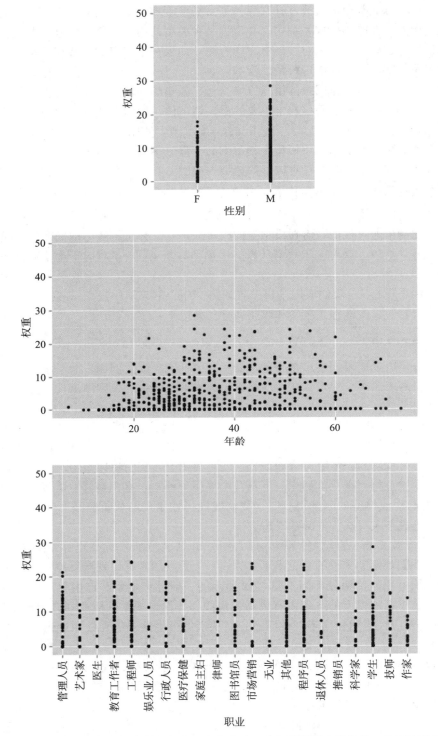

图 6-12　因子得分图。图中每个用户都由一个点表示，我们根据用户的年龄、性别和职业区分
　　　　用户。本图所示模型 $k=1$。回顾图 6-9，这个模型更偏好经典电影。我们观察到数据
　　　　偏向成年人和男性，但没有观察到任何具体的职业偏向

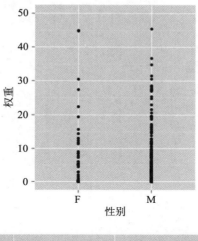

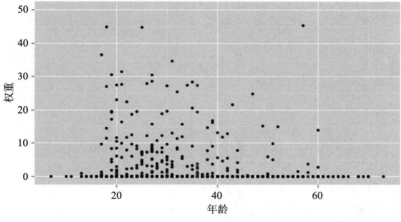

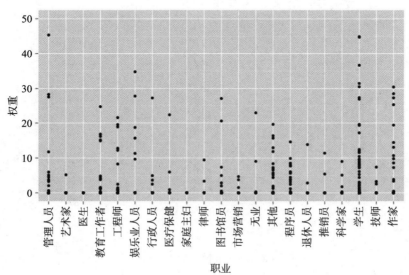

图 6-13　*k*=5 模型的因子得分

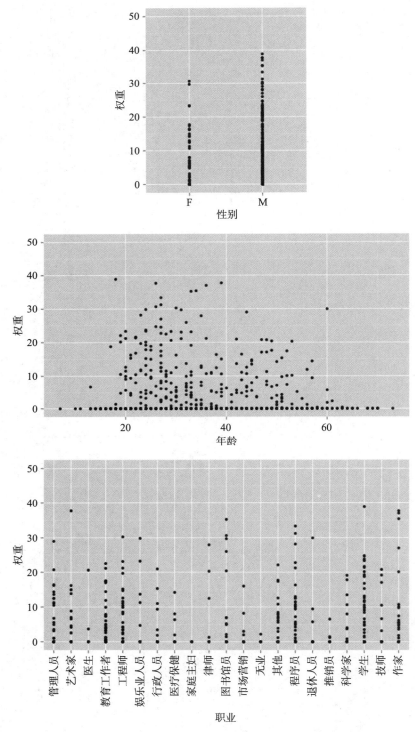

图 6-14   *k*=8 模型的因子得分

总之，我们考察了学习结果中的三个模型。主要的结论是，用户具有不同的特征和品味，使用不同的用例，这不仅与这个电影评分数据集相关，也与其他社交媒体平台相关。这些用例通常与人口统计特征高度相关。有时，性别是解释用户行为最相关的人口统计特征；有时，年龄是解释用户行为最相关的人口统计学特征；还有时是职业。而最常见的是上述各项特征的结合。这里的关键信息应该是基于不同协变量下的划分来考虑用户的满意度，特别是考虑进行与我们在这里采用的方法类似的分析。如果二者之间存在相关性的话，对于产品的目标创新和设计以及内容扩展策略尤其有用。

6.4　预测与推荐

在社交媒体平台的许多组成部分中，用户与不同种类的内容项进行交互。本章提到的例子包括电影播放、听音乐、购物和餐馆搜索。在所有这些例子中，平台的一个主要的产品问题是向用户推荐新鲜和新颖的项。在电影播放系统中，它推荐的是新电影；在在线广播系统中，它推荐的是播放列表、艺术家或歌曲；而在购物系统中，它推荐的是要购买的新商品。我们之前用于探索目的的结果也可以直接集成到产品中，使其更为智能。在本节中，我们的目标是预测用户的偏好，以便对他们进行推荐。

在社交媒体平台的许多组成部分中，向用户展示更多的相关内容项是至关重要的。例如，提供更好的好友建议会让用户关注更多的账号，而且让他们的事件列表几乎不会缺少内容，这很可能会使得用户具有更高的留存率。提供更好的电影推荐，让人们看的电影越来越多，便可让用户花更多的时间在平台上。提供更好的购物商品推荐会让用户进行更多的消费，从而带来更多的收入。因此，提供高质量的推荐是大多数社交媒体平台不可或缺的一部分。

至此，我们已经学习了范式学习阶段的一些主题。这对应于给定所有用户的参与或交互历史数据情况下，我们该如何学习代表用户行为和特征的潜在模型。我们还学习了如何解释这些结果。现在，我们将讨论如何向现有用户和新用户推荐新的项。

在我们上一节看到的场景中，在学习了矩阵 S 和 D 后，向现有用户推荐内容项是非常简单的。假设我们要向第 i 个用户推荐电影。我们唯一需要做的是取 S 的第 i 行，这对应该用户的因子得分，即第 i 个用户在新的用户模型空间 D 中的嵌入或映射。然后，我们需要把它与矩阵 D 相乘将其映射回原来的项空间。如下式所示：

$$\hat{x}_i = s_i \times D \tag{6-4}$$

其中行向量 $\hat{x}_i \in \mathbf{R}^{1 \times P}$，行向量 $s_i \in \mathbf{R}^{1 \times K}$。

向新用户推荐内容项则棘手的多。假设一位新用户加入了这个平台并观看了一部电影，例如，"终结者"。我们的学习 – 映射 – 推荐周期将建议我们根据这一丁点儿信息，使用学到的模型 D 将用户映射到新的空间当中，并找出该用户对应的因子得分 s_i，然后映射回电影空间，也就是最终的推荐阶段。程序清单 6-3 显示了此过程的一个示例并以排名前 10 的推荐项作为结果，图 6-15 显示了对新用户的因子得分的估计。

程序清单 6-3　假设一位新用户观看了特定的电影，那么我们还可以给出哪些其他电影作为进一步的推荐（movie_prediction.R）

```
# Generate an empty user
me = numeric(1682)

# The movies 195 and 96 are the items including the search string
```

```
# "Terminator".
grep('Terminator', items$title)
195 96

# Here we give the highest possible rating of 5 to movies relevant to
# "Terminator".
# This is just for experimental purposes in this example. One can rate
# any other movie this way with different ratings.
me[195] = 5
me[96] = 5

# Get the factor scores of the user. m is a NMFfit data structure we
# calculated earlier. To reach sub components we need to use @ symbol.
# We find the factor scores for the user who rated Terminators with
# 5 stars.
# This is the mapping stage. fit@H corresponds to matrix D in our
# notation in the book.
# my.factors corresponds to s_i in our notation.
my.factors = me %*% t(m@fit@H)

# Plot the factors according to the stereotypes.
barplot(my.factors)

# With the given factor score, we estimate the entire item scores for
# the user.
# This is the inverse transform stage. We map back to the movie space.
my.prediction = my.factors %*% m@fit@H

# Order the predictions and get the top 10.
items$title[order(my.prediction, decreasing=T)[1 : 10]]

[1] "Raiders of the Lost Ark (1981)"    "Empire Strikes Back, The (1980)"
[3] "Star Wars (1977)"                  "Terminator 2: Judgment Day (1991)"
[5] "Fugitive, The (1993)"             "Terminator, The (1984)"
[7] "Braveheart (1995)"                 "Return of the Jedi (1983)"
[9] "Pulp Fiction (1994)"              "Indiana Jones and the Last
                                        Crusade (1989)"
```

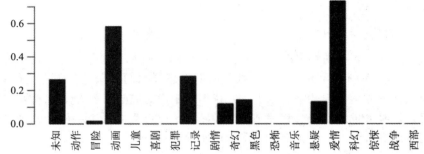

图 6-15   新用户在观看 "终结者" 系列的两部电影并对其打出高分后的因子得分。这是潜在模
型空间中新用户的表示

    同样，如果我们假设新用户观看的前两部电影分别是 "惊魂记" 和 "沉默的羔羊"，程
序清单 6-4 给出了推荐结果。我们注意到与看过的前两部电影相类似的类型也占据了主导地

位。在真正的应用场景下，已经看过的电影自然应从预测结果中过滤掉。

程序清单 6-4　对不同初始电影集的推荐项

```
# Applying the same principle as above (we gave high ratings to
# movies such as "Psycho" and "Silence of the Lambs"). The
# recommendations based on these choices are given below.

[1] "Silence of the Lambs, The (1991)"        "Pulp Fiction (1994)"
[3] "Raiders of the Lost Ark (1981)"          "Jaws (1975)"
[5] "Psycho (1960)"                           "Star Wars (1977)"
[7] "One Flew Over the Cuckoo's Nest (1975)"  "Schindler's List (1993)"
[9] "Shawshank Redemption, The (1994)"        "Godfather, The (1972)"
```

这也给我们带来了一个有趣的问题：如何找到与指定电影相似的电影？对于消费品，这一问题通常以如下形式出现："购买该商品的顾客也会看的类似的东西""与这部影片相似的电影"或"同这位用户相似的用户"。有几种方法可供考虑，例如基于最近邻的方法、使用大量特征工程的监督学习方法等。在我们已然使用的现有框架中，可以很容易地回答这个问题：可以假设有一个伪用户刚刚注册了这个平台并观看了这部电影。正如前例所示，我们可以得到该用户的因子得分，将其映射回原始空间，最后从列表中选取排名靠前的作为推荐项。基于用户的选择，这些电影可以被认为是相似的电影，这是协同过滤的基本思想。实际上，mf_helpers.R 文件中的 rec.movies 函数执行了这些步骤，类似于我们在程序清单 6-3 中所看到的：首先，它创建一个新的空用户，然后，它找到我们希望找到类似项的电影的索引。最后，帮这位伪用户为这部电影打 5 颗星，它会为伪用户找到决定我们推荐的因子得分。

6.4.1　评估

任何预测建模任务都需要特定的评估技术来衡量建模的好坏。读者可以根据问题和数据类型使用几种不同的度量标准。

最常见的度量方法是考察保留数据的均方根误差。这意味着我们需要留出交互数据（数据矩阵 X）的一部分，并将其余部分称为训练数据。有时保留部分是从 X 均匀采样的；有时，采用 X 的整块数据。然后根据训练数据拟合我们的模型，并尝试预测保留数据中的交互行为。下式所示的均方根指标常用于量化基本事实数据与连续变量预测值之间的误差：

$$RMSE = \sqrt{\frac{\sum_{i \in T_i} \sum_{j \in T_j} \left(x_{ij} - \hat{x}_{ij}\right)^2}{N_{ho}}} \tag{6-5}$$

其中 T_i 和 T_j 是我们 X 中保留数据的索引集。N_{ho} 是保留数据集的基数。

在许多推荐系统中，观察矩阵包含真实的数值，例如评分。在这些应用中，RMSE 是一个合理的评价指标。然而，在一些应用中，观察矩阵只包含二进制的 1（0 表示没有观测值）。<user, item> 值的缺失带来了关于用户对该内容项选择的不确定性：它可能表明用户不喜欢该内容项，或者不知道该内容项。对于我们在本章中提到的应用，这意味着如果用户还没有与 Tweet 交互，我们不知道用户以后是否会进行交互，如果一位用户还没有关注另一位用户，我们不能假定他们之间确实没有关联。对于评测来说，这会让事情变得更复杂，因为我们不能根据算法预测为 0 时的好坏来评估算法；训练集中的 0 可能根本不是 0，用户可能依旧对这个内容项感兴趣。我们只能比较算法中的 1。这也意味着在这种二值情况下，我们不能使用 RMSE 类型的指标。（RMSE 的危险之处在于：如果我们使用 RMSE，一个简单的全1输出算法将获得一个完美的分数，因为我们必须仅与1进行比较。）

代之，我们应使用一个称为召回率（recall）的评价指标。具体而言，这意味着在这样的情境中，我们可以根据预测矩阵中各项的值对它们排序并输出权重最高的 M 个项，进而统计该用户与其中多少项进行了交互。因为矩阵中没有0，我们无法讨论我们的预测有多精确。然而，召回率只考虑可能性最高的前 M 个预测中的1（进行了交互）。对于参数为 M 的用户 i 而言，这个评价指标的更精确定义如下式：

$$R_{i,M} = \frac{\text{前} M \text{个预测中用户} i \text{进行了交互的项数}}{\text{用户} i \text{进行了交互的所有项的总数}} \tag{6-6}$$

整个系统的评估基于所有用户的召回率的均值。这个评价指标的妙处在于它已经通过用户交互的内容项的总数进行了标准化。在下一节中，我们将采用具体实例来进一步讨论这个指标。

6.4.2 方法概述

推荐问题的解决方案因领域和问题阶段而异。当平台达到一定的成熟度后，大多数的方法都采用相同的原则：对高维数据进行降维以发现用户行为中的模式。本节介绍除了矩阵分解外最广泛使用的一些技术，并讨论了一些领域特定的子问题和冷启动问题。

1. 基于最近邻的方法

K 近邻是一种机器学习算法，其定义为找出一个集合中与每个元素最相似的 k 个项[⊖]。相似性基于先验定义的距离，如曼哈顿距离、L_2 距离等。

该算法在推荐系统中的使用方式可以根据应用的不同而有所不同。例如，如果问题是要找到与已观看的电影最相似的电影，便可以使用此算法。第一个阶段包括收集特征。特征是电影的特性，取自许多垂直的维度，比如是哪些用户与之交互、评论的文本特征、从视频文件中提取的信号处理特征等。在收集特征之后，我们需要一个相似性度量或距离度量来计算哪些电影彼此相似。

假设 $f_i \in \mathbf{R}^P$ 表示用户 i 的特征向量，其中，向量的每个分量都描述了上述用户的特定"属性"：他们返回服务的频率、他们使用"great"这个词的频率、他们注册的时间，等等。现在让我们考虑几种不同的方法来从用户的特征向量计算距离。一个明显的选择是基于 L_2 范数的距离度量，定义为

$$d_2\left(f_i, f_j\right) = \sqrt{\sum_{t=1}^{P}\left(f_{i,t} - f_{j,t}\right)^2} \tag{6-7}$$

我们需要观察所有可能的特征向量对的距离。考虑到计算每对特征向量都需要进行 $O(P)$ 操作，该方法的复杂度为 $O(PN^2)$，其中 N 为数据集中的用户数或项数。在这个距离函数中，数量级高的特征会起主导作用，而数量级低的特征的重要性则相对较低。尤其是当特征具有不同的标度时，这一点非常重要。例如，如果一个特征的范围在 0 到 1 之间，而另一个特征的范围在 0 到 10^6 之间，那么前者的任何差异都会被后者中微小的相对差异所抵消。这些情况应该谨慎处理，本节第四小节将进行详细解释。

需要考虑的一个重要事实是，每个问题都需要根据实际情况对距离函数进行优化。例

⊖ K近邻算法思路的一般说法是：在特征空间中取与目标样本最相似的 k 个样本（即特征空间中最邻近），如果这 k 个样本中的大多数属于某一个类别，则目标样本也属于这个类别。——译者注

如，如果特征是概率分布，那么 KL 散度——一种度量两种分布不相似程度的指标，可能更适合作为距离度量。如果项是整数值，则可以使用曼哈顿距离（也称 L_1 距离），即笛卡尔坐标绝对差的和：

$$d_1\left(f_i, f_j\right) = \sum\nolimits_{t=1}^{P}\left|f_{i,t} - f_{j,t}\right| \tag{6-8}$$

我们不会重温每一种可能的距离度量，然而，在一个大型系统中，好的策略是将特征分为不同的组，并为每个组找到一种合适的距离度量，然后在更高的层次上组合不同的质量标准。例如，我们可以考虑为感兴趣的主题使用一种距离度量，为人口统计特征使用一种，为活动使用一种，等等。如果人口统计特征是实数值，那么使用 L_2 范数将是一个不错的选择；如果活动是零散的，那么 L_1 距离将是明智的选择；如果感兴趣的主题是概率分布，那么 KL 散度将是理想的选择。我们需要记住，相似性的意义在不同领域是可能存在差别的。最后一个任务是将这三种不同的距离度量组合成另一种度量标准。

2. 基于监督学习的方法

基于我们要预测的响应类型，监督学习算法可分为两类：

- 如果响应类型为实数值，则问题为回归问题。
- 如果响应类型是二值的，则问题为分类问题。

在社交媒体应用中，我们可能要同时使用这两类算法。例如，好友推荐是一个二分类问题。内容参与预测也是一个二分类问题，我们试图预测用户是否会参与特定的内容。然而，如果我们想预测一个电影的评分，这就是一个回归问题，因为预测的值是 0 到 5 之间的实数。

回归和分类问题的第一步都是特征工程。主要原则是从内容项和用户那里收集特性，并像我们在前一节中解释的那样形成一个由特征向量构成的大型集合。假设我们有 N 个用户，每个用户 i 通过一个 d 维特征向量 $f_i \in \mathbf{R}^d$ 来表示。由于这是一个监督学习问题，我们还应该收集我们要从中学习并进行预测的响应。每个观察 f_i 都应该与一个响应变量相关联，这个响应变量要么是实数值（用于回归），要么是二元变量（用于分类）。这里我们用 y_i 表示响应变量。

3. 用逻辑回归预测电影评分

接下来，我们专注于在已有标注数据集 $\{f_i, y_i\}_{i=1}^{N}$ 的情况下，如何进行模型拟合。在本节中将考虑一个分类问题，并以 MovieLens 数据集为例，使用非常简单的逻辑回归模型。我们将使用用户人口统计数据，如年龄、性别和职业，作为特征，尝试预测哪些用户可能会看电影"终结者"。

逻辑回归是一种学习算法，用于预测给定特征向量 f_i 的样本具有特定标签（如"1"）的概率。可以表示为 $P(y_i=1|f_i)$。该模型是一个将特征向量映射到概率上的数学函数，其表达式如下：

$$P\left(y_i = 1\middle|f_i\right) = \frac{1}{1 + e^{-\mathbf{w}^{\mathrm{T}}f_i}} \tag{6-9}$$

其中 f_i 表示特征，$\mathbf{w}$ 表示我们将从数据中学习的模型权重或系数。如果所有特征都在同一范围内，并具有可比性，则权值 $\mathbf{w}$ 的大小即可反映相应变量在分类中的重要性。如果特征的出处并不相同，我们就不能轻易下结论，而需要先标准化这些特征。标准化的类型对于每种类型的特征分布而言都是不同的。如果在特征中遇到偏态或多模态，我们则需要以类似的方式解决这些问题（参见接下来的"特征的常见问题"部分）。

逻辑斯蒂函数 $h(x) = \dfrac{1}{1+e^{-x}}$ 是一个特殊的函数，输入 $x \in \mathbf{R}$ 后，该函数将返回 0 到 1 之间的一个数。考虑到我们想要建模概率（意味着我们需要返回 0 到 1 之间的某个值），并且输入是一个实数值 $w^{\mathrm{T}}f_i$，所以这个转换函数看来非常合适。使用逻辑斯蒂函数的另一个原因是我们想用线性函数建模类型的对数概率，且概率之和为 1。

模型训练（使用历史数据拟合模型寻找 w）采用一种称为极大似然估计的过程进行。这里我们不讨论相应细节；然而，模型拟合对应于迭代地寻找能最好地解释观测值 $\{y_i\}_{i=1}^N$ 的 w。在这个过程中，正则化通常也是至关重要的。这里 L_1 和 L_2 正则化都可以采用。（我们在 6.3.2 节第二小节解释了 L_1 和 L_2 正则化。此处与之相同。）

在程序清单 6-5 所示的 R 代码示例中，我们使用 glment 包来拟合模型。显然这样只显示了拟合过程的最后一步；在此之前，我们需要准备特征矩阵和标签向量。由于这个过程稍微长一些，所以欢迎读者跟进 train_model.R 中完整的代码示例。glmnet 使用了一个过程，在这个过程中，我们可以决定基于 L_1 或 L_2 距离度量的正则化的作用程度。这是通过属于区间 [0，1] 的参数 α 来控制的。本例中的正则化定义为

$$(1-\alpha)\|w\|_2^2 + \alpha\|w\|_1 \tag{6-10}$$

当 $\alpha=1$ 时，使用 L_1 正则化，也称回归的套索惩罚，当 $\alpha=0$ 时，使用 L_2 正则化，也称为岭惩罚。任何介于两者之间的 α 值都是这两种惩罚的结合。如果套索惩罚的权重较高，那么 w 就会倾向于稀疏，这意味着 w 只有少数项是非零的。

程序清单 6-5　逻辑回归的模型拟合部分。我们省略了特征和标签准备部分（train_model.R）

```
# We first need to prepare the training features into features_train,
# and the training labels into label_train.

# Here we fit the model. We provide features and labels.
# family='binomial' means that this is a classification problem.
fit = glmnet(as.matrix(features_train), as.matrix(label_train),
        family='binomial', alpha=1)
```

在 train_model.R 中，我们首先加载作为特征使用的用户人口统计数据。然后加载用户－电影评分数据，找到与"终结者"相对应的电影，选择那些观看了至少一部电影并给出 4 或 5 分的用户。我们想要对那些可能对高分电影感兴趣的用户进行预测。这些标签来自上述用户－电影评分数据。

将原始的人口统计数据作为特征应该在标准化之前进行修改。年龄可以直接使用，但是非数字的性别应该转换为二值标签，分别为 0 和 1。职业数据有 21 个不同元素。这意味着我们需要生成 21 位的二进制特征，特征的每位对应于一个独立的职业，并且对每个用户而言，只有一位是非零的。例如，如果用户是一名教师，则特征中教师对应的位为 1，其他所有职业对应的位为 0。

接下来，我们对特性进行标准化。我们需要对这些特性进行标准化，使它们具有可比性（有关更多细节，请参阅下一节）。例如，年龄的值在 10 到 80 之间，而其他特征是二值的。我们通过从该列中的所有特征值中减去该列的均值，然后除以方差，来对该特征列进行标准化。

在评估过程中，我们对保留的数据进行预测。这里经常使用一个有用的性能指标，称为AUC（"曲线下的面积"）。AUC 定义为随机选取的标签为正的样本的权重高于随机选取的标签为负的样本的概率[⊖]。这样就衡量了我们所作预测的好坏程度。AUC 可以取的最大值为1，最小值为 0.5。这个值越高，学习得到的分类器就越强大。根据预测的难度以及特征与结果之间的关联程度，分类器的 AUC 值在这个范围内变动。

给定一个样本，分类器预测新实例的标签可能有四种结果：

- 真正（TP）：样本标签为正，分类器预测为正。
- 真负（TN）：样本标签为负，分类器预测为负。
- 假正（FP）：样本标签为负，但分类器预测为正。这是一个错误。
- 假负（FN）：样本标签为正，但分类器预测为负。这是一个错误，分类器漏掉了正样本。

对于给定的数据点，学习得到的分类器会输出 0 和 1 之间的预测得分 $P(y_i = 1 | f_i) = \dfrac{1}{1+e^{-w^T f_i}}$。

在某些应用中，以获得的概率作为分类器的输出就足够了，而对于其他应用，输出结果为离散标签则非常重要。在这里，我们用一个典型的应用来解释如何使用这些分数来得到离散的预测结果。这些注解适用于大多数问题，但是也可能有不适合这些模式的异常情况。

通过选择一个阈值 τ，如果样本预测概率高于阈值，我们可以将其分类为正，如果分数低于阈值，则为负。那么，问题是：如何设置这个阈值？如果阈值过高，则分类器过于严格和悲观，只能检测到一小部分真正样本。在这种情况下，检测过程可能是准确的（但并不总是如此），但是召回率会很低。在两种错误类型中，我们会得到较低的假正率，但假负率会较高。然而，如果阈值较低，我们可以检出大多数正样本，只是其中可能也有许多假正样本。在这种情况下，我们将无法保证准确率，但会有一个高的召回率。我们的假正率会很高，但假负率会很低。

我们可以根据这两种极端情况进行猜测，τ 的最优值位于 0 和 1 之间的某处。在学习分类器之后，我们应该选定这个工作点，也就是阈值 τ 的实际值。不同应用选择这个阈值的标准是不同的。在不希望任何遗漏的任务关键型应用中，会希望有一个较低的阈值。在社交媒体推荐系统中，对于具有高参与率的用户应考虑对其进行这样的选择：他们的参与率通常很高，为了用户的满意度，应该为这些类型的用户提供大量高质量的内容。这意味着我们不应该遗漏与他们相关的内容。在这种情况下，假正可能是可以容忍的。

在准确性尤为重要的应用中，我们希望设置一个高的阈值。社交媒体推荐系统中，向新用户或即将流失的用户推荐内容可能就是需要这样做的真实情景。任何针对他们的内容推荐都是至关重要的，我们希望这些推荐非常精确，并有很高的相关性。错失一些内容可能并没有什么关系，但是 FP 在这个场景中是不可容忍的。对这些用户一次不相关的推荐就可能导致其流失。

在 τ 可能取值的谱系中，每个用例有一个单独的工作点。在每个工作点上，都对应着独一无二的准确率（precision）和召回率（recall）的值。这两个值定义如下：

⊖ 随机选取一个正样本和一个负样本，分类器将正样本预测为正的分值的概率大于将负样本预测为正的分值的概率。——译者注

$$准确率 = \frac{真正样本数量(=TP)}{所有预测为正的样本数量(=TP+FP)} \tag{6-11}$$

$$召回率 = \frac{真正样本数量(=TP)}{所有正例样本数量(=TP+FN)} \tag{6-12}$$

我们通常也绘制标准图谱来评估预测的质量。其中之一是准确率 – 召回率曲线，当我们不断地改变决策阈值时，准确率随着召回率变化的情况就会显示出来。另一个图是接受者操作特性（ROC）曲线。该曲线展示的是真正（TP）率随着假正（FP）率变化的情况。该曲线解释了当开始产生更多的假正时，我们在真正率上的所得。ROC 曲线下的面积等于 AUC（这就是它被称为 AUC 的原因⊖）。无论是在准确率 – 召回率曲线图还是在 ROC 曲线图中，曲线下面积越大，分类器的预测能力越强。

接下来，我们评估刚刚在 MovieLens 数据集上拟合的分类器。对于任何其他类型的数据，过程都是相同的。glmnet 包默认采用不同的正则化参数 λ（值越高表示对较大系数的惩罚越强）拟合 100 个不同的模型。首先，我们检查模型的 AUC 值，并从中选择一个模型进行进一步分析。可视化对于评估分类器的工作情况总是很有用的。

其次，我们绘制出保留数据集的预测概率密度，如图 6-16 所示。这里我们将数据分成两部分：P 在正例上的分布绘制为浅灰色，而在负例上的分布绘制成深灰色。一个"完美"的分类器应当总是为正给出 P=1、为负给出 P=0 的预测。对预测进行硬分类的阈值是这个图中的一条垂直线：这样一条垂直线右边的虚线区域是 TP，左边的虚线区域是 FN，右边的实线区域是 FP，左边的实线区域是 TN。

ROC 曲线如图 6-17 所示，准确率 – 召回率曲线如图 6-18 所示。准确率 – 召回率曲线表明，二者是一对相互制约的指标。准确率越高，召回率就越低，反之亦然。如前所述，最佳工作点因应用而异。例如，在某些应用可能存在特定需求，比如 0.95 的准确率和 0.8 的召回率。在本例中，我们在这些约束条件下定位适当的工作点。该点可能仅满足准确率或是召回率，亦或两者全部得到满足。也可能存在这种情况，即不存在同时满足两个约束条件的工作点，此时只要满足了准确率，就不可能提供要求的召回率。在这种情况下，开发人员需要改进机器学习算法，或者找到更好的特征来提高预测能力。预测能力越强，我们需要在准确率和召回率之间做的权衡就越少。

在这个特例中，为了清晰起见，我们选择了一个具有少量特征的简单分类器，因此，它的性能水平较低不足为奇。通过添加更多的特性或考虑其他模型可以很容易地将 AUC 提高到 0.6 左右。

程序清单 6-6 中，我们通过查看 AUC 值确定了要使用的模型（索引值为 11）之后，还想解释所学到的模型权重。我们使用 fit$beta[,11] 来输出这些权重。如代码中所示，性别和年龄两个特征的权重为负：这说明低龄、男性与偏好电影"终结者"相关。观察职业特征时，我们发现某些职业的权重为 0，这意味着那些职业在任何方向上都没有偏爱。然而，occupation.1（技师）和 occupation.11（程序员）与对该电影的偏好呈正相关。occupation.8（教育工作者）与对该电影的偏好略微呈负相关。

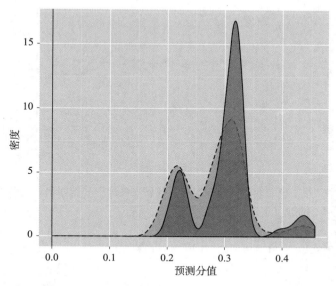

图 6-16   预测概率 P 的密度。保留数据首先分成两个部分：正例和负例。此处单独绘制两组
数据的预测概率：正例为虚线和负例为实线。两个波峰分的越开，效果越好

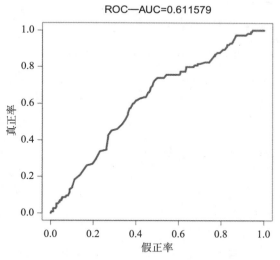

图 6-17   接受者操作特性（ROC）曲线。该曲线显示了当开始犯更多的假正错误时，我们在真
正率方面的所得

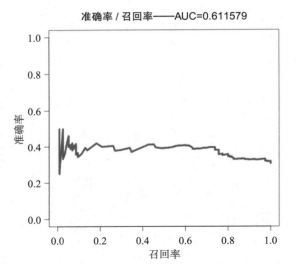

图 6-18　准确率–召回率曲线。该曲线解释了我们在准确率和召回率之间做出的权衡并帮助
　　　　确定分类器阈值（工作点）

程序清单 6-6　计算模型的预测性能并解释模型系数（evaluation.R**）**

```
pfit = predict(fit, newx=features_test, type='response')

# Print the AUC values for the 100 different models that glmnet creates.
sample_count = 1000000
for(i in 1 : 100){
    predictions = pfit[, i]
    print(i)
    predicted_values = predictions
    AUC_val = mean(
            sample(predicted_values[which(label_test == 1)],
                        sample_count, replace=TRUE) >
                    sample(predicted_values[which(label_test == 0)],
                        sample_count, replace=TRUE))
    print(AUC_val)
}

# Pick one model with a lambda parameter.
predicted_values = pfit[, 11]

# Interpretation of the model weights.
fit$beta[, 11]

# This prints the model coefficients.
#          age          gender     occupation.1    occupation.2    occupation.3
#  -0.085708632   -0.217505006    0.072805243     0.000000000     0.000000000
#
# occupation.4  occupation.5    occupation.6    occupation.7    occupation.8
#  0.000000000   0.000000000     0.000000000     0.000000000    -0.002271373
#
# occupation.9 occupation.10   occupation.11   occupation.12   occupation.13
#  0.000000000   0.000000000     0.146183185     0.000000000     0.000000000
#
```

```
# occupation.14 occupation.15 occupation.16 occupation.17 occupation.18
#   0.000000000   0.000000000   0.000000000   0.000000000   0.000000000
#
# occupation.19 occupation.20
#   0.000000000   0.000000000
unique_occupation[1]
[1] 'technician'
unique_occupation[8]
[1] 'educator'
unique_occupation[11]
[1] 'programmer'

# Plot the predicted probability densities separated by label values.
qplot(predicted_values, fill=factor(label_test),
                xlab='Predicted label probability', ylab='Density',
                alpha=I(0.5), geom='Density') +
        opts(legend.position='none')

# Plot the precision-recall curve.
pred = prediction(predicted_values, label_test)
perf = performance(pred, 'prec', 'rec')
plot(perf, col='red', xlim=c(0,1), ylim=c(0,1),
        main='Precision-recall', pch=26, lwd=5, cex=10.8)

# Plot the ROC curve.
perf = performance(pred, 'tpr', 'fpr')
plot(perf, col='red', xlim=c(0,1), ylim=c(0,1),
        main='ROC--AUC', pch=26, lwd=5, cex=10.8)
```

4. 常见的特征问题

本节讨论一些关于特征的常见问题。

- **不同区间问题**：这是上一节示例中提到的问题。当一个特征取值范围在区间 $[a,b]$，另一个特征的取值范围在区间 $[a, 10^8 \times b]$ 时；显而易见，这两个区间在可比性方面存在问题。简单的处理方法是将所有特征项都输入同一个距离函数，并加到共同的聚合距离上。然而，这样做使得一个特征对总量的贡献很少，而另一个的贡献量明显多得多。这有利于后者，如果继续这样运行算法并进行分析，我们可能只会根据第二个特征找到相似的用户。第一个特征基本上将会被忽略掉。

  这个问题的一种解决方法是特征标准化。这意味着应该将所有的特征映射到相同的标准分布，例如均值为 0、方差为单位量的分布。方法很简单，取经验均值和方差，然后所有特征减去均值并将结果除以经验标准差。这确保了所有特征的一阶矩（均值）和二阶矩（方差）都是相同的。但是这还不足以确保两个特征具有相同的取值密度，下面将立即讨论这一点。

- **偏斜问题**：偏斜是特征提取中最常见的问题之一。假设我们想要使用一个用户的粉丝数量，或者在过去一个月中获得的曝光量或参与数量。当我们观察这些类型特征的分布时，会发现多数情况下它们符合长尾幂律分布，正如我们在第 1 章和第 2 章中所看到的。实际上，这意味着少数人被数百万人关注，拥有众多的粉丝，而数以百万计的人们只被少数人关注，他们的粉丝数量很少。在这些情况下，即使是采取特征标准化也无济于事，这是因为与粉丝多的用户相比，粉丝数量少的用户所占权重微不足道，采取特征标准化会使他们处于劣势。该问题的解决方案是特征变换。特别是在幂律分布中，一个简单的对数变换可以帮助实现我们想要的结果。例如，具有对数正态分布的特征可能就属于这一类。对数正态分布是变量的连续概率分布，进行对数变换后即为正态分布。这意味着我们需要取用户粉丝数量的对数然后进行标准化。在这种情况下，粉丝数量多的用户和粉丝数量少的用户仍然可以区分，但其中任何一种都不会被完全抛弃。

- **多模特征问题**：特征常常会呈多模态分布。这意味着我们可以根据这些特征对用户进行聚类。但也会导致很多问题，特别是在应用有监督技术时。这里的想法是可以使用离散区间对特征建模。例如，假设我们使用用户的年龄作为一个特征。我们可能想要将这个值离散成青少年、年轻人、成年人和老年人等群体。

5. 特定领域的应用

到目前为止，我们已经解释了适用于社交媒体中通用数据的一般方法。不同的应用需要对这些通用方法进行筛选或优化。本节讨论这些优化方法中的两种：

- **基于内容的推荐**：在许多应用中，推荐的内容可能携带自身的原始信号。例如，视频中的图像流会与声音或音乐结合在一起呈现给用户。推荐的音乐中包含了不同乐器混合的声音信号。每一个这样的问题，都可以通过低阶信号处理来提升推荐性能。特别是，当推荐内容对系统来说是新的，还没有用户与该内容进行过交互的时候。在这种情况下，我们仅使用原始内容信号所能进行的任何推荐都至关重要。

  例如，如果一个用户喜欢看有户外场景的电影，那么基于矩阵分解的协同过滤可能会发现这一点。然而，当一个新的有户外场景的电影被添加到库中，而还没有用户看过这部电影时，我们能够进行推荐的唯一方法是仅使用基于内容的信号作为特征。显然，同样的原则也适用于具有新内容的社交媒体服务——例如，如果一位新用户发布了一条新的 Tweet，我们所能依靠的东西很少，只能根据内容文本向现有（或新的）用户推荐该 Tweet。

- **众包**：随着众包平台的发展，利用人本计算来改善推荐系统已经十分普遍。这样的例子包括人工编排的事件列表、音乐播放列表、新闻摘要等。它们可以通过两种方式实现：1）让一组专家来设计这些列表或摘要；2）列表或推荐是由算法生成的，但由"人群"投票来提高准确性。

  第一种方法不具有可扩展性，因而实现个性化几乎是不可能的。然而，由于有专家、人工编辑人员从事此类工作，其所推荐的绝大多数视频内容保持着高质量。传统的电视、广播和报纸都是基于这一原理。

  第二种方法更具较好的可扩展性。总的来说，可以采用众包网站或内部众包平台。另一种方法是使用平台本身。我们可以将这样的列表或推荐项呈现给一定比例的用户（假设是 1%），并且根据这些"实验"的结果，选择将适当的内容给以更高的排名，以提供给其他用户。这里有一件事情需要特别注意，特别是如果使用众包网站的话，那就是注意异常值的出现。一种典型的方法是不时地向众包平台上的工作人员提供糟糕的或随机选择的列表或推荐项。这样做的目的是检查工作人员工作的有效性。在这些情况下，我们是提前知道答案的，于是可以清除那些工作质量不达标或代表了异常值的工人。对于基于众包的推荐，其中大多数的可扩展性仍然是一个重要问题，但至少通过基于众包的推荐评估模型和我们的学习算法是可行的。

6.5 总结

在本章中，我们考察了一些选定的主题，以便对社交媒体服务中用户的内容选择偏好进行建模。大多数情况下，用户及其与服务内容的交互可以表示他们之间的分配或关系；因此，我们可以将这个问题转化为在低维空间中描述用户。这种转换还允许我们发现用户偏好的潜在特征。

此外，这些模型还可以用来预测用户喜欢什么内容，这些内容还可以反过来以推荐的形式呈现给用户。要完成预测任务，可以使用很多方法，我们考虑了矩阵分解的一个扩展，以及逻辑回归来发现潜在的偏好。这些方法在我们正在处理的用户或内容项的已知特征之上进行工作。如果这些特征是由描述社交媒体用户行为的数据生成的，那么，需要意识到应用于特征向量的常见转换和距离度量必须仔细选择，以便正确地解释这些特征中出现的偏斜分布。

第 7 章

结　　论

在本书前面六章中，通过分析从社交媒体服务收集到的数据，我们已经从多个方面了解了这些社交媒体系统。换句话说，社交媒体可以让我们看到人们是如何相互交流的，他们是如何生产和消费内容的，以及在此过程中他们与别人形成了什么样的联系。社交媒体只是我们观察所有这些活动模式的载体。在社交媒体出现之前，人们彼此之间以及人们和环境之间交互的方式很可能与他们如今通过在线服务的帮助而进行互动的方式相类似。本章的目的是简要回顾我们从这些观察中所学到的东西，因为其中的共性可能适用于任何围绕人类用户并依赖其活动的社交媒体系统。

7.1　人类互动模式出乎意料的稳定性

现在回顾一下读者在本书中学到的社交媒体服务和人类行为的主要特征。

- **活动模式**：在第 1 章我们了解到，个体用户进行某种活动的次数通常服从长尾（幂律）分布。在给定的时间区间内，大量用户只有一点点活动，而其中少量用户的活动次数则出乎意料得多。这种高度活跃用户的数量很小，但并不像通常认为的那么少：活动频谱的远端有足够多的用户，因此它们显著影响了我们通常可以测量的平均或聚合指标。不存在所谓的"平均用户行为"，因为如果我们忽略这类高度活跃的用户，所有的期望均值都会大幅下降。

- **观察的时间窗口**：我们还看到，无论收集多长时间的数据，除了较长的观察窗口具有较大的截止值之外，进行了一定数量活动的用户的数量分布基本没有什么变化。这在一定程度上简化了对用户总体行为的解释：我们可以假设用户的活动水平存在很大的差异，但无论我们关注的是日周期还是月周期，都会发现就参与次数而言，用户的组成成分是类似的。当然，分布中的最大值取决于时间区间的长度，但我们将在任何合理的时间尺度上看到长尾行为。

- **社交网络**：通过社交媒体，人们建立了保持联系并表达与他人之间某种关系的社交网络，不同服务之中形成的这种网络彼此之间十分相似。这些社交网络通常以无标度网络的形式出现，在大多数情况下，网络中用户所拥有的连接数量服从幂律分布。类似于少量用户会同服务上的内容或者其他人进行令人难以置信数量的互动的情况，也有人创建了惊人数量的连接。如果只对利用或分析这种创建连接的模式感兴趣，那么我们看待这个问题的方式会类似于对活动分布的处理方式。绝大多数连接只属于一小部分用户，大多数用户只有少量的连接。因为社交网络随时间变化的速度通常比用户参与模式的变化慢，所以我们可以随着时间的推移抓取网络的快照，并仍能观察到类似的度分布。

- **用户事件的节奏**：个体用户不会以均匀的频率进行活动。如我们已经看到的，他们关注内容的方式具有很强的爆发性；换句话说，当他们做某件事时会做很多，然后休眠一段时间。当然，从长期来看，仍然可以用平均交互速率来表征，但如果考虑较短的时间窗口，用户就只能表现为或者是活跃的或者是不活跃的。我们如何描述这种爆发现象呢？即这个过程是有记忆的：当用户处于活动状态时，他们会保持活跃一段时间，而当他们之前处于不活跃状态时，他们也以更高的可能性保持不活跃状态。如果测量一个随机选定的用户相邻事件的时间间隔的分布，那么我们再次看到聚合结果呈幂律分布，而这不同于无记忆泊松模型的期望分布。我们还观察到与内容相关的活动之间的时间间隔服从类似的长尾分布。

- **处理社交媒体产生的数据**：当我们要处理来自社交媒体系统的数据时，至少面临两个主要挑战：一是通常数量巨大的原始数据（由于可以通过简单的方法记录平台上的交互行为）；二是表征这些数据集的每个用户或每项内容的分布存在巨大的差异。这就需要采用独特的，既强调执行时间又对结果的准确性做出合理妥协的方法，如第 5 章中展示的大规模算法。当我们只是期望"足够好"的答案时，这些方法对涉及不同指标计算的问题可以给出很好的近似。由于数据收集过程和从所收集数据中捕捉到的人类行为都可能在不同程度上存在噪声，所以很多时候在社交媒体数据集上追求精确答案是没有意义的。

- **社交媒体数据用例**：从在线媒体收集的数据之应用领域非常之多以至于很难将它们全部罗列出来。第 6 章给出了一个特定应用场景的例子，假设用户对我们的服务有一定的偏好，我们的目标是向用户推荐他们可能觉得有吸引力的内容。用例中出现的规律和使用的处理方法涵盖了第 1 章到第 5 章的内容，此外，我们还希望用例能提供一些认识，对在实践中可以预见哪些议题以及在处理这些类型数据集时可以避免哪些陷阱能够有所帮助。在实践中，有许多方法可以进一步使用和分析此类数据，而特定领域或行业的惯例和方法论决定了哪种工具和技术最适合用于使用和分析的过程。

归根结底，大部分用于描述人为事件及其对内容创建和消费之影响的统计分布都可以被表征为胖尾分布。换句话说，对较高的值而言，其下降的速度要慢于指数分布。许多情况下，这些分布很好地符合幂律（至少在尾端），这就是我们以其作为描述社交媒体行为的一般形式之原因。在实践中，特别是有一个具体的社交媒体系统并希望准确预测未来的趋势时，实际数据与这个简单模型的偏差会很重要，但是为了全面理解总体在线行为并形成对其的直观认识，这个模型对于阐释一般性并使用最简单可行的模型解释我们的观察是足够的。

下一节将着重介绍几个主题，这些主题或者展示了常见问题，或者从稍微更加理论些的角度解释本书涵盖的一些观察结果；特别是，如何由有限大小的数据集了解抽样的效果，以及如何检测和移除社交媒体数据中的异常值。把它们放到这里是因为在处理本书中介绍的大多数数据集以及从社交媒体服务收集的其他数据集时，它们通常都适用。

7.2　均值、标准差和抽样

我们在第 1 章发现用户活动符合长尾分布，由于对长尾分布取均值会有一些问题，所以这个结果对用户行为分析会造成一定影响。大多数情况下，在研究用户或比较两个不同用户组的行为时，我们通常用每个用户的平均活动数来描述用户的行为。假设我们正在进行一项A/B 测试，尝试确定用户更喜欢新功能的 A 版本还是 B 版本。换句话说，我们在版本 A 还是版本 B 中看到更高的活动量？这就需要比较两组用户的活动水平。我们为此选择的统计指标通常是最简单的用户平均活动数。然而，我们发现在通常情况下，进行这样的比较时即使随机（或有意）包括了少数活跃用户，也会使均值产生很大的偏移。不过，这没什么奇怪的，看看服务上活动分布是多么的偏斜，少数用户进行绝大多数活动又到了何种程度（参见第 1 章的图 1-12）！

这种影响有多严重呢？为了说明这一点，表 7-1 展示了下面两种情况下 Wikipedia 的平均编辑数：原始数据集（第一行），以及移除部分最活跃用户后的情形。显然，只移除很小一部分最活跃用户，均值就会发生很大变化。

表 7-1　移除一定百分比最活跃用户后均值的修正量

移除比例（%）	移除数量	修正均值	修正均值（相对于全集）
0	0	13.67	1
0.001	3	13.13	0.96
0.01	30	10.98	0.80
0.1	291	8.17	0.60
1	2 904	3.58	0.26
5	14 516	1.37	0.10

假设我们要计算一个选定用户子集的平均活动数。在这种情况下，若用户集合用 $\{U_i\}$ 表示，那么他们的平均活动数是

$$\bar{a}\left(\{U_i\}\right) = \frac{\sum_{u \in \{U_i\}} a_u}{\sum_{u \in \{U_i\}} 1} \tag{7-1}$$

其中分母显然是集合的基数，或者说集合中的用户数量。a_u 是用户 u 在观察期内的活动数。这里"活动"可以是任何类型的动作：对 Wikipedia，我们考虑编辑行为；对 Twitter 我们取 Tweet 发布行为。我们还可以设想有许多这种从用户中抽取的随机集合 $\{U_i\}$，自然，我们的每个抽样集合会产生一个稍有不同的平均活动数 $\bar{a}$ 的值。但是，给定样本集合 $\{U_i\}$，我们对于计算得到的均值 $\bar{a}\{U_i\}$ 接近于如果重复抽样足够多次所得到的"均值的均值"这件事，能够自信到什么程度呢？问这个问题的原因是我们经常要将从一个小的用户子集得到的结果泛化到全体用户集合：如果从子集得到特定的均值，我们认为在相同的条件下，它与整个系统的均值是相同的。在接下来的几段中我们将检查这是不是一个好的假设。

毫不奇怪，从总体中抽取有限大小样本的过程被称为抽样。（在这个意义上，总体是我们要用一些综合衡量标准来描述的主体的集合。）抽样的要点是我们想了解总体特征的统计值：在前面例子中，通过抽取用户样本，我们要计算如果了解每位用户情况的话，用户的总体活动均值是什么样的。如果可能的话，我们当然会取尽量多的用户到样本中。但为什么直觉上我们认为较大的样本量会更好呢？

为回答这个问题，假设总体分布的均值为 μ，标准差为 σ。这样，我们可以从总体中抽取数量为 n 的样本集并计算这些样本的均值和标准差（分别称为样本均值和样本标准差）。

样本的均值和标准差都应该足够接近群体的均值和标准偏差，但我们想量化它们接近的程度。

因为我们抽取了许多样本集并计算了每个的均值，所以我们可以考虑样本均值将如何服从某种分布：这被称为样本均值的抽样分布。（被称为抽样分布是因为它是各个抽样集合均值所产生的分布。）可以预见，如果样本数量很小，我们的样本均值会经常偏离抽样分布的均值。统计学还告诉我们，如果样本集的数量足够大并且样本均值的抽样分布均值等于总体均值，那么抽样分布将是正态分布。而且，更重要的是，样本均值抽样分布的标准差是 $\sigma/\sqrt{n}$，其中 σ 仍然表示总体分布的标准差（如果样本之间是不相关的）。这意味着样本量 size(n) 越大，样本均值越接近实际的总体均值，这是因为如果 n 很大的话，从抽样分布均值偏离的量 $\sigma/\sqrt{n}$ 就会接近 0。

下面，让我们用一个例子看看它是如何工作的。为此，我们从一个幂律分布中抽取样本，以此模拟如果从活动分布符合类似幂律的用户中抽样会发生什么情况。本例中，选择使用"模拟"数据的原因如下：

- 我们可以对精确公式进行分析计算，于是可以预计应该得到什么样的结果。
- 我们感兴趣的是社交媒体系统中的"一般性"行为，它们的指标通常用幂律描述。

这些类型分布的常见形式是

$$P(x) = Ax^\gamma \tag{7-2}$$

对于给定的常量幂指数 γ，存在一个归一化常数 A。为了简化这个例子，我们还假设随机变量必须至少是 $x \geq 1$，于是归一化常数 A 必然为

$$\int_{x=1}^{\infty} Ax^\gamma dx = 1$$
$$A = -(\gamma+1) \tag{7-3}$$

这里我们必须假设 $\gamma<-1$，以保证积分为有限值。于是随机变量 X 的累积分布函数为

$$F(x) = P(X \leq x) = \int_{z=1}^{x} -(\gamma+1)z^\gamma dz = -\frac{\gamma+1}{\gamma+1}\left[z^{\gamma+1}\right]_1^x = 1 - x^{\gamma+1} \tag{7-4}$$

为从这个分布中抽取样本，我们可以采用被称为逆变换抽样（inverse transform sampling）的方法。（现在我们可以利用刚刚推导的累积分布函数。）逆变换抽样的工作原理正如其名所示：若累积分布函数 F 的反函数为 F^{-1}，且 u 是在区间 [0,1] 内生成的均匀随机数，那么 $F^{-1}(u)$ 将服从我们要从中抽取样本的原始 F。如果知道累积分布函数的反函数，这会是一个很有用的算法。首先，为我们的幂律分布确定 F 的反函数，公式（7-5）：

$$F(x) = 1 - x^{\gamma+1} = u \Rightarrow F^{-1}(u) = F^{-1}(F(x)) = x$$
$$F^{-1}(u) = x = (1-u)^{\frac{1}{\gamma+1}} \tag{7-5}$$

程序清单 7-1 用 R 语言展示了逆变换抽样过程。

程序清单 7-1　根据幂指数为 gamma 的幂律概率分布函数抽样。x 的分布将符合该幂律

```
sample.size = 10000
gamma = -3.5
x = (1 - runif(sample.size)) ^ (1 / (gamma + 1))
```

运行这段代码之后，x 服从幂律分布，其幂指数为我们指定的 gamma。生成这个样本的原因是为了解样本均值在真正的总体均值周围如何分布，以及抽样分布会分散成什么样子。为了得到样本均值的抽样分布，我们自然要多次重复抽样；这样做的次数并不重要，但重复的次数越多，抽样分布就越准确和平滑。

不过，在开始模拟之前，让我们计算一下幂律分布的总体均值，以便后面可以检查是否从数值抽样中得到了这个结果：

$$E(x) = \int_{z=1}^{\infty} z \cdot \left[-(\gamma+1)z^{\gamma} \right] dz = -\frac{\gamma+1}{\gamma+2} \left[z^{\gamma+2} \right]_{1}^{\infty} = \frac{\gamma+1}{\gamma+2} \tag{7-6}$$

重要的是，这里假设 $\gamma < -2$，否则积分就不是有限值。在实践中，我们会观察到幂指数并不满足这个条件的幂律，然而，这些幂律分布总是在其范围的顶端被更大的幂指数截断，因此它们的均值最终也保持有界。现在，让我们继续使用这个条件，因为我们想要对"理想的"行为进行建模。

再者，如我们所提到的，抽样分布的标准差可以表示为 $\sigma/\sqrt{n}$，所以我们还需要知到总体的标准差 σ（或者等效的方差 σ^2）：

$$\sigma^2 = E(x^2) - E^2(x) = \int_{z=1}^{\infty} z^2 \cdot \left[-(\gamma+1)z^{\gamma} \right] dz - \left(\frac{\gamma+1}{\gamma+2} \right)^2 = \frac{\gamma+1}{\gamma+3} - \left(\frac{\gamma+1}{\gamma+2} \right)^2 \tag{7-7}$$

类似于总体均值，总体方差只有在 $\gamma < -3$ 情况下才能保证有界，其他情况下方差会无穷大（如果我们不对幂律进行截断的话）。

现在我们必须看看实践中是否可以通过模拟看到与抽样分布均值和标准差相似的值。程序清单 7-2 生成了一个幂指数 $\gamma = -3.5$ 的幂律分布（于是均值有限条件 $\gamma < -2$ 和方差有限条件 $\gamma < -3$ 都得到了满足），并对这个分布抽取样本数量分别为 64、256 和 1024 的样本集。我们还对每个样本集大小进行 10 万次重复抽样以便得到有意义的样本均值的统计值。最后，我们还绘制了样本均值的分布，如图 7-1 所示。

程序清单 7-2　对三个不同的样本集大小 64、256 和 1024，分别生成样本均值的抽样分布。我们还对抽样分布的均值和标准差进行了数值计算（check_sampling_distribution.R）

```
gamma = -3.5
samples = data.frame()                  # This holds the sample means.
for (sample.size in c(64, 256, 1024)) { # We take 3 different sample
                                        # sizes.
    means = c()                         # The means of the individual
                                        # samples.
    for (i in 1 : 1e5) {                # How many samples we will take.
        # Sampling from a PL distribution with the inverse transform.
        x = (1 - runif(sample.size)) ^ (1 / (gamma + 1))
        mu = mean(x)
        means = c(means, mu)            # Collect the sample means.
    }
    samples = rbind(samples,            # Accumulate all the sample
                                        # means.
            data.frame(sample.mean=means, sample.size=sample.size))
}
# Calculate the means & standard deviations of the sampling
# distributions.
```

```
sampling.distribution = ddply(samples, .(sample.size), summarise,
        mean=mean(sample.mean), sd=sd(sample.mean))

# Plot the sampling distributions & their means with vertical lines.
ggplot(samples, aes(x=sample.mean, group=sample.size)) +
        geom_density(alpha=0.3, fill='gray') +
        geom_vline(xintercept=sampling.distribution$mean) +
        xlim(c(1, 2.5)) + xlab('Sample means') + ylab('Density')
# The population standard deviation, comes from the calculations.
population.sd = sqrt((gamma + 1) / (gamma + 3) - ((gamma + 1) /
(gamma + 2)) ^ 2)

# To compare the measured and theoretical standard deviations.
sampling.distribution = within(sampling.distribution,
        { theor.sd = population.sd / sqrt(sample.size) })
```

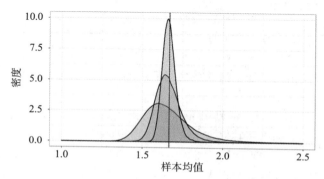

图 7-1　样本集大小 64、256 和 1024 分别对应的样本均值的抽样分布。样本集越大，分布越窄。
　　　　并且，位于大约 1.67 的竖线实际上是三条竖线的重叠，这些竖线表示计算得到的抽样
　　　　分布的均值。与我们的预期一致，它们同总体均值相等，4/3 ≈ 1.67

　　从图中可以看到，抽样分布的均值相互重叠，与理论预期吻合的很好；这些数值以及标准差之间的匹配情况如表 7-2 所示。

表 7-2　具有不同样本集大小的抽样分布的测量均值和标准差。抽样分布的期望均值是 4/3=1.66⋯。
　　　　"期望标准差"列由公式（7-7）计算的结果除以样本大小的平方根得到，如程序清单 7-2 中
　　　　所示。此列应当与"测量标准差"列对比

样本大小，N	抽样分布均值	测量标准差	期望标准差
64	1.666 955	0.176 156 11	0.186 339 00
256	1.667 181	0.090 478 15	0.093 169 50
1 024	1.666 818	0.047 267 84	0.046 584 75

　　在评估用户样本集的均值方面，这意味着什么呢？一方面，我们看到样本均值与总体均值不同，但随着样本量的增加，预期的"分散"（均值分布的标准差）会变小。然而，由于标准差仅按照样本大小的平方根进行缩放，因此我们需要取 4 倍量的样本来将预期误差减少一半。

　　从长尾分布的角度来看，我们的思想实验还有一个更重要的结果是在实践中很常见的。我们已经看到，对于符合幂律的随机变量的均值和方差，其幂指数 γ 必须分别小于 −2

和 −3。显然，当我们假定幂律关系适用于活动计数的任何值，并且我们可以观察到用户任意大的活动计数时，事实就是如此。这可能已成为一个很好的工作假设；然而，由于观察窗口的长度有限，或者因为在任何有限的测量周期内实际上无法生成无限大量的活动，故而我们的分布总是有限的。因此，幂律并不总是描述用户行为的基本随机过程的精确模型，而实际发生的情况是，即使活动分布的头部可以用幂律很好地近似，尾部也会被截断或以比幂律所表明的速度更快地减小，正如我们已经提到的。这使得总体的均值和方差仍是有限的，于是我们可以测量样本的有限均值。

因此，观察到幂律分布对测量的用户聚合统计数据有某些特殊的影响：

- 随着观察窗口长度的增加，我们预计幂律的截断发生在越来越高的活动值上，如第 1 章中图 1-14 所示。这样，分布的均值和标准偏差都会向右移动：这是通过长度变化的时间窗口进行测量的一个基本特性，在比较不同大小时间窗口中的聚合统计数据时，我们必须注意这点。
- 通常，我们会根据活动量对用户进行细分，并希望回答诸如"对活动数量少于（或多于）X 的用户，其平均活动如何变化？"这样的问题。在图 1-14 中，我们可以立即看到这种方法的危险和警告：因为分布的头部几乎没有变化，活动的增长主要发生在尾部，我们会看到相比于处于活动量区间低端的用户，处于高端用户的活动量相对变化更大。
- 我们已经看到，如果用户活动分布幂律的指数近似于我们实际测量的值（对于维基百科，$\gamma=-1.87$），那么可以预见样本集和假定的总体都会出现较大的标准差，因为 $\gamma<-3$ 的条件不成立。理论上，纯幂律的标准差是无穷大的，但由于总会发生截断，所以我们可以假设标准差会很大，但不是无穷大。如果 σ 很大，那么我们必须注意样本均值就会有很大的误差：即使只有一个"异常"用户出现在样本集中也会对均值造成极大的影响。

7.3   移除异常值

假设我们要在改进服务时追踪用户行为的变化，或者希望将不同的用户群相互比较。在这些情况下，我们最感兴趣的是查看用户活动的特征指标，例如，用户在服务的公共事件列表上所进行的状态更新的数量。我们通常考虑的最明显的统计数据是活动的平均数量，以及在比较范围内（不同的时间段或用户组之间）平均数量的变化情况。

样本中的异常值是距离"预期"行为非常远的数据点。如何解释事物的"异常遥远"是相当主观的，在大多数情况下要由分析者来确定。这里的基本假设通常是数据符合一些简单有界的分布，离群值是那些确实存在于数据中但由此分布生成的概率很低的点。（因此，我们不会期望在给定样本大小的情况下看到它们，并假设它们是因为某些测量错误或某些自动机制而存在，例如垃圾邮件发送者。）

考虑到通常会在用户统计指标中遇到长尾分布，因此很容易将高度活跃的用户视为异常值。其中一些可能真的是异常值（如维基百科上的家政机器人），但也可能是合法用户，他们只是异常活跃，但仍在描述特定活动的幂律分布范围内（如果不注意可能是这种情况，就可能将他们视为异常值而移除。）希望移除度量指标报告中的异常值是正确的，因为这些个体的存在会在很大程度上改变均值，进而可能会影响结论。

因此，通常的做法是采用固定百分比（例如 5%），并移除样本集中活动度量位于前 5% 的所有用户。但同样，由于即使普通用户也可能会因为我们遇到的长尾分布而显示出看似"偏离"的活动，所以我们可能会从系统中移除正常用户展示出来的真实行为。但是，通过有意或无意地移除这些高活动量的个体，对总体统计数据的改变会有多大呢？请继续阅读来获得答案。

虽然我们已经看到很多源于人类行为的指标可以通过长尾分布来描述，但作为参考框架，考虑更"良好"的分布对我们也具有指导意义。对此，最自然的选择是正态分布。原因是在现实生活中我们对这种分布在直觉上就非常熟悉：人的身高、考试分数以及机器生产的产品的测量值通常都符合正态分布。因为在物理世界中积累了这些经验，我们习惯了它们并且在某种程度上这种分布成为了我们思维方式的一部分，并假设用它们（常数的）均值和方差来描述这些随机现象是合理的。这种推理方式在我们的日常生活中有其优点，因为它可以很容易地将我们的抽象概念简化为对事物在平均意义上应该如何的期望，以及可以预期它们具有多少不确定性（方差）。当通过电子媒体测量实际的人类行为时，就像我们正在做的，就会面对这些关于常态性的假设不再成立的情况。

考虑当根据分布的分位数截断样本时，聚合指标会发生什么变化。鉴于我们关注的两个分布是正态分布（代表我们的"日常"体验）和近似幂律分布（代表社交媒体上的人类行为），在程序清单 7-3 中，首先使用这两个分布生成随机样本。我们将这些随机样本视为可能来自实际测量的数据：例如，幂律可以很好地描述社交媒体服务上的活动分布（例如，每个用户每月的帖子数量）。第 21 ～ 37 行中的 remove.top.values R 函数首先按升序对随机值进行排序，然后依次使用 thresholds 中的值，计算随机样本的均值和标准差，第 25 ～ 26 行忽略掉随机变量向量中值较大部分。这两个例子中我们感兴趣的是：相对于原始均值和标准差，剩余元素的均值和标准差分别变化了多少。这些比率在第 32 ～ 35 行中进行计算。

程序清单 7-3　分别从正态分布和幂律分布中随机抽取 1000 万个值生成两个样本。然后，移除样本中值最大的部分，并检查剩余集合元素的均值和标准差是如何变化的（remove_outliers.R）

```
(remove_outliers.R)

0 # The number of random numbers to be generated.
1 N = 10e6

2 # Generate pseudorandom numbers with a Gaussian distribution
3 # with a mean of 10, and standard deviation of 1.
4 normal.distribution = rnorm(N, mean=10, sd=1)
5 # Function to generate random variables according to a power-law
6 # in the [x0, x1] interval, and with a power-law exponent of gamma.
7 # See http://mathworld.wolfram.com/RandomNumber.html
8 generate.powerlaw.distribution = function(sample.size, x0, x1, gamma) {
9     return(((x1 ^ (gamma + 1) - x0 ^ (gamma + 1)) *
10            runif(sample.size) + x0 ^ (gamma + 1)) ^ (1 / (gamma + 1)))
11 }

12 # Generate the random numbers following a power law, between 1 and 100,
13 # and with an exponent of -3.5.
14 powerlaw.distribution = generate.powerlaw.distribution(N, 1, 100, -3.5)
```

```
15 # Function to truncate the sample by removing the largest values from
16 # the sample. The list of thresholds (between 0 and 1) is passed to
17 # this function; it then calculates the means and standard deviations
18 # of the samples that remain after removing the largest values
19 # according to these fractions (if the threshold is 0.05, the top 5%
20 # of the sample items will be removed).
21 remove.top.values = function(sample, thresholds) {
22     sample = sample[order(sample)]
23     result = data.frame(top.removed=thresholds)
24     result = ddply(result, .(top.removed), function(df) {
25             remaining = sample[1 : floor(length(sample) *
26                                     (1 - df$top.removed))]
27             return(data.frame(
28                         mean=mean(remaining),
29                         sd=sd(remaining)
30                     ))
31         })
32     result = within(result, {
33             rel.mean = mean / mean[top.removed == 0]
34             rel.sd = sd / sd[top.removed == 0]
35         })
36     return(result)
37 }

38 # Set the thresholds to be between 0 and 0.9 in 0.05 increments.
39 thresholds = seq(0, 0.9, by=0.05)
40 distribs.top.removed = data.frame()

41 # Run the "outlier" removal for the normal distribution.
42 distribs.top.removed = rbind(distribs.top.removed, data.frame(
43             remove.top.values(normal.distribution, thresholds),
44             distrib='Normal')
45 )

46 # Run the "outlier" removal for the power-law distribution.
47 distribs.top.removed = rbind(distribs.top.removed, data.frame(
48             remove.top.values(powerlaw.distribution, thresholds),
49             distrib='Power law')
50 )
```

　　当查看均值的变化时，如图 7-2 所示，可以看到两点：首先，正态分布的均值在很大程度上对极大值的去除具有鲁棒性；其次，截断幂律的均值在我们不断去除"异常值"时下降得更快。如果我们在来自展示出长尾分布特性的社交媒体系统实际数据上如此操作，可以预见即使少量的异常值移除（例如前 5%）也会大大改变我们的测量均值。表 7-3 简要展示了截断样本的均值（和标准差）的实际变化。例如，如果移除最活跃 5% 用户，我们将得到一个比原始均值低 12% 左右的测量均值（参见正态分布，其均值在移除了 5% 值最大的样本后仅降低 1.1%）。对于仅仅移除了用户中一小部分的情形而言，这是一个很大的差别；但我们早些时候已经看到，幂律的均值很不稳定，它在很大程度上受到分布顶端的影响。在移除顶端之后，均值减少如此之多的情况可以追溯到那些相同的观察结果。

　　出于前述原因，我们在尝试通过移除异常值"清洗"数据时必须小心：像我们之前所做的那样采用简单的阈值进行处理可能会对重要指标造成比我们的预期大得多的改变。然而，在去除最大的值后，截断样本标准差减小的情况如何呢？同样，直觉告诉我们，正态分布可能不会改变那么多，因为考虑到分布尾部的快速指数衰减，即使是最大的值也不会离均值太远。相反，我们会想到幂律的标准差更容易受到的影响，这不利于样本中最大值部分的移除。图 7-3 是两种分布在移除顶端样本之后分布的标准差变化的比较。在这种情况下，我们可以看到，虽然正态分布的标准偏差下降得相当快（比其均值下降得更快），但幂律标准差的下降达到了令人吃惊的程度。根据表 7-3，剔除分布前 5% 的最大值使其标准差降低了64%！因此，显而易见的是，我们在社交媒体系统中看到的人类行为产生的指标的大部分差异都是由少数非常活跃的用户引起的。

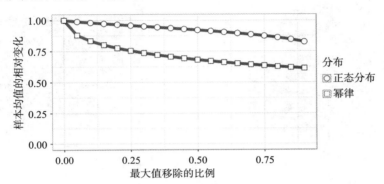

图 7-2　正态分布和幂律分布两组样本均值的相对变化。我们以 5% 的增量移除了值最大的 0% ～ 90% 的样本。x 轴表示移除的比例

表 7-3　在最大的值分别从幂律和正态分布样本中移除之后，剩余样本的均值和标准差的变化。在本例中，幂律的指数为 −3.5，正态分布的均值为 10，标准差为 1。被截断原始样本的比例显示在表格的顶行

移除百分比		2.5%	5%	7.5%	10%
均值的变化	幂律	−8.6%	−12%	−15%	−17%
	正态分布	−0.5%	−1.1%	−1.5%	−2.0%
标准差的变化	幂律	−54%	−64%	−69%	−73%
	正态分布	−6.3%	−10%	−13%	−16%

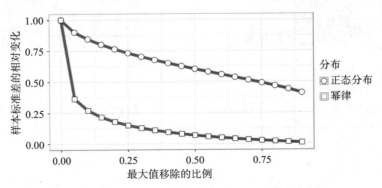

图 7-3　两组样本标准差的相对变化，设置类似于图 7-2

推荐阅读

Python机器学习实践：测试驱动的开发方法

作者: Matthew Kirk ISBN: 978-7-111-58166-6 定价: 59.00元

文本挖掘：基于R语言的整洁工具

作者: Julia Silge , David Robinson ISBN: 978-7-111-58855-9 定价: 59.00元

TensorFlow学习指南：深度学习系统构建详解

作者: Tom Hope, Yehezkel S. Resheff, Itay Lieder ISBN: 978-7-111-60072-5 定价: 69.00元

算法技术手册（原书第2版）

作者: George T. Heineman等 ISBN: 978-7-111-56222-1 定价: 89.00元